U0225447

谦德少年文库

QIANDE JUVENILE LIBRARY

给孩子的趣味数学书

王峻岑 著

图片展览

团结出版社

图书在版编目（CIP）数据

给孩子的趣味数学书. 图片展览 / 王峻岑著. —— 北京：团结出版社, 2022.1

ISBN 978-7-5126-9254-1

Ⅰ.①给… Ⅱ.①王… Ⅲ.①数学—儿童读物 Ⅳ. ①O1-49

中国版本图书馆CIP数据核字(2021)第221316号

出版：团结出版社

（北京市东城区东皇城根南街84号 邮编：100006）

电话：（010）65228880　65244790（传真）

网址：www.tjpress.com

Email：zb65244790@vip.163.com

经销：全国新华书店

印刷：北京天宇万达印刷有限公司

开本：145×210　1/32

印张：28.25

字数：500千字

版次：2022年1月 第1版

印次：2022年1月 第1次印刷

书号：978-7-5126-9254-1

定价：128.00元（全6册）

总　序

　　数学是重要的基础学科。这套《给孩子的趣味数学书》是一把开启数学知识与智慧之门的钥匙。这套书是由父亲王峻岑曾经出版过的数学科普著作《比一比》《大大小小》《数的惊异》《图片展览》《整数运算》和《数学列车》六本书重新汇编而成的。北京谦德文化发展有限公司的肖先生与我们联系，说：王峻岑先生的这些著作至今仍有学术价值，出版这些书是很有意义的。

　　记忆的闸门，突然打开。我们兄弟姊妹都曾是父亲著作中的主人公，父亲与我们一起把玩七巧板，一起做数学游戏，增长知识；每当收到刊登父亲著作的《开明少年》《中学生》，我们争先恐后地阅读，甚至多年后还要找出来阅读，真是其乐无穷。

　　父亲曾在全省唯一的国立高级中学——济南高中(现济南一中)上学。著名教育家季羡林先生《病榻杂记》中的《回忆济南高中》一文,记述了当年国文教师董秋芳[1]对其作文的批语:"季羡林的作文,同理科一班王联榜(父亲当时的名字)的一样,大概是全班之冠,也可以说是全校之冠吧。"由此可见,中学时代父亲的文采就已初露锋芒。严薇青[2]先生回忆,董秋芳老师曾与当时学生文学社团坊突社的成员季羡林、王联榜、严薇青等,在原山东省图书馆(即大明湖遐园)假山上合影。高中毕业后,父亲考入北京大学数学系。

　　1934年父亲北京大学毕业后,曾在其母校山东省立第一中学等校任教,后长期就职于山东师范学院(今山东师范大学)数学系,并首任该系主任,是数学学科奠基人。

　　父亲在高校一直教微积分等高等数学课。高校院系调整后,他急教学所急,主动承担了不为人看重的新课——中学数学教学法,在没有任何参考资料的情况下克服重重困难自编教材,刻印讲义。1953年起陆续在全省专科、本科首开这门课以及教育实习。这在全国范围内也是较早的。每当学生毕业季,父亲与各中学联系实习一事,并认真听学生实习讲课,总结经验

---

1. 董秋芳(1898～1977),曾任教育部中学语文教材编辑组研究室主任等职。
2. 严薇青(1911～1997),山东师范大学教授,中文系主任,中国古典文学研究专家。

教训。这一做法，大大缩小了学生毕业与教学工作的心理差距，进一步适应了教学工作岗位。这项实习工作，获得了实习单位的学生和领导的好评。他认为：好的教师不应当仅仅讲明白了课本，同时还应当指示给学生一个进展的方向。只有这样，才能够使学生进一步开阔眼界，打开思路。父亲坚持因材施教的教育理念，治学严谨，育人育德，再加上张弛有度的授课手法和高超的教学水平，他和全系教职工一起为国家培养了大批合格的中学数学教师。

父亲对将要到普通中专任教的次子希亮语重心长地说：到专业学校当老师，不但要有真才实学，还要把握整个专业的发展方向；教给学生一滴水，自己要有一桶水才行；老师要心中时时装着学生，因材施教，让学生真正牢固掌握所学知识，做到学以致用；在传授知识时，不同的课程要用不同的教学方法，不能只照本宣科，要多动脑筋，多与实践相结合，才能够得到事半功倍的效果。在父亲潜移默化的影响下，我们六个子女，竟有四人从事过数学教育工作，并且工作严谨，成绩优异。1977年重阳节，父亲曾登上济南千佛山顶，赋诗一首："生平从未登山顶，而今毅然攀高峰。路滑坡陡须持杖，年老气衰力不从。只缘欣闻重阳日，不到顶峰誓不停。"父亲为祖国的繁荣富强秉承着"老当益壮，不待扬鞭自奋蹄；鞠躬尽瘁，俯首甘为孺子牛"的精神，这激励着我们兄弟姊妹也在各自的岗位上奉献

自己的力量。为此，我们家被评为山东省优秀教育世家。（详见1999年9月11日《山东教育报》）

父亲一生教书育人，同时还潜心数学科普创作，先后出版了六本数学科普著作以及大量的短文。这些著作是父亲在工作之余进行的，如果写作灵感显现了，直到深夜他还在伏案忙碌。父亲在这些著作中，用通俗的语言、活泼的笔调讲解数学知识，还善于运用讲故事的方式，创设并讲解问题；在讲解中注重与实际生活的联系，采用大量生活实例，生动形象，深入浅出；还注重数学史的渗透，使学生在不知不觉中学到了知识，激发了学生学习数学知识的热情。当年，这些著作多次再版，印刷量大都在数万册。可见，读者对这些著作喜爱有加。

父亲的著作涉及小学和中学的数学内容，而且大多是从日常生活中加以提炼，以讲故事的形式来表现的。面对不同的读者对象，则是用不同的语言来叙述、讲解。在语言表达方面，父亲多采取趣味性的语言，往往一开始就深深吸引着读者。比如，在《比一比》中，第一篇引用了一个绕口令来作为开端。《图片展览》是介绍平面几何学的，一开始，他将我国古老的"七巧板"介绍给读者，逐渐深入浅出，引申下去。《数学列车》是介绍高等数学"微积分"的，大家一般认为微积分是深奥且难以理解的。而这本书讲了个"孙悟空坐火车"的故事，深深吸引住读者，并引导读者一步步深入下去，继续阅读。在《数的惊异》

的第一篇，我们这些子女成了父亲著作中的主人公，生活气息非常浓厚。

父亲是20世纪30年代起就活跃在我国数学科普园地的少数人之一。他25岁就开始创作数学科普作品，第一篇发表在《中学生》1936年第二期。当时，他与周振甫、顾均正、贾祖璋、刘薰宇等文艺界、生物界、数学界的知名人士都是开明书店出版的《中学生》《新少年》等刊物的主要和长期撰稿人。

曾任中国少儿出版社社长、总编辑的叶至善先生，在1985年重版《比一比》的后记《怀念王峻岑先生》一文中写到："抗日战争之前，我就读过峻岑先生的数学小品，《中学生》《新少年》是专给初中生看的，由我父亲（叶圣陶）领衔编辑。我高中快毕业了，却很喜欢这本刊物，峻岑先生的数学小品是我每期必看的，他那清晰的思路和活泼的笔调，使我得到很大的乐趣。……人们说数学既抽象又刻板，叫人无法捉摸，难以亲近，峻岑先生却能联系少年们的生活，运用他们亲身的感受，来讲明白那些抽象的道理，还能随时把潜在的趣味发掘出来，呈现在少年读者面前。"后来，叶先生继任《开明少年》编辑，向父亲约稿。叶先生曾说："回想那个时候，我刚发出前一期的稿子，峻岑先生就把后一期用的稿子寄到了。配合之默契使我至今怀念！""有人说，数学科普在我国并非是很强的，至今仍有很多尚待开拓的领域。王峻岑先生可以说是我国数学科普界

的一位开拓者。我国现在很多的数学家、科普作家在少年时期都曾拜读过他的作品。他不愧为我国现代数学科普创作的引路人。"叶先生与父亲只见过一面,那是1950年父亲到北京开会时特地去拜访的。叶先生说:"我激动得不知说什么好,可能只说了些感激的话。他大我七八岁,这是我凭编辑对文字的语感估计到的;可是看面容,他比我想象的老得多,他的前额已经秃了,瘦削的脸庞,戴一副近视眼镜,跟他作品的那种敏捷活跃的格调,似乎不相匹配。当教员真是辛苦,容易把人磨老,何况他不知餍足,不知疲倦,还要通过他的文字,把所有的青年和少年都当作他的学生。我送峻岑先生出门之后,望着他远去的背影,我曾经这样想。"叶先生还讲到,不久我们便断了联系,他说:"真正的原因是我对待作者的态度渐渐变得冷漠了,一个运动接着一个运动,使我感到跟作者的交往尽可能少一点儿好,免得给双方都造成不必要的麻烦。想起曾经对作者如此冷漠,心里总感到内疚,这不是做人应有的态度,更不是当编辑应有的态度。"文章至此戛然而止。叶先生在字里行间喧腾着的那火热的真情,以及严于解剖自己的博大胸怀,深深地感动了我们。父亲在天有知,当会与我们一起热泪泉涌,不忍掩卷。其实,1985年《比一比》重版,正是叶先生基于如下考虑而力主促成的:"重印他的曾经遭到无理指责的著作也是落实政策,而且比落实其他政策更为重要,更能使他安心。"但是非常惋惜的是，这本书重版时，父亲已去世三年；讣告几经辗转，到他手上时，追悼会早已开过，连唁电也来不及发了。

　　优秀而富有趣味的科普读物，会影响青少年的一生。父亲的《数学列车》以孙悟空乘坐火车为故事线索，运用通俗的语言，讲述数学较难懂的微积分知识，融科学性、知识性和趣味性为一体，深受知识界和广大学生的欢迎。中国科学院张景中院士说过，少年时代读过的几种优秀且饶有趣味的科普读物给他留下的印象很深，举例中就有父亲的《数学列车》。他说："因为写得吸引人，我常常一本书看上几遍。懂了的，觉得有趣，不懂的，好奇心驱使我进一步思考与学习。这些书吊了我的胃口，总想再找类似的书来看。""比如《数学列车》，一开始是有趣的，但到后来，就再也看不懂了！不过，不明白也有不明白的好处，高中毕业时，我决心考数学系，原因之一就是想要把没弄明白的这些东西彻底弄个明白！"（见中国少儿出版社30周年纪念文集）。华东纺织工学院（现东华大学）的李绍宽教授是我国1980年建立学位制度以来的首批18位博士之一。他在1984年7月30日《中学生报》中的《我赶上了头班车》一文，回忆说："我在初三，偶尔看了一本《数学列车》，是用故事的形式讲述微积分的基本思想。又有机会听到数学家谷超豪的一次数学报告，这两件事使我大开眼界，感到数学园地中还有许多未知数，从而激发了我读书的热情，由此奠定了从事数学研究的基

础。"父亲的著作在读者心里生根发芽了。

由于父亲的这些作品是六七十年前写的，因此需要修改其中不符合今天阅读习惯和出版规范的部分，父亲的遗愿即将实现。在《给孩子的趣味数学书》即将付梓出版之际，感谢北京谦德文化发展有限公司为这套书的再版做出的所有工作，感谢肖先生为此做出的不懈努力，感谢团结出版社进行的各项工作。感谢广大读者的信任和支持。感谢古籍网起到穿针引线的作用。感恩大家！

王峻岑子女六人由王希亮执笔

2020/12/19 初稿

2021/3/31 终稿

作者的话

　　这一本小册子是要把平面几何学介绍给读者们。既然不是正式的几何学，所以内容比较简单些。

　　几何学是专门研究图形的性质的学问，初学者往往会觉得不习惯。同时，几何学的研究虽然着重推理，但是首先还是要从观察图形开始。因此，在这里尽量地利用具体的实物去说明，并且处处跟游戏结合起来。希望读者不要光看、光念。最好能够按照所讲的内容亲自动手，该做的做，该画的画，该想的想，该写的写。只有这样，才能了解得更清楚些。

　　正在学几何学的人们可以拿它作为学习的引子，没有学过几何学的人们可以在这里知道一个大致的轮廓。说不定里面有什么错误或不妥当的地方，希望大家多提意见，以便进行修改或补充。

王峻岑

1951年8月

修订的话

趁着这本书重版的机会，进行了必要的修订，并且增加了最后一章"几何应用"。

王峻岑

1955年7月

目 录 *contents*

七巧成图 …………………………… *1*

火柴游戏 …………………………… *13*

图片展览 …………………………… *25*

圆圈乱转 …………………………… *37*

直尺圆规 …………………………… *49*

图形搬家 …………………………… *59*

几何应用 …………………………… *69*

七巧成图

　　星期六晚上，我们到王先生的家里去，王先生正在灯底下玩纸牌，这套纸牌很厚，样子也奇怪：大的三角形有两个，小的三角形也有两个，还有一个不大不小的三角形，另外还有一个小的正方形和一个斜的，不晓得叫作什么彩。

　　这有什么好玩的呢？

　　"你们来看呀！"王先生把纸牌凑来凑去，就摆成了许多图形，有的像鹅，有的像鸭，有的像鸟，有的像小鬼，有的像小猫。

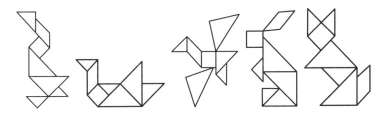

　　以后又添了一副牌，摆成一个斧头和一把镰刀。接着，又摆成了一对做游戏的人，看他们两个的神气，一个鼓着肚

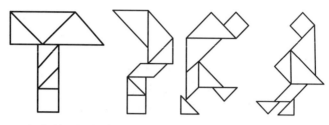

子，一个弯着腰，大家高兴极了。

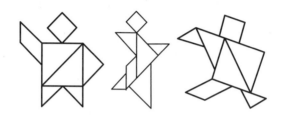

我们动动脑筋，也摆成了许多小人。有个小人左手插在腰里，右手举得高高的，好像在讲话，又像是位司令员，正在指挥什么动作。有个小人像是在跳舞、扭秧歌。有个小人，从左边看是个拍皮球的，从右边看又好像是敲大鼓的，想不到居然这么好玩！

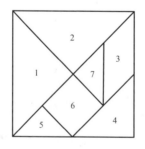

这种纸牌玩具可真有趣，我们自己也做几副来玩玩不好吗？可是怎样做呢？

王先生把这七张牌摆成一个正方形。他说："看着这个正方形,我们就晓得怎样做了。"这个正方形是这样凑起来的:

这里边1和2是一对大三角形,5和7是一对小三角形,4是一个不大不小的三角形,这些三角形,它们有许多共同的性质。

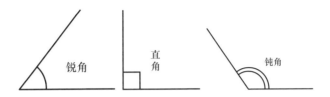

王先生告诉我们:"从一个点出发随便画两条射线组成的图形叫作角。假设这两条射线,横的平、竖的直,即横线垂直于竖线,那么这个角就是直角。凡是跟它一般大的都叫作直角。比直角小的,角尖一些的,叫作锐角;比直角大的,角宽一些的,叫作钝角(当然,角的大小和边的长短是没有什么关系的)。现在这五个三角形,每一个三角形都有一个直角,它们统统是直角三角形。这是一个共同的性质。"

王先生又告诉我们:"一个三角形有三个边。如果有两个边一般长,就叫作等腰三角形;如果三个边都一般长,叫作等边三角形。如果三个边都不一般长,叫作任意三角形。

现在这五个三角形,每一个三角形都有两个一般长的边,所以它们统统是等腰三角形。这又是一个共同的性质。"

同时,在一个三角形里,如果边一般长的话,它所对的角也一定是一般大。所以等腰三角形有两个角一般大,等边三角形的三个角都是一般大。

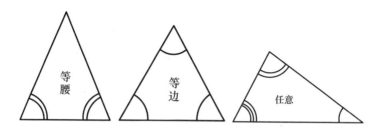

奇怪!我们画画看,试一下,果然不错。这五个等腰三角形都有两个角相等。而且,我们又看出一个事实:在一个任意三角形里,长边对的角一定大,短边对的角一定小。想不到一个简单的三角形,研究起来却并不简单。

王先生又说:"这五个三角形,里边有四个是成对的,一对大的,一对小的,所谓'成对'是什么意思呢?那就是说,它们俩一模一样。"

这里边包括两个意思:一个是"相似",一个是"相等"。相似跟相等并不一样。比方下面这些图形,左边的两个形状是相似的,然而大小却不等。好比一个是真人,一个是相片,右边两个的形状不相似,大小却相等。所谓大小,讲的是面积。现在它们两个底边一般长，高线一般高，因此面积相等。因为，三角形的面积不就是底乘高的一半吗？

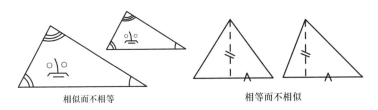

相似而不相等　　　　　　　相等而不相似

如果两个图形相似而又相等，完完全全一模一样，叠在一起，可以合而为一，我们把它们两个叫作全等形。不但是相等，而且是完全相等。1、2、4、5、7，五个三角形的形状都一样（这里建议编辑补充相似三角形的判定性质），都是"相似形"。但是它们的面积并不全都相等，只有1和2是全等形，5和7是全等形。

除去这五个三角形，另外还有两个不是三角形。6是正方形，大家都晓得了，可是王先生偏偏还要问："什么叫作正方形呢？"

有人说："四四方方的就是正方形。"

他摇摇头，反过来再问我们："什么叫作四四方方呢？"

我们笑了，大家说："四是四个边，方是……方什么呀？"连我们自己也糊涂了。难道这还用得着问吗？难道谁还不晓得方就是四方的吗？

"不",他告诉我们:"这也可以考虑考虑。四是四个边,不错。必须有四个边,而且也只能有四个边,少一个边就变成三角形了,多一个边又变成五边形了。然而这只是一个条件。单有这样一个条件是不够的!"

"比方一个正方形,四个边的长短是固定的,四个角可以活动。现在,我扯着一个角,你扯着对面的一个角。咱们两个把它一拉,扁了;把它再一挤,又高了。这些都是菱形,所以,一个等边的四边形只能说是菱形,并不一定是正方形。"

"现在还要再加上一个条件,是什么呢?"

有人说:"四个角都是直角。"

"但是单有这样一个条件也是不够的。"王先生接着说:"比方一个正方形,四个角都是固定的直角,四个边可

以长短伸缩。现在，我扯着一个边，你扯着对面的一个边。咱们两个把它一拉，宽了；把它一挤，又窄了，这些都是长方形。所以，四个角都是直角的四边形只能说是长方形，并不一定是正方形。"

"因此，什么是正方形呢？正方形是各边相等、各角都是直角的一个四边形。"

好麻烦！然而想想却很有道理。因为我们平常没有很好地钻研，所以结果不是说不清楚，就是说出来似是而非。

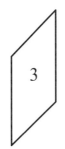

最后还剩下一个图形。"3是什么形呢？"王先生问。

有人抢着说："菱形！"

"错了。因为这个图形的四个边并不全都相等；它只有两对对边一般长，至于相接的邻边却不是一般长的。"

这是什么图形呢？我们不知道了。

王先生告诉我们："这是一个平行四边形。"

"四个边，这个好懂。怎样叫作平行呢？那也很简单。

随便画的两条线,大半都会交叉起来,这叫作相交,交叉的地方叫作交点。有的时候,画得短了不相交,但是一延长就会相交。如果两根线无论怎样延长都不相交,没有交点,它们就是彼此'平行'。这些彼此平行的线,叫作平行线。"

相交　　　　延长了,相交　　　　平行

"如果一个四边形,若是对边都平行,它就是一个平行四边形。"

"菱形属于平行四边形,长方形和正方形也属于平行四边形。"

"一个平行四边形如果四个边相等,是菱形;如果四个角相等,是长方形;如果四个边相等,四个角也相等,那就是正方形了。"

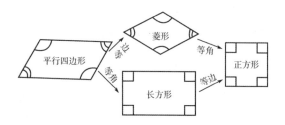

在这里我们发现了一个问题,于是便问道:"正方形的

角本来应当都是直角,现在只说四边形的四个角相等。难道四个角只要相等,就一定都是直角吗?"

"是的。"王先生又告诉我们:"任何一个三角形,如果把三个角加起来,一定是180°。任何一个四边形,只要把对角用线连起来,这叫对角线,就会分成两个三角形。所以四边形的四个角加起来,总共360°,如果四个角相等,四九三十六,恰好每一个角都是90°,我们知道,直角就是90°的角。"

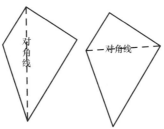

这倒怪有意思的,可是我们忘记了原来的目的了。我们不是打算自己做这样的牌吗?

是王先生接着就教我们了,用一张正方形的纸,先沿着对角线对折一裁,裁下一半来,这是个大的直角三角形,然后再把它从中一折(这是高线),沿着高线对折一裁,这就得到1和2两个三角形了。

最先对折一裁,是正方形的一半 $\frac{1}{2}$;再对折一裁,又是一半,是正方形的 $\frac{1}{4}$。剩下正方形的哪一半呢?把直角的顶点折上去,跟对边的中点对齐,再一裁,裁下来的就是那个不大不小的三角形4。结果剩下一个四边形,其中只有一对对边平行,那叫作梯形。再把这个梯形从中对折(这是梯形的高线),裁成两半。然后一半裁成一个三角形和一个正方形,一半裁成一个三角形和一个平行四边形,得到5、6、7、3。结果把一个大正方形裁成了七部分,变成我们所希望的样子。

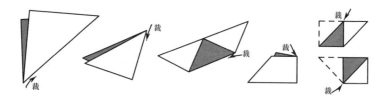

这样一副牌,不是牌,是板,叫作七巧板。这是我们中国很早就有的一种游戏工具,利用这副七巧板,可以摆成许多图形,平常叫作七巧成图。而且还可以找到许多新的、旧的书籍,在那里边告诉我们各种摆法。其实不用书,我们自己不也是同样地可以摸索着摆吗?

王先生接着又说:"现在我们认为,摆七巧板不仅是一种很好的游戏,同时也是一种很好的学习材料,因为它可以帮助我们认识许多图形,认识这些图形的性质。这也是属于数学研究的一部分。"

"这跟数学有什么关系呢?难道图形也是数目吗?"有

人问道。

"不!"王先生说:"数学并不是光研究数目,同时也研究图形。研究图形的这一部分叫作几何学。"

"研究数目的时候,我们的方法多半是计算。研究图形的时候,主要的是研究图形的性质。它的方法不是计算,而是说理,讲明为什么有这些性质的道理。其实计算的方法不是也要根据推理,依靠一定的道理去计算吗?"

"在几何学里,每用到一个名词,除去几个非常简单的以外,都要先讲明它的意义,那叫作名词的定义。比方我们刚才对于正方形、平行四边形的解释,就是正方形跟平行四边形的定义。"

"在几何学里,对于图形性质的说明叫作定理。比方刚才我们说:'等腰三角形的两个底角相等;等边三角形的三个内角相等;还有在任意三角形里,长边对大角,短边对小角,这都是几何学里的一些定理'。"

"一个定理,不是光说证就算了,一定还要讲明它的道理,凭什么我们可以断定它的确有这样一种性质。根据道理来判断,叫作证明。必须经过证明,才能够成为定理;不然的话,我们还不能轻易承认。这里边,有时候牵扯到数量的关系,当然也要用计算,但是绝大部分是用不到计算的。"

　　这倒是一件新鲜的事情，至于定理怎样去证明呢? 他答应我们以后再讲。

火柴游戏

我们第二次再到王先生那里去的时候，他又是一个人坐在灯底下，好像是在看书，其实并没有看书，难道他还在摆七巧板吗？不。他在摆火柴。

他说，我们来得正巧，大家可以一块儿谈谈。

他先把一根火柴摆在桌面上，然后问我们："这是什么图形呢？"

————————— 一根线　　　直线段

"不错。可是必须要补充一下，而且还得修改一下。"

"线有三种：一种是直的，叫作直线；一种是弯的，叫作曲线；还有一种，叫作折线。"（和现在的定义不符合，编辑请斟酌。）

"在几何学里，一条直线有多长呢？要多长就多长，长的没有完。这才是一条完整的直线。假设只有一段，我们把它叫作线段，如果一根线是用直线段接连起来的，但不是直的，那就是折线。接着他用了许多火柴摆起来，然后告诉我们，这些图形都是折线。"

折线

"既然一根直线要多长就有多长，所以没法把它完全画出来。因此只能用线段来表示直线。但是就这个图形的本身来说，实际上它只是一段直线，一个直线段。"

然后他又把一根火柴的头折下来，指着这颗火柴头问我们说："这是什么图形呢？"

"一个点。"

直线段　　　点

"不错，这是一个点。可是也得解释。"

"火柴和火柴头，都是些具体的东西。我们在几何学里光研究它们的形状，不管它们的实质。一根火柴也好，一根细丝也好，用几何图形画出来，都是一条线。一个火柴头, 一个线头, 用几何图形画出来, 都是一个点。"

"数目表示事物的多少, 图形表示物体的形状。在数学里, 我们把事物的数量当作研究的对象, 同时也把物体的形状当作研究的对象。"

"研究数量的时候, 要用数目去表示它。研究形状的时候, 我们要先把它的图形画出来。"

"在几何学里, 点只表示位置, 线只表示距离。因此, 拿一个点来说, 就谈不到长宽和大小了; 拿一根线来说, 就讲不到宽窄和厚薄了。这是需要特别注意的地方。"

然后他又把火柴摆起来。一面摆着, 一面跟我们讨论。

"这是什么图形呢? "

"平行线。"

"这是什么图形呢? "

平行线

"一个角。"

"什么角? "

"直角。"

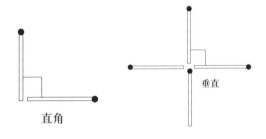

直角　　　　垂直

"对了。假设两根直线相交的角是直角,它们两个叫作彼此的垂直。反过来说,如果两根直线彼此垂直,它们两个相交的角就是直角。"

"这是什么图形呢?"

"也是一个角。"

"什么角?"

锐角

"锐角。因为它比直角小。"

"这是什么图形呢?"

"也是一个角。"

"什么角?"

钝角

"钝角。因为它比直角大。"

"这是什么图形呢?"

"一根直线。"

"不。"

"一个直线段。"

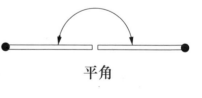

平角

"不。这还是一个角。"

"什么角?"

"平角,平角是直角的两倍。直角90°,平角180°。"

"这是什么图形呢?"

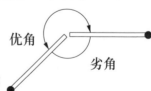

优角
劣角

"钝角。"

"不,这是优角,比平角大的

叫作优角，比平角小的叫作劣角。刚才说过的那些角：锐角、直角跟钝角，它们都是劣角。"

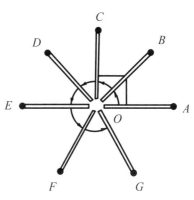

后来我们才注意到，优角是指的上边那个角说的。如果指下边的那个角来说，那就是劣角了。

王老师接着说："综合起来讲：假定O是定点（定点就是一个固定的点），OA是一根定直线（定直线就是一根固定的直线），如果另外一根直线是OB，那是锐角；转到OC（跟OA垂直），是直角；过了OC，譬如转到OD，就是钝角；转到OE（跟OA变成一根直线），那是平角；过了OE，譬如转到OF或是OG，统统是优角。"

"此外还有两种特殊的情形。

假设OA，OB在一起，OB还没有转，这也是一个角，是零度，叫作零角。假设OB转了一圈又转回来，还是跟OA在一起，那叫作周角，周角360°。所以：

1周角=2平角=4直角"

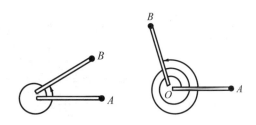

"*OB* 再转行不行呢? 当然行。比方一个周角、一个半周角、两个周角、二又三分之一周角⋯⋯都行, 随你的便。"

不过在这里我们又看出一个事实来, 两根直线同时组成两个角, 如果这一个是锐角或是钝角, 那一个就是优角; 如果这一个是优角, 那一个就是锐角或是钝角。当着两个边变成一根直线的时候, 这两个角相等了, 都变成平角。

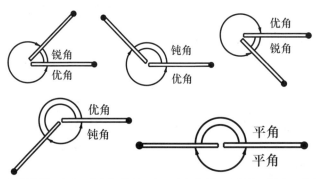

同样的, 用两根火柴摆成一根直线, 另外再添一根, 如果这个是锐角, 那个就是钝角; 如果这个是钝角, 那个就是锐角, 究竟我们指的是哪一个角呢? 我们不能不另外想办法指明。因此, 我们常常在一个角的里边, 画上个曲线去指

明它；假设那个角是直角的时候，就改用折线。比方下面这两种情形：左边的图形指的是锐角，不是优角；右边的图形指的是个直角，它的两个边彼此垂直。

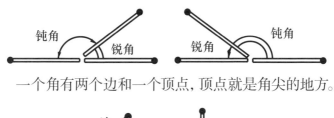

一个角有两个边和一个顶点，顶点就是角尖的地方。

假设两个角的顶点在一起，而且有一个共同的边，它们两个互相叫作"邻角"，两个角彼此"相邻"。

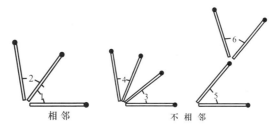

比方，在上面这些图形里，1和2相邻；但是3和4，5和6却不相邻。因为3和4的顶点虽然在一起，却没有共同的边；5跟6虽然有共同的边然而顶点却不在一起。

假设四根火柴交叉起来，一共造成四个角，其中1和2，3和4，都是顶点在一起，这一个角的边伸长了恰好是那一个角的边,那一个角的边伸长了恰好是这一个角的边。有这种关系的两个角叫作对顶角,它们彼此对顶。

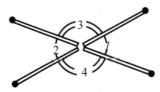

1和3,3和2,2和4,4和1都是邻角。1和2,3和4都是对顶角。相邻好比是邻居,对顶好比是对门。对门只有一家,邻居却有两家,这怪好玩的!

接着他又一面摆,一面问:

"这是什么图形呢"?

"三角形。"

"什么三角形?"

"等边三角形,也是等角三角形。"

"这是什么图形呢?"

"两个三角形。"

"两个什么三角形呢?"

"两个全等三角形。不,这是两个全等、等边三角形。如果没有中间那一根,就变成平行四边形了。"

"什么平行四边形呢?"

"菱形。因为四个边都相等。"

"这是什么图形呢?"

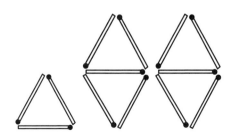

"三个全等、等边三角形。如果没有中间那两根，就变成梯形了。"

"什么梯形？"

"等腰梯形。因为不平行的那两个腰相等。"

"这是什么图形呢？"

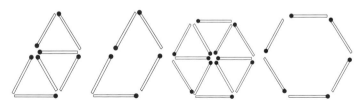

"六个全等、等边三角形。如果没有中间六根，就变成一个等边六边形了。这是多边形的一种。"

"一个多边形，如果各边都相等，各角也都相等，我们把它叫作正多边形。等边三角形就是正多边形里最简单的一种，所以也叫作正三角形。"

"好啦"，接着他给我们出了这样一个问题："从下面左边的图形里，如拿掉两根火柴，就变成四个正三角形；如拿掉三根火柴,就变成三个正三角形。"

你知道是怎样拿法吗? 想想看!

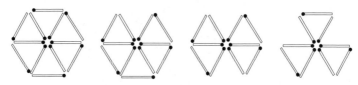

其实很简单。随便把外边的火柴拿掉一根,可以减少一个三角形;如果把对边的再拿掉一根,又可以减少一个三角形,这样一来,接连拿掉两根之后,就变成四个正三角形了。

换一个办法,原来的那个六边形,假设把外边的火柴,隔一个拿掉一根,拿掉三根之后,不就变成三个正三角形了吗?

"这是什么图形呢? "

"正方形。"

"现在有五个正方形。拿掉两根可以变成四个正方形;拿掉三根可以变成三个正方形;拿掉四根可以变成两个正方形。你们说应该怎样拿呢? "

"如果有六个正方形。拿掉四根可以变成三个正方形;拿掉五根也可以变成三个正方形;拿掉六根还是可以变成三个正方形;拿掉七根依然可以变成

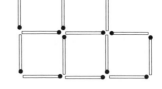

三个正方形; 而且都有好几种不同的拿法。该如何拿呢? "

　　"如果这有九个正三角形。如果拿掉一根可以变成八个; 拿掉两根变成七个; 拿掉三根变成六个; 拿掉四根变成五个; 拿掉五根变成四个; 拿掉六根变成三个。又该如何拿呢? "

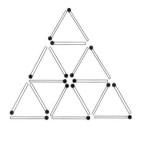

　　"而且拿掉六根以后, 不但可以变成三个正三角形, 也可以变成三个菱形, 或是三个等腰梯形。拿掉的方法当然都不一样。到底该如何拿呢? "

　　这些我们都一一做过了, 请小读者们也来想想吧。

图片展览

　　自从我们认识了许多图形以后,大家觉得这些图形一天比一天熟悉,一天比一天亲切。有人仿照做七巧板的做法,用厚纸做成了一套图片。这里边有正方形、长方形、三角形、菱形、平行四边形和梯形。

　　有一天,王先生看到了这些图片,他叫我们把它展览起来,好让大家都认识。这不是更有意义吗?

　　几何图片展览,这倒很有意思。我们考虑了一下,应当怎样把它们装饰得更漂亮一些,有人提议,把这些图片用红绿纸贴起来。有人提议,把它们都安装在木框里。

　　我们想到了就做,并且请王先生来指导。

　　我们首先把一对直角三角形拼成了一个正方形,因为这是两个等腰直角全等三角形。我们打算把它们安装在一个木框里。

　　王先生说:"好! 这恰好告诉我们一件事实。因为这两个三角形的斜边并在一起,变成了正方形的对角线,这根对角线刚好把它一分两半。因此,每一个直角三角形的面积正是那个正方形的一半。"

"在一个三角形里,随便指定一边作为底边。从对面顶点到底边的垂直线叫作高线。在直角三角形里,互相垂直的两个边,这一个边是底,那一个边就是高。另外最长的一个斜边叫作弦,直角三角形的弦。"

"几何学本来专门讨论图形的性质,不着重数目的计算,但是也不能跟数目完全脱离关系。我们知道,两个图形完全相等的时候,不但形状相似,而且还要大小相等。谈论论到大小就离不开数字了。一根条线段要说明它的长短,一个封闭的图形要说明它的面积。"

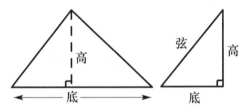

"讲大小,首先要有一个比较的标准。这是单位。一根

线究竟有多长呢? 几尺几寸。尺或者是寸, 就是比较的标准。它是一个单位, 一个量长短的单位。"

"单位的选择只是根据应用的方便。量长一些的线要用大的单位, 量短一些的线要用小的单位。尺和寸固然是长度单位, 丈和里、分和厘也是长度单位。我们可以有大大小小的许多单位。"

"选择一个单位以后, 量出来的结果不一定是整数。要想避免小数, 我们常常把这些大小单位拿来一齐用。比方1.357丈, 用丈做单位, 量出来有小数; 如果把它改成复名数, 变成1丈3尺5寸7分, 就可以用不着小数了。"

"线段的长短先要确定单位, 量面积的大小也要先确定单位。长短的单位用一个小的直线段, 面积的单位用一个小的正方形。同时这两个单位又是密切联系着的。"

"每边一寸的正方形叫作一方寸, 每边一尺的正方形叫作一方尺。尺和寸都是直线段, 方尺和方寸都是正方形。这是首先要弄清楚的一件事情! "

"用方尺、方寸去量面积, 就好比用方砖去铺地, 每一块方砖算是一个单位。这一块地能够铺几块方砖, 就是包含着几个单位。得出来的数字是用来表示面积的大小的。"

"量面积的单位既然是些正方形, 所以测量正方形和长方形, 做起来最容易。我们只要量一量边长就可以计算出来。"

"每边长3寸的正方形, 三三得九, 面积是9方寸。一边宽2寸, 一边长3寸的长方形, 二三得六, 面积是6方寸。因此:

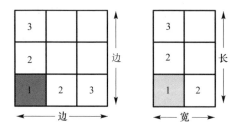

"正方形的面积=边×边。"

"长方形的面积=长×宽。"

"求三角形的面积就比较复杂了。刚才我们已经看出来, 两个等腰直角全等三角形刚好凑成一个正方形。所以每一个三角形的面积只是正方形的一半。正方形的面积能够求出来, 三角形的面积也就能够求出来。

"同样的, 两个不等腰的直角全等三角形可以凑成一个长方形。长方形的面积能够求, 直角三角形的面积也能够求, 因为它的面积是长方形的一半。"

"不过, 为了熟悉这些事实, 为了对照起来看得更清楚些, 咱们还是把它们

分别安装在四个木框里吧。"

接着，找王老师的话，我们又把两个等腰三角形安装在两个木框里。王先生接着说："如果把这两个三角形的高线画出来，我们可以看到，它刚好把整个的图形一劈两开。一个长方形成了两个长方形，一个三角形成了两个三角形。每一个三角形都是每一个长方形的一半，而整个等腰三角形也是整个长方形的一半。"

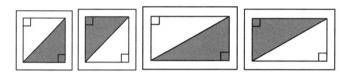

然后我们再把两个三边不等的三角形也安装起来了，一个是三个角都是锐角的锐角三角形，一个是有一个钝角的钝角三角形。

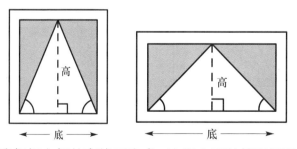

我们把它们的高线画出来，这跟上面的情况还是一样的。在这些图形里，三角形的底和高，都等于整个长方形的长和宽。既然三角形的面积是长方形的一半，所以总结出一公式：

$$三角形的面积 = \frac{1}{2} \times 底 \times 高$$

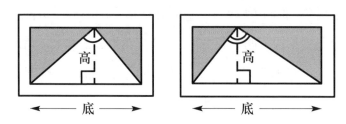

王先生说："三角形的面积是被它的底和高所决定的。因此，只要是同一个底边，高线相等的时候，这些三角形的面积就都相等。只要是同一个高线，底边相等的时候，这些三角形的面积也都相等。说得简单些：凡是等底等高的三角形，面积都是相等的。"

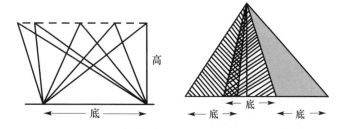

"反过来说，底相等的时候，三角形越高面积越大；高相等的时候，三角形的底边越宽面积越大。"

我们说："把这些图形画好，也装上木框一齐展览出来吧。"

正方形、长方形，安装起来最省事。又简单，又朴素。

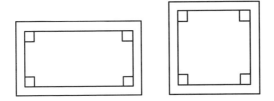

另外一个是菱形。当我们把它安装到木框里的时候，马上就看出来，它也刚好是整个长方形面积的一半。王先生说："把菱形的两个对角线画出来，一纵一横，恰好是长方形的长和宽。"因此：

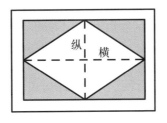

菱形的面积 $= \dfrac{1}{2} \times$ 纵 $\times$ 横

然后再安装平行四边形。

可是，偏偏在这里发生了一个错误。我们把木框做小了，套在上边，左边伸出了一个角；套在下边，右边又伸出了一个角。有人说："糟糕！是不是要拆毁了另做呢？"

王先生说："且慢！这一次错了也有错的用处。在这里我们又看出一个事实。把木框套上去，里边有一个直角三角形空着,外边有一个直角三角形余着。这两个三角形有什么相同的性质呢?"

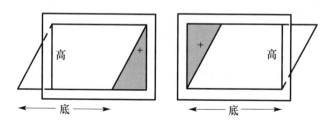

"都是直角三角形,而且完全相等!"

"好啦,如果把外边多余的这个三角形裁下来,挪到里边去,刚好补足那一块空着的地方。这就告诉我们,平行四边形的面积是跟这个长方形相等的。"

因此:

$$平行四边形的面积=底×高$$

"这个高就是两个平行对边的垂直线段。"

木框不必拆了,利用它指明这件事实,倒是错得刚刚凑巧。不过有人说:"我们还是另外再做一个大的,多添一个图片不是更好吗?"

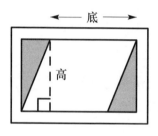 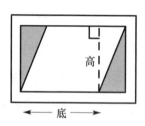

这也有理。当另外一个大木框做好的时候，我们也看出同样的道理来。如果把两边空着的三角形拼起来，正好是从大长方形里减去一个小长方形，剩下的还是一个长方形。这个长方形，底和高就是原来平行四边形的底和高。这样减去了以后，剩下的面积不就等于平行四边形的面积吗？

这样说着说着，就从三个边的三角形说到四个边的四边形了。正方形、长方形、菱形、平行四边形，还有梯形。

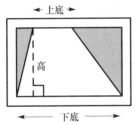

不错，还有梯形。梯形也安装起来了，但是却解决不了问题，因为现在已经不是单纯地安装图片了，我们同时还要考虑面积的求法。

想来想去想不出个道理来，还是王先生提示我们，他要我们把两个全等的梯形，一倒一竖拼接起来。这样一做，问题解决了。因为接连起来的结果，恰好是一个平行四边形！

王先生说"一个梯形有两个底边。上边的叫作上底，下边的叫作下底。这两个梯形拼起来是一个平行四边形,平行四边形的高还跟梯形的高一样,但是底边却是梯形上下两底之和,每一个梯形只是平行四边形的一半。"

所以:

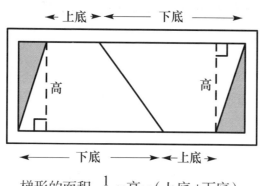

$$梯形的面积 = \frac{1}{2} \times 高 \times (上底 + 下底)$$

突然有人说:"假设我们这次把木框做小了,看起来更反倒容易些,如果我们做的木框,高还是那么高,底边要是上下两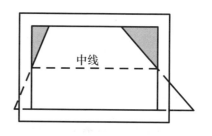边的平均数,这样套上去,里边上面空着两个三角形,外边下面多着两个三角形,恰好又是一个补一个,和我们做平行四边形的时候完全一样。"

你猜他是怎么想出来的? 说穿了非常简单。因为:

$$\frac{1}{2} \times [\text{高} \times (\text{上底} + \text{下底})] = \text{高} \times \left[\frac{1}{2} \times (\text{上底} + \text{下底})\right]$$

如果一个长方形,它的高跟梯形的高一样,底边是梯形上下两底之和,那么这个长方形的面积是梯形的两倍。如果一个长方形,高还是跟梯形的高一样,底边变成梯形上下两底之和的一半,那么它们两个的面积就应该相等了。

王先生很高兴地说:"这时候,长方形跟梯形的两个斜边(叫作梯形的'腰')相交的地方正好是两个斜边的中点。这两个中点的连线叫作梯形的中线。梯形变成了长方形,它的高并没有变,只是底边变了,长的缩短,短的延长,都跟中线相等。"同时,他又提出一个问题来:"如果把算式改成下面这种样子,又应当怎样解释呢?"

这也简单,那是沿着中线一剪两开,把上面的小梯形倒过来接在下面,同样的变成了一个平行四边形,不过是又窄又长。

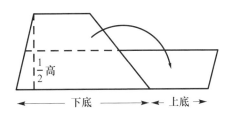

我们已经把做成的图片都安装好了。可是经过大家的讨论,我们又想到下面这些问题:

1.三角形的面积$=\frac{1}{2} \times \text{底} \times \text{高} = \left(\frac{1}{2} \times \text{底}\right) \times \text{高}$
$$= \text{底} \times \left(\frac{1}{2} \times \text{高}\right)$$

2.菱形的面积　$=\frac{1}{2}×$纵$×$横$=(\frac{1}{2}×$纵$)×$横

$$=纵×(\frac{1}{2}×横)$$

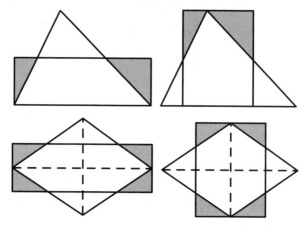

每一个三角形或是菱形都可以跟一个长方形的面积相等,你能够根据上面这些图形分别加以说明吗?

在这里,利用了乘法的结合律,把它应用到图形中去,使我们想出了许多图形的关系,这真有趣。

圆圈乱转

只要遇到王先生,我们总要问他,还有什么好玩的吗?

这日只见他从口袋里掏出一张纸片来,上面画着一套圆圈。我们看着怪乱的,看不出什么道理来。可是,他把这张纸片在我们眼前一晃,可就奇怪了,这些圆圈居然转动起来!

"这是些什么图形呢?"

"圆!"

"不错",王先生说:"圆,在算术里已经学过。而且还学到求圆周跟求圆面积的公式,做过不少的算题。但是怎样才叫作圆呢?这却不简单。"

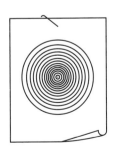

有人说："圆就是圆圈。一点也不错! 可是说了等于没说。究竟怎样才算是一个圆圈呢? "我们想了半天,觉得越想越不对头。

王先生说："我们知道,圆有圆心,有半径。圆心是圆中心的一个点;半径是从圆心到圆周的直线段。假设这个线段延长到对面去,半径就变成了直径。直径是半径的两倍。"

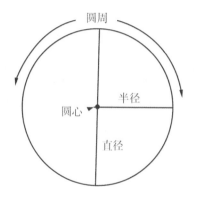

"圆心确定圆的位置,半径确定圆的大小。半径一短,圆就缩小;半径一长,圆就扩大。如果圆心一动,圆就马上搬家。"

"圆心跟半径是构成圆的两个条件,这是很明显的事实。但是还没有说到圆的定义。"

有人说："圆是一根曲线。"

"不错! 可是曲线跟直线大不相同。无论多少直线,形状只有一种；然而曲线就不一定了，它是千变万化的。"

王先生拿出一根铁丝来，他说："这根铁丝原来是直的，像1。随便一弯变成2，是曲线；再变成3，还是曲线。"他说着说着，就把这根铁丝弯成了一个勾子接着问："像这样的形状是不是圆呢？"

"不是。"

"圆是曲线，曲线却不一定是圆。咱们还得另外再想。"

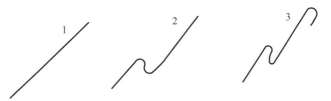

有人说："圆要把两头合拢起来。"

"好！圆是一个闭合的曲线，不能张嘴，也不能缺口，比方说，我们可以把一根铁丝的两头弯过来，焊到一块儿。但是，像这样一个歪七扭八的东西就能够算是圆吗？也不行。"

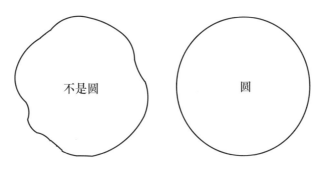

那么怎么办呢? 有人说"把它用锤子横着锤平了, 然后再竖起来把它锤得周正一些。我们使每一个地方都弯曲得一模一样。这就差不多了! "

但是究竟圆不圆呢? 我们还要检验一下, 有人提议: "看一看每一个地方是不是跟中心距离一般远。假如是这样的话, 这才算是一个真正的圆。不然就不是圆。"

王先生说:"在几何学里, 就是拿着圆的这些特性去解释圆的。因此, 圆的定义是应该像下面这样的说法:

'圆是平面上的一个闭合的曲线, 线上的任何一点都跟中间的一个定点距离相等, ——这个定点就是圆心'。"

"在这个定义里, 光说前边的半句话固然不行; 光说后边的半句话, 也是不行。"

"为什么呢? 比方把这个圆一折两段, 每一段都能合乎后边半句所说的条件, 然而它并不是一个圆。它只是圆的一部分。"

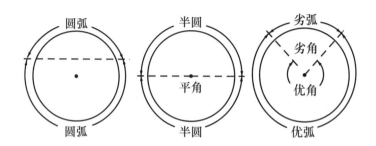

"圆的一部分叫作圆弧；简单一点，也叫作弧。"

"角有优角跟劣角，弧也有优弧和劣弧。大于半圆的是优弧，小于半圆的是劣弧。这个名称跟角度的名称是一致的。因为，从圆心随便画两个半径可以构成一个角。这个角的顶点在圆心，叫作圆心角。如果圆心角是平角，它所对的弧是半圆；如果圆心角是优角，那么它所对的弧就是优弧；如果圆心角是劣角，那么它所对的弧就是劣弧。"

"一个圆本来是一个闭合的曲线，但是随便画上两个半径之后，它就变成两个闭合的曲线了。这样的图形，包括了两个线段跟一段圆弧，看起来好像一把扇子，我们把它叫作扇形。"

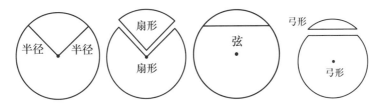

"随便连接圆周上的两个点，这样的线段也叫作弦。圆的弦和直角三角形的弦虽然音同字同，意义却不一样。"

"一个弦也可以把圆分成两个闭合的曲线，这样的图形好比一张弓，我们把它叫作弓形。圆弧是弓背，线段是弓弦。"

"属于圆的这些东西，它们彼此之间的关系是非常密

切的。比方说,

如果圆心角变了,它所对的圆弧就变了,弦也变了。

如果圆弧变了,它所对的圆心角也变了,弦也变了。

如果弦变了,它所对的弧也变了,圆心角也变了。

变大的时候,都变大;变小的时候,都变小。

弦跟圆心的距离叫作圆心距。弦长的时候距离圆心近,弦短的时候距离圆心远。"

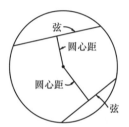

"在同一个圆里,弧、弦、圆心角、圆心距,只要这个一变那个就要跟着变,大家一起变。如果把它们联系起来想的话,这些图形就都变成活的了。"

接着他又拿出一个铁环来说:"如果一根直线跟一个圆放在一块,会有种种不同的情况。"

"铁环是一个圆,推铁环的勾子好比是直线。还没有

推的时候，它们彼此相离。推起来的时候，直线跟圆有一个交点，叫作相切。圆是切圆，线是切线，交点是切点。假设把勾子放在前面压着铁环走，这时候它们有两个交点，叫作相割，圆是割圆，线是割线，这两个交点都是割点。"

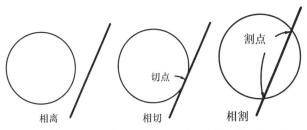

"从圆外边的一个点，可以画两根切线；但是经过圆上的一个点，却只能够画出一根切线来。"

"假设有两个圆，不在一起的时候是相离，交于一点的时候是相切，交于两点的时候叫作相交。这时候情况就复杂得多了。"

他掏出一个小本子，在每一页上都画了两个圆，一个小的跟一个大的。这两个圆一页比一页更靠近些。原来小的画在大的外边，最后小的画到大的里边。

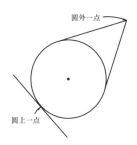

他把这个小本子从前往后很快地翻起来，我们看到大圆不动，小圆跑到大圆的里边去。等到从后往前再翻起来的时候，我们就看到大圆不动，小圆又从里边跑出来了，这些画片变成了活动电影。

他告诉我们："两个圆相切有两种情形，它们并着相交于一点的时候是外切，它们套着相交于一点的时候是内切。当小圆完全跑到大圆的里边，也有两种情形：圆心不在一起的时候是内含，圆心在一起的时候是同心。"

"现在这两个圆的变化，就是从相离到外切，从外切到相交，从相交到内切，从内切到内含，最后从内含再到同心。"

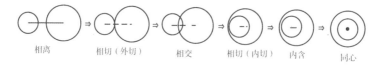

相离　　相切（外切）　　相交　　相切（内切）　　内含　　同心

"两个圆的圆心的连线，叫作连心线。两个圆相离的时候，连心线大于两个圆的半径的和；外切的时候，连心线等于两个圆的半径的和；相交的时候，连心线小于两个圆的半径的和，大于两个圆的半径的差；内切的时候，连心线等于两个圆的半径的差；内含的时候，连心线小于两个圆的半径的差；同心的时候，连心线成了一个点，就是两个圆的共同圆心。"

　　"两个圆是同一圆心的时候，叫作同心圆。最初我们看到的那些乱转的圆圈，就是一套同心圆。"

　　"如果两圆同心，半径不一般长，它们只能套在一起；但是两圆同心，半径一般长的时候，它们就要合二为一，变成一个圆了。半径相等的圆叫作等圆。凡是等圆都是全等形。"

　　一根直线可以同时跟两个圆相割，也可以同时跟两个圆相切。同时跟两个圆相切的直线叫作"公切线"，这是它们两个公共的切线。

　　两个圆相离的时候，可以画四条公切线。两条公切线，它们的交点在两个圆的同一旁，叫作"外公切线"；还有两条公切线，它们的交点在两个圆之间，叫作"内公切线"。

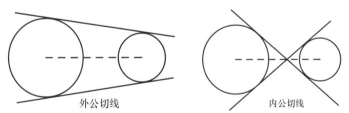

外公切线　　　　　　　　　　内公切线

　　"两个圆外切的时候，还是有两条外公切线，但是只有一条内公切线。"

　　"两个圆相交的时候，依然还是有两条外公切线。然而，内公切线没有了，仅只有接连两个交点的弦。这个弦是它们两个公共的弦，所以叫作公弦。"

　　"两个圆内切的时候,不但内公切线没有了,外公切线也变成了一根。"

　　"两个圆内含或是同心的时候,内公切线跟外公切线就都没有了。"

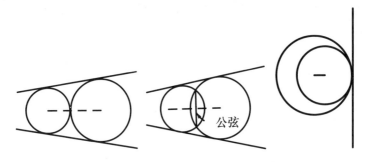

公弦

　　"自行车上,后轮轴上有一个小圆,脚踏的地方有一个大圆,连接起来的链子是它们两个的外公切线。这时候,两个轮子转的方向是一致的。"

　　"在工厂里边安装天轴,如果需要两个轮子转的方向不一致的话,那么接连的皮带将就要按照内公切线去装置了。利用公切线,我们可以让大轮子带动小轮子,也可以让小轮子带动大轮子,这是公切线的应用。"

　　这一次学习了不少的名词。我们为了记熟这些名词,大家想出了许多办法。

　　有人用厚的纸片切成圆形做成玩具,比方用一个大圆片做成人的身子,一个小圆片做成人的头。两圆外切的时候是三毛,两圆内切的时候变成了三根胡子的小老头。

也有人把一个较大的圆纸片切成扇形,后面安装了大小不一样的两个圆片,按照同心的形状叠起来,制成了一个活动日历。

有人把各种不同的圆排列起来画成了图案。也有人随时把见到的各种有关圆的图形描下来加以说明,作为以上所讲的各种实例。如此一来,就会使我们熟悉得更快一些。

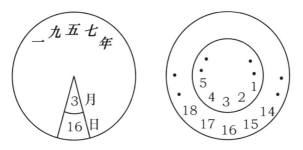

你能够想出一些更好玩的吗?

直尺圆规

　　我们已经听王先生讲了许多图形，可是还不晓得这些图形怎样画。

　　王先生告诉我们："要想画图必须有工具，随便画画是不会正确的。"

　　"画图的工具是什么呢？"

　　王先生接着说："第一，要有一个直角尺子。有了直尺可以画直线。第二，要有一个圆规，有了圆规可以画圆。圆规有两根腿，上面钉在一起，可以开也可以合。把一根腿插住了不要挪地方，另外一根腿转一圈，纸面上就能够画出一个圆来。"

　　"其实不用圆规也可以，一把剪子就可以当作圆规。用白铁作器具的工人，用锡作器具的工人，他们都利用剪子画圆。画好了照着剪下来，非常方便。"

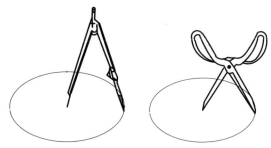

"直尺和圆规,是画图的两个最重要的工具。但是我们常用的还有一副三角板。一副三角板是两个三角板,这两个三角板都是直角三角形。"

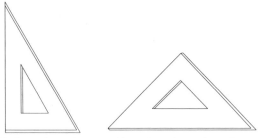

"其中一个三角板是等腰的,有两个边长短相等。因为等腰三角形的两个底角相等,所以这一个三角板的三个角,一个是90°,其余的两个都是45°。"

"另外一个三角板,两个腰不相等。最长的斜边是最短的边的二倍。如果把斜边的中点跟直角的顶点连接起来,就把这一个三角板分成了两个三角形,一个是等腰三角形,一个是等边三角形,这样一个三角板的三个角,一个是90°,一个是60°,一个是30°。"

"有了这样的一副三角板,画角的时候方便得多了。30度、46度、60度、90度,这些角马上都可以画出来。而且,一个直角的两个边是彼此垂直的,所以有了这样一副三角板,画垂直线也就很省事了。"

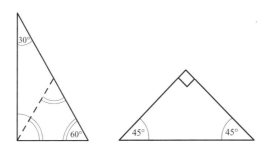

"当然啦,工具越多画图越方便。为了画垂直线,有时候我们也用"丁字尺"。一个丁字尺,横着一块厚板,竖着一个长条,它们彼此垂直,像是一个'丁'字。有了这样一个丁字尺,不但可以画垂直线,而且还可以画平行线。把那块厚板扣在纸边上,尺子上下的挪动,沿着那个长条画出来的线,彼此都是平行的。从这里可以看出一个道理来:凡是跟一根直线垂直的线,它们都是平行线。"

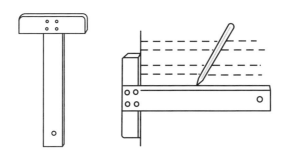

"知道了上面的这个道理，没有了'丁'字尺的时候，单用三角板也可以画平行线。把一个三角板按住不动，然后把另外一个三角板的直角的一边紧密地靠拢着前后移动，那么沿着直角的另外一边画出来的直线也都是些平行线。"

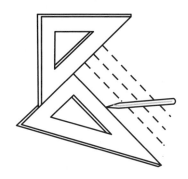

王先生接着说："一个圆规不但可以画圆，而且还可以拿它量线段，比方现在有两个线段，一个是AB，一个是CD。它们两个是不是一般长呢? 这两个线段都已经画好了，当然没法把它们放在一块去比较。然而，只要有了圆规就可以马上解决问题。"

"我们首先把圆规的两根腿，让它一根指在A点，另外一根指在B点。然后把这个张开了的圆规，一根腿放到C点上。如果另外一根腿落在CD的里边，那么AB短，CD长，AB小于CD。如果另外一根腿落在CD的外边，那么AB长，CD短，AB大于CD。如果另外一根腿刚好落在D点，这时候AB跟CD一般长了，AB等于CD。"

我们觉得好笑。这多么麻烦呢!

有人说:"干脆拿起尺子来一量,谁长谁短不就马上看出来了吗?"

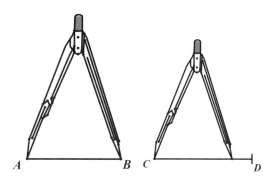

王先生说:"有理是有理,可是拿起尺子来量的时候,眼睛未必看得那么准确。差个一星半点的就没有准了。其次,我们用的尺子不一定有刻度。如果没有刻度,我们还能用它来量吗?事实上,用圆规去量线段,不但准确,而且也很方便。"

接着他又告诉我们,有了圆规我们就可以画出线段的和、差、积、商。

我们好奇地问他:"难道线段也可以计算加、减、乘、除吗?"

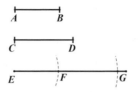

"是的",他告诉我们说:"假设有两条线段,AB跟CD,我们可以把它们加起来。先用直尺画一根直线,再在这根直线上随便取一个点,比方说是E。我们拿E做圆心,拿AB做半径,画一个圆弧跟这根直线相交,比方说交点是F。那么EF就等于AB。再拿F做圆心,拿CD做半径,画一个圆弧跟这条直线相交,又得到一个点,比方说是G。那么FG就等于CD。这样一来,EG就是AB跟CD的和了。"

"其实,延长了AB,让延长的线段等于CD,或是延长了CD,让延长的线段等于AB,结果也是一样的。比方延长CD。然后拿D做圆心,拿AB做半径,画一个圆弧跟CD的延长线交于H点。那么CH就是AB跟CD的和。"

有人说:"这岂不是变成CD加AB了吗?"

"是的",王先生说:"AB加CD,跟CD加AB是一样的,AB+CD=CD+AB,线段相加跟数目相加是同样的情形,它们也适合于交换律跟结合律。"

接着我们就看出来了,假设拿D做圆心,拿AB做半径,倒过来再画一个圆弧,跟CD相交于K点的时候,CK就是CD与AB之差了。

"那线段的乘法呢?"

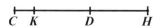

王先生说:"现在只讲线段的倍数。一个线段的倍数,不就是把一个线段、一个线段接连地加起来吗? AB的3倍是3个AB的和, AB的5倍是5个AB的和。"

"线段的除法呢?"

王先生说:"这倒有些麻烦。比方现在有一个线段AB,要想把它一分两半。我们可以用一个适当的半径,先拿A点做圆心画一个圆弧,再拿B点做圆心画一个圆弧。这两个圆弧有两个交点,比方说是C跟D。把CD接连起来,CD跟AB的交点是M。那么M点就恰好把AB一分两半。这一个M点,叫作AB的中点。同时,这样画出来的CD线,不但平分AB,而且垂直于AB,所以CD叫作AB的垂直平分线。"

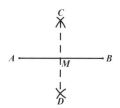

"在这个步骤里,需要注意两点:第一,拿A、B两点做圆心,画圆弧的时候,必须是同一个半径,半径要一般长。第二,这个半径的长短固然可以随便,但是不能太短。如果这个半径小于AB的一半,那么两个圆弧就不能够相交了。当然，这个半径也不能太长；太长了画起来不方便。既然我们能够把一个线段分成两等份，同样也就可以分成四等份、八等份、十六等份。"

"如果分的份数不是2的倍数呢？"

"这……"王先生说："也有办法。比方要把AB分成3等份。我们可以从A点先随便画一根直线，然后再在这根线上随便取三个等份，比方说是AC、CD、DE。把EB连接起来，再在C点画一根线跟EB平行，在D点也画一根线跟EB平行，这两根线跟AB都有一个交点，北方说是F、G。这时候，F、G恰好把AB分成了三等份。这好比用一个叉子叉过去，只要叉子的齿都是一般远，那么叉过去的时候，就一定会把一个线段分的一般长。"

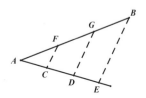

"这种画法有一个好处，要想分几份就能分几份。分五份的时候。先取五个相等的线段；分八份的时候，先取八个相等的线段。线段既然可以随便取，所以无论分多少份都能够办得到。"

我们想了半天，忽然有人说："应用这个画法也可以求出一个线段的倍数来。比方说，要求*AF*的3倍。先把*AF*延长了；然后再从*A*点随便画一根直线取三等份，比方还用*AC*、*CD*、*DE*。把*CF*连起来，再从*E*点画一根线跟*CF*平行，这不就得到*B*点了吗？”

有人批评他，这是自找麻烦。可是王先生说：“这种联系的想法是很好的。这样可以使我们了解得更清楚些。”

接着他又告诉我们：“按照几何学的老规矩，画图的工具只准用一个直尺跟一个圆规，而且还规定这个直尺是没有刻度的。这只是因为，这两种工具做起来比较简单，除此以外，并没有什么别的道理，事实上，受了这种限制反而有许多问题没法解决。譬如要想把一个角分成三等份，单用直尺跟圆规就根本办不到。”

“现在画图的工具是直尺和圆规，我们古代画图的工具是“规”和“矩”。在山东省嘉祥县，汉朝的武梁祠里有一个石刻，刻着伏羲和女娲，他们都是人首蛇身。女娲手里拿着规，伏羲手里拿着矩。虽然带有神话的色彩，但是可以说明，在很早很早的时候，我们的祖先就已经创造了作图的工具。”

　　"规和现在的圆规，形状不完全一样，不过用法却是一致的。矩也叫作拐尺，是两个直尺接起来的，一横一竖，彼此垂直。到现在，做木工的工人还在用着它。"

　　"有了规可以画圆，有了矩就可以画正方形。古时候对于这两种工具非常重视。在许多古书上，譬如说荀子、孟子，都有这样的话：'不以规矩不能成方圆。'如果不用规和矩，那就不能正确地画出正方形和圆。平常所谓的'规规矩矩'一词，就是从这里引申出来的。"

图形搬家

等到我们再一次见到王先生的时候，我们提出一个很早就想知道的问题。在几何学里，应当怎样去说明一个图形的性质呢？说明了以后，又应当怎样去断定它是正确的呢？

他告诉我们说："要想说明图形的性质，首先要讲明图形的构造，它具有什么样的条件。比方说一个三角形，是等边三角形呢？还是等腰三角形？还是任意三角形？条件不同，它们的性质也就不一样。"

"我们已经知道，等边三角形的三个角都相等，等腰三角形只有两个角相等，任意三角形的三个角都不相等。这当然不能混为一谈。"

"因此，无论哪一个说明图形性质的几何定理，都包含着两部分。一部分讲图形的条件，叫作假设；一部分讲图形的性质，叫作结论。整个的句子都是一种说法：

　　'如果……, 那么……'。"

　　"如果三角形的某一个边长一些, 那么它所对的角就大一些; 如果三角形的某一个边短一些, 那么它所对的角就小一些。"

　　"如果两个三角形, 三个边都彼此相等, 那么这两个三角形就一定是全等形。"

　　"不过有时候我们也常常把这些话说得更简单一点。比方等边三角形的三个角相等。这就把两个半句凑成一个整句了。其实, 这里边还是包括两部分。它所表示的是如果一个三角形的三个边都相等, 那么它的三个角也相等。还是前一半是假设, 后一半是结论。"

　　"至于为什么可以这样断定呢? 那就说来话长了。"

　　"当然啦! 如果图形简单一点的时候, 可以用眼睛看出来。这是我们认识图形的第一步。可是必须知道, 单凭眼睛看, 是不一定可靠的。"

　　"现在我画几条平行线。如果添上一些斜线, 看起来就不平行了。现在我画几根相等的线段。如果添上两根交叉的线, 看起来就不一般长了。"

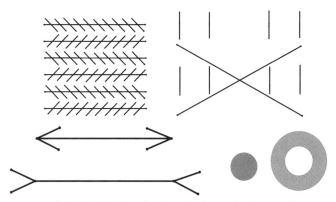

　　"两条线段本来一般长，都在两头添上两个叉。叉向里的线段似乎缩短了，叉向外的线段似乎拉长了。两个圆圈本来一般大，里边抹成黑的显得小了，外边抹成黑的显得大了。"

　　"所有这些情况都说明一件事实，断定图形的性质不能单靠眼睛，因为有时候眼睛会发生错觉。"

　　"那么应当怎么办呢？我们还得进一步来动脑筋，找出根据，说明理由。"

　　"现在让我们想一想，两个三角形，必须具有什么条件才能够完全相等呢？"

　　"必须三个边彼此相等。"

　　"是的，我们刚刚说过。除此以外呢？"

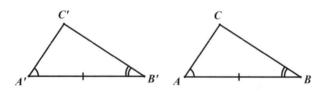

"比方有两个三角形，一个是ABC，另一个是$A'B'C'$。所谓完全相等就是它们两个能够完全叠合的意思。怎样才能够完全叠合呢？"

"第一，必须有两个边一般长，譬如说AB等于$A'B'$。这就有一个边可以叠合了。"

"其次，如果另外两个边也能够叠合的话，那就必须A角等于A'角，B角等于B'角。因为这两个角是确定另外两个边的方向的。如果方向不同，那么另外那两个边就不能叠合了。"

"彼此相等的这三部分，两个角在两旁，一个边在中间。我们把这个边叫作两个角的夹边。这样我们就得到了一个几何定理：

如果两个三角形，有两个角跟一个夹边彼此相等，那么这两个三角形就是全等形。"

"这样算不算是已经证明了呢？当然还不够。我们应当说得更完全、更正确一些！"

"数学有一个特点，它是经常利用记号的，因为这样简单明了。现在介绍几个简单的记号：角记成∠，A角记成∠A；线段AB简单地记成AB，三角形ABC记成△ABC；相等还是用等号，完全相等把它记成≌。"

"我们先把上面那个定理，利用记号重写一遍。

〔假设〕△ABC跟△$A'B'C'$：

∠A=∠A'，AB=$A'B'$，∠B=∠B'

〔求证〕△ABC≌△$A'B'C'$

然后再写出证明来：

〔证〕1.把△ABC放在△$A'B'C'$上，让A点落在A'点上，AB落在$A'B'$上。

2.因为AB=$A'B'$，所以B点一定落在B'点上。

3.因为∠A=∠A'，所以AC一定落在$A'C'$上。

4.因为∠B=∠B'，所以BC一定落在$B'C'$上。"

"这样是不是已经证完了呢？"有人急切地问。

"不！话还没有说完。因为三角形有三个边和三个顶点，现在三个边跟两个顶点都叠合了，还有一个顶点没有交代清楚。"

"难道这还有错吗？"

"不，还是小心些好。"

王老师接着说："5.既然AC跟$A'C'$叠合了，BC跟$B'C'$叠合了，所以C点一定落在C'点上。"

"为什么呢?"

"两根直线相交,只能有一个交点啊!"

"这种证明的方法叫作"叠合法"。我们让图形搬家,搬到一块儿,看看是不是能够叠合。如果能够叠合的话,那就是它们完全相等了。这只是几何证题法的一种,虽然不常用,却是很重要的。"

"同时从这个证明里可以看出来,做几何证题要仔细考虑,话说得踏踏实实,要有根据。平常我们说话或是做事,也要有这样一种实事求是的精神。我们不轻易相信别人的话,必须追根究底,实地调查,分析研究。要敢于怀疑,提出自己的问题。但是也要敢于拥护真理,坚信不疑,充实自己,并说服别人。"

接着他让我们好好地考虑一下,对于上面的证明还有什么可以怀疑的地方? 我们想了半天,觉得没有什么可以怀疑的地方了。

"不",王先生加强了说:"再想想看!"

我们摇摇头,实在看不出有什么可以怀疑的地方。王先生反过来问我们:"利用叠合法证明的时候,需要让图形搬家;图形一搬家,难道不会发生什么变化吗?"

我们笑了,哪会有这样的事情呢?

"是的",王先生说:"你们这样相信,我也这样相信。

但是从道理上讲，'图形经过移动，形状和大小都不会改变'，这却是叠合法的理论根据，事前应该加以交代。像这样一些不去证明、大家公认的事实，在几何学里叫作'公理'。这也是应该知道的一个事实。上边曾经说过，'两根直线相交，只能有一个交点'，那就是一个公理。"

　　然后，他再让我们想一想，两个三角形是不是还有别的条件也可以完全相等呢？

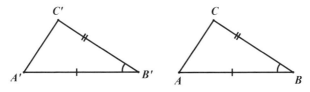

　　譬如说两个三角形，还是 ABC 跟 $A'B'C'$。有一个角彼此相等，B 角等于 B' 角。另外还有一个边彼此相等，AB 等于 $A'B'$。这样一来，如果把这两个三角形搬在一起，一个角跟一个边叠合了，这个角的另外一边也一定会叠合，是不是两个三角形就完全叠合了呢？

　　那倒不一定。因为还要看这个角的另外一边是不是相等。如果相等，那么 C 点就落在 C' 点上了。

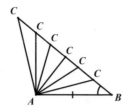

这时候, 三个顶点和两个边都叠合了, 是不是第三个边也一定叠合呢? 这倒没有什么差错, 因为"经过两个点只能画出一根直线", 这也是一个公理。

于是我们又得到了一个几何定理:

如果两个三角形, 有两个边跟一个夹角彼此相等, 那么这两个三角形就是全等三角形。

你能够自己写出这个证明吗? 试一试看。

同时在这里还可以看出一个事实来。既然全等形可以完全叠合, 所以凡是全等形相当的各个部分都是相等的。利用这个性质, 对于证题有很大的用处。比方说, 知道了这个事实, 我们就可以证明等腰三角形有两个角相等。怎么证法呢?

假设△ABC, AB=AC。我们经过A点把它一劈两半。那就是说, 画出AD, 让∠1=∠2。

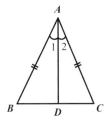

这时候，ABD 跟 ACD 两个三角形，$AB=AC$，$\angle 1=\angle 2$，$AD=AD$。所以它们两个是全等形。如果沿着 AD 把它们叠合起来，B 角恰好等于 C 角。这就是我们希望得到的结果。

知道了这个定理，我们可以回过头来再证明开头所说的那个三边相等的全等三角形定理。

假设 $\triangle ABC$ 跟 $\triangle A'\,B'\,C'$：

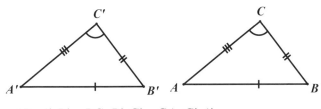

$AB=A'\,B'$，$BC=B'\,C'$，$CA=C'\,A'$。

现在把它们两个搬到一块儿，并在一起，结果拼成一个四边形。我们自个儿添上一根线，把 B 点跟 B' 点接连起来。为了证明的需要而增加的线叫作补助线，这是请来帮忙的一根线。

现在先不考虑左右那两个三角形，我们先看一看上下这两个三角形，$\triangle ABB'$ 跟 $\triangle BCB'$。

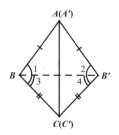

这两个三角形都是等腰三角形，因为$AB=A'B'$，$BC=B'C'$。所以$\angle 1=\angle 2$，$\angle 3=\angle 4$，因此$\angle 1+\angle 3=\angle 2+\angle 4$，也就是$\angle B=\angle B'$。

然后再考虑左右那两个三角形。现在这两个三角形够条件了，有两个边跟一个夹角相等，所以$\triangle ABC\cong\triangle A'B'C'$，它们是完全相等的！

从这里可以看出来，知道的定理越多，证题的方法越方便。所有的定理都是彼此关联着，它是一连串接连下来的。

随便打开一本几何学，里边都是一个定理接着一个定理。除了定理，再就是作图。定理是说明图形的性质，作图是说明作图形的方法。这是几何学的两个主要内容。

几何应用

以前曾经说过，定理跟作图，是几何学的两个主要的内容。可是，王先生却又提出这样一个问题："为什么要作图呢？"我们说："既然要想研究图形，那就必须先画图形。"

王先生说："是的，必须先画图形，然后研究起来才方便。但是，反过来说，如果把图形的性质搞清楚了，那么画起图来，也就会更加方便。当我们画圆的时候，不就是利用了圆的性质去画的吗？因此，作图和定理，这两方面是互相联系着的。"

"现在让我们考虑一下。以前曾经讲过，圆心确定圆的位置，半径确定圆的大小。只要知道了圆心和半径，我们就能够把它画出来。现在假设已经有了一个圆，但是不知道它的圆心和半径，我们能不能把它们都找出来呢？"

"当然能够找出来！"

"可是怎样去找呢?"

"想了半天,我们都没有想出办法来。"

王先生说:"这也好办。我们已经知道,从圆心到圆周的距离都相等,这就是一个很好的线索。让我们先这样想,假设一个点跟另外两个点的距离相等,那么这个点应该在什么地方?比方P点跟A、B两点一般远,要想找P点,应该怎么办?"

我们说:"P点一定在A、B的中间。把A、B连起来,AB的中点就是P。"

"不错",王先生说:"AB的中点当然跟A、B两点距离相等。但是,反过来说,跟A、B两点距离相等的点却并不是只有这一个点,还可以有许多点。如果我们把AB的垂直平分线画出来,比方说是CD,那么,所有在CD上的点都是跟A、B一般远的。"

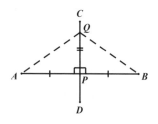

"为什么呢?因为,从CD线上任取一点Q,跟A、B连接起来,就会有两个三角形。这两个三角形都是直角三角形,

而且AP=PB, PQ又是公共的边, 因此△APQ≌△BPQ, 所以QA=QB。"

"这和找圆心又有什么关系呢?"我们还没有想出来。

王先生却接着说:"只要知道了这个事实, 一个圆的圆心就可以马上找出来了。先在圆上任取三个点A、B、C, 再画AB跟BC的垂直平分线。这两根线一定有一个交点, 比方说是O; O就是这个圆的圆心。只要找到圆心, 那么半径的长短也就马上会知道了。这也是利用圆的性质来解决的。"

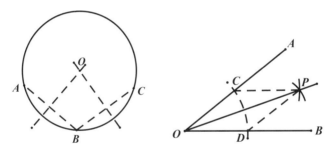

接着他又提出了第二个问题, "假设有一个角AOB, 我们能不能把它一分两半呢? 先拿O点做圆心, 用一个适当的半径画圆弧, 和OA交于C点, 和OB交于D点, 然后再分别拿C、D做圆心, 用同一半径画两个圆弧, 这两个圆弧相交于P点。只要把OP连起来, 就把∠AOB一分两半了。OP平分∠AOB, 这是角的平分线。"

"为什么呢?"我们还有所疑虑。

"因为，如果把PC、PD连起来，三角形OPC和OPD有三个边彼此相等，所以$\triangle OPC \cong \triangle OPD$，因此$\angle AOP = \angle POB$。这是利用了三角形完全相等的一个定理。"

王先生忽然接着问道："假设这个角画在一张纸上，一不小心把它的顶点撕掉了，我们能不能测量它的角度呢？"

这倒是一件意外的事情。既然没有顶点，那么怎样测量它的角度呢？似乎是不可能的。

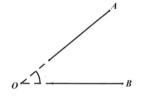

但是王先生告诉我们："即便是这样，也有办法把它测量出来。只要在纸上画一根线，和原来那个角的一个边平行，和另外一个边相交。比方说，画出来的线是EC，EC和OA平行，跟OB相交于D点。那么$\angle CDB$就和原来的那个角一般大。只要量出$\angle CDB$的度数，也就知道$\angle AOB$的度数了。

这是怎么回事呢？我们想了一下，马上就看出来，这是沿着OB的方向（从O到B）把原来的$\angle AOB$拉过来了。只要把图形搬搬家，我们就解决了这一个问题。

接着王先生又追问了一句："如果不知道原来那个角的顶点，要想把它的平分线画出来，应该怎么办呢？"

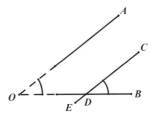

这又是一个难题，因为画一个角的平分线的时候，首先要拿它的顶点作圆心去画圆弧。现在既然不知道顶点，那么怎样下手呢？

大家想了一会儿，有一个人说："把这个角再拉过来！"

又有人问："是不是可以把角拉过来再画它的平分线呢？"

王先生赶紧声明："请大家注意，这里有一个条件。我们要找的平分线应该在原来的位置，而不是在另外的位置上。"

有人说："那也不要紧，只要沿着它的平分线拉过来就行了。"可是，这根平分线我们还不知道是在什么地方啊！

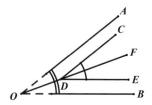

结果王先生说:"只要画两根平行线,一根和OA平行,一根和OB平行,但是它们和两个边的距离要彼此相等。这样两根线相交于一个点,比方画出来的结果是DC和DE,DC与OA的距离和DE与OB的距离相等,那么只要画出$\angle CDE$的平分线,然后把它延长一下,就是原来那个$\angle AOB$的平分线。"

"我们利用三角板的构造,就能很清楚地看出这一事实来。而且,画平行线的时候可以利用直尺,只要这个直尺处处都是一般宽的。"

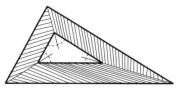

接着王先生又追问了一句:"画一个角的平分线,首先要画圆弧,要想画圆弧,必须用圆规。假设圆规丢了,不用圆规能不能画呢?"

这又是一件新鲜的事情,难道不用圆规也能画一个角的平分线吗?

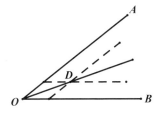

　　"能"，王先生肯定地说："不用圆规也可以画，我们还是利用直尺，而且非常简单。当然，我们假定这个直尺处处都是一般宽的。比方一个∠AOB，我们先用直尺画两个边的平行线（当然要和两个边一般远），比如交于D点。只要把O、D连起来，就是∠AOB的平分线。而且，如果不知道角的顶点O，那就把上面说的两种办法结合起来。我们先用直尺画两个边的平行线（当然要和两个边一般远），得到∠CDE；然后再用直尺画∠CDE的两个边的平行线（当然也要和两个边一般远），比如交于F点。既然D、F这两个点都是在∠AOB的平分线上，那么把D、F连起来，就是∠AOB的平分线。如果直尺比较窄，第一次画的两个边的平行线，在纸上可能不相交。这也不要紧。我们接着再画这两根平行线的平行线。如果它们还不能在纸上相交，那就再按照这样继续画下去。最后，总可以画出两根在纸上相交的线，这就得到了∠CDE。采取这个办法，画一个角的平分线就不需要利用圆规了。"

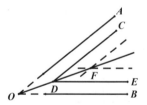

"同时,不但画一个角的平分线可以不用圆规,而且画圆也可以不用圆规。"

这就更加奇怪了!我们感到很惊奇。

王先生说:"我们可以利用三角板,不过稍微麻烦一些。比方直径是AB,我们可以把三角板的两个直角边让它分别通过A、B两点,然后把直角的顶点C记下来,这就是圆上的一个点。接着再把三角板挪动一下,还是要直角的两个边分别通过A、B两点,这时候直角顶点的位置虽然挪了,但仍然是圆上的一个点。再把它记下来,比如说是C'。按照这样的办法,我们可以找到许多点,当然越多越好,这些点就构成了所要求的那个圆。"

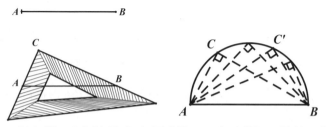

有人说:"这只是半个圆啊",王先生说:"是的,半个圆。可是另外那半个圆也可以照这样做,最后就得到一个

整圆。"

"为什么这样画出来的一定是个圆呢?"王先生说:"这是利用了这样一个几何定理,在半圆里所含的角都是直角。如果一个直角三角形最长的一个边是圆的直径,那么直角的顶点就一定在圆周上。"

"这又是新的知识",有人这样说。

"不!这是老知识了!"王先生说:"这个事实我们中国人老早就知道了。在一本叫作《周髀算经》的古算书里,曾经有过这样两句话:'环矩以为圆,合矩以为方。'环绕着矩的顶点是一个圆;把两个矩合起来,就变成了一个正方形。虽然用的是矩,不是三角板,可是道理却是一样的。而且……"

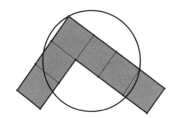 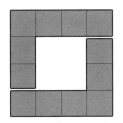

王先生接着又说:"现在我们还可以谈一些关于矩的各种用法,'平矩以正绳',——用矩可以测定一根绳子是不是直的,我们把矩当作直尺来应用。"

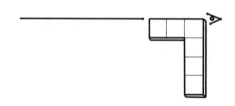

"'偃矩以望高'，用矩可以测定高度。'复矩以测深'，用矩可以测定深度。'卧矩以知远'，用矩还可以测定一个距离有多么远。"

"假设我们要测量一棵树的高，我们可把矩举起来（横平竖直的），让我们的眼睛、矩的两个边的端点A、B和树的顶点D都在一根直线上。然后顺着矩的一个边AC，平着看过去，确定E点。这时候，三角形ABC和ADE是相似形。根据相似形的性质，"对应边"成比例，对应边就是等角所对的边，所以：

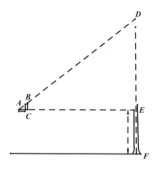

$$AC : BC = AE : DE \quad DE = \frac{BC \times AE}{AC}$$

AC、BC和AE都可以进行直接测量，因此利用这一个关系就能够把DE求出来。DE+EF就是树的高度。"

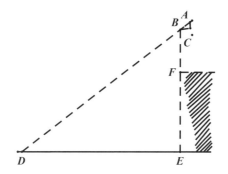

"假设我们要测量一个山谷的深度，我们可以把矩举起来（横平竖直的），让我们的眼睛、矩的两个边的端点A、B和山谷的底面D点都在一条直线上。然后从B点直着往下确定E点。这时候，三角形ABC和BDE也是相似形。利用同样的性质：

$$BC : AC = DE : BE \qquad BE = \frac{AC \times DE}{BC}$$

"AC跟BC是矩的两个边，只要知道了DE的距离就可以把BE求出来。BE和BF就是山谷的深度。当然，根据同样的道理，也可以测定一条河的宽度，一段道路的长度，或是另外一种什么距离。同时，既然用矩可以测量，那么用三角板当然也可以测量。"

有人提出了一个问题："假设测高的时候，不能量出AE，测深的时候，不能量出DE，那又应该怎么办呢？"

　　王先生说："这也有办法,只要选择两个不同的地点,进行两次观测,就能解决问题。当然,步骤比较麻烦,关系也比较复杂,但是问题是可以解决的。在《周髀算经》里就曾经利用这种办法,设想要求出从地面到太阳的距离。这种算法叫作'重差术',魏朝的刘徽曾经作过详细的研究。而且还有一本书叫作《海岛算经》,专门讨论这一类测量的问题,但是最早谈到这个问题的却是《周髀算经》。"

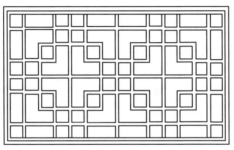

门窗上的几何图形

　　听到这,我们就问王先生:"《周髀算经》这本书是什么时候作的?"

　　他告诉我们说:"据说是周朝,至晚也是春秋战国时候的著作。"

　　"在那么早的时候,我们的祖先就已经研究了几何学,这真是了不起啊!"大家不禁感叹道。

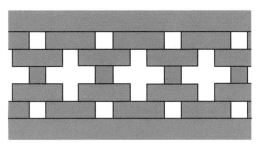

砖墙上的几何图形

最后，王先生说："几何图形和我们日常生活的关系非常密切，织布工人、洗染工人把美丽的图案用到我们的衣料上，木工把它用在各种器具上，建筑工人把它用在各种建筑物上。同时，几何的知识跟我们生产建设的关系也是非常密切的。无论什么建筑工程，无论什么机器制造，都要首先画图样，而且还要根据图样计算器材，计算成本。所有这一些，都是和几何学的知识分不开的。研究几何学的目的不是为了别的，正是为了实际的应用。因此，证明题、作图题和计算题是几何学里三种主要的问题。将来碰到这一门数学的时候，大家都应该好好地去学习它。"

墙头上用瓦构成的几何图形

谦德少年文库

QIANDE JUVENILE LIBRARY

给孩子的趣味数学书

王峻岑 著

大大小小

团结出版社

图书在版编目（CIP）数据

给孩子的趣味数学书. 大大小小 / 王峻岑著. –– 北京 : 团结出版社, 2022.1

ISBN 978-7-5126-9254-1

Ⅰ.①给… Ⅱ.①王… Ⅲ.①数学—儿童读物 Ⅳ.①O1–49

中国版本图书馆CIP数据核字(2021)第223957号

出版： 团结出版社

（北京市东城区东皇城根南街84号 邮编：100006）

电话：（010）65228880 65244790（传真）

网址： www.tjpress.com

Email： zb65244790@vip.163.com

经销： 全国新华书店

印刷： 北京天宇万达印刷有限公司

开本： 145×210 1/32

印张： 28.25

字数： 500千字

版次： 2022年1月 第1版

印次： 2022年1月 第1次印刷

书号： 978-7-5126-9254-1

定价： 128.00元（全6册）

总　序

　　数学是重要的基础学科。这套《给孩子的趣味数学书》是一把开启数学知识与智慧之门的钥匙。这套书是由父亲王峻岑曾经出版过的数学科普著作《比一比》《大大小小》《数的惊异》《图片展览》《整数运算》和《数学列车》六本书重新汇编而成的。北京谦德文化发展有限公司的肖先生与我们联系，说：王峻岑先生的这些著作至今仍有学术价值，出版这些书是很有意义的。

　　记忆的闸门，突然打开。我们兄弟姊妹都曾是父亲著作中的主人公，父亲与我们一起把玩七巧板，一起做数学游戏，增长知识；每当收到刊登父亲著作的《开明少年》《中学生》，我们争先恐后地阅读，甚至多年后还要找出来阅读，真是其乐无穷。

　　父亲曾在全省唯一的国立高级中学——济南高中（现济南一中）上学。著名教育家季羡林先生《病榻杂记》中的《回忆济南高中》一文，记述了当年国文教师董秋芳[1]对其作文的批语："季羡林的作文，同理科一班王联榜（父亲当时的名字）的一样，大概是全班之冠，也可以说是全校之冠吧。"由此可见，中学时代父亲的文采就已初露锋芒。严薇青[2]先生回忆，董秋芳老师曾与当时学生文学社团趵突社的成员季羡林、王联榜、严薇青等，在原山东省图书馆（即大明湖遐园）假山上合影。高中毕业后，父亲考入北京大学数学系。

　　1934年父亲北京大学毕业后，曾在其母校山东省立第一中学等校任教，后长期就职于山东师范学院（今山东师范大学）数学系，并首任该系主任，是数学学科奠基人。

　　父亲在高校一直教微积分等高等数学课。高校院系调整后，他急教学所急，主动承担了不为人看重的新课——中学数学教学法，在没有任何参考资料的情况下克服重重困难自编教材，刻印讲义。1953年起陆续在全省专科、本科首开这门课以及教育实习。这在全国范围内也是较早的。每当学生毕业季，父亲与各中学联系实习一事，并认真听学生实习讲课，总结经验

---

1. 董秋芳（1898~1977），曾任教育部中学语文教材编辑组研究室主任等职。
2. 严薇青（1911~1997），山东师范大学教授，中文系主任，中国古典文学研究专家。

教训。这一做法，大大缩小了学生毕业与教学工作的心理差距，进一步适应了教学工作岗位。这项实习工作，获得了实习单位的学生和领导的好评。他认为：好的教师不应当仅仅讲明白了课本，同时还应当指示给学生一个进展的方向。只有这样，才能够使学生进一步开阔眼界，打开思路。父亲坚持因材施教的教育理念，治学严谨，育人育德，再加上张弛有度的授课手法和高超的教学水平，他和全系教职工一起为国家培养了大批合格的中学数学教师。

父亲对将要到普通中专任教的次子希亮语重心长地说：到专业学校当老师，不但要有真才实学，还要把握整个专业的发展方向；教给学生一滴水，自己要有一桶水才行；老师要心中时时装着学生，因材施教，让学生真正牢固掌握所学知识，做到学以致用；在传授知识时，不同的课程要用不同的教学方法，不能只照本宣科，要多动脑筋，多与实践相结合，才能够得到事半功倍的效果。在父亲潜移默化的影响下，我们六个子女，竟有四人从事过数学教育工作，并且工作严谨，成绩优异。1977年重阳节，父亲曾登上济南千佛山顶，赋诗一首："生平从未登山顶，而今毅然攀高峰。路滑坡陡须持杖，年老气衰力不从。只缘欣闻重阳日，不到顶峰誓不停。"父亲为祖国的繁荣富强秉承着"老当益壮，不待扬鞭自奋蹄；鞠躬尽瘁，俯首甘为孺子牛"的精神，这激励着我们兄弟姊妹也在各自的岗位上奉献

自己的力量。为此,我们家被评为山东省优秀教育世家。(详见1999年9月11日《山东教育报》)

父亲一生教书育人,同时还潜心数学科普创作,先后出版了六本数学科普著作以及大量的短文。这些著作是父亲在工作之余进行的,如果写作灵感显现了,直到深夜他还在伏案忙碌。父亲在这些著作中,用通俗的语言、活泼的笔调讲解数学知识,还善于运用讲故事的方式,创设并讲解问题;在讲解中注重与实际生活的联系,采用大量生活实例,生动形象,深入浅出;还注重数学史的渗透,使学生在不知不觉中学到了知识,激发了学生学习数学知识的热情。当年,这些著作多次再版,印刷量大都在数万册。可见,读者对这些著作喜爱有加。

父亲的著作涉及小学和中学的数学内容,而且大多是从日常生活中加以提炼,以讲故事的形式来表现的。面对不同的读者对象,则是用不同的语言来叙述、讲解。在语言表达方面,父亲多采取趣味性的语言,往往一开始就深深吸引着读者。比如,在《比一比》中,第一篇引用了一个绕口令来作为开端。《图片展览》是介绍平面几何学的,一开始,他将我国古老的"七巧板"介绍给读者,逐渐深入浅出,引申下去。《数学列车》是介绍高等数学"微积分"的,大家一般认为微积分是深奥且难以理解的。而这本书讲了个"孙悟空坐火车"的故事,深深吸引住读者,并引导读者一步步深入下去,继续阅读。在《数的惊异》

的第一篇，我们这些子女成了父亲著作中的主人公，生活气息非常浓厚。

父亲是20世纪30年代起就活跃在我国数学科普园地的少数人之一。他25岁就开始创作数学科普作品，第一篇发表在《中学生》1936年第二期。当时，他与周振甫、顾均正、贾祖璋、刘薰宇等文艺界、生物界、数学界的知名人士都是开明书店出版的《中学生》《新少年》等刊物的主要和长期撰稿人。

曾任中国少儿出版社社长、总编辑的叶至善先生，在1985年重版《比一比》的后记《怀念王峻岑先生》一文中写到："抗日战争之前，我就读过峻岑先生的数学小品，《中学生》《新少年》是专给初中生看的，由我父亲（叶圣陶）领衔编辑。我高中快毕业了，却很喜欢这本刊物，峻岑先生的数学小品是我每期必看的，他那清晰的思路和活泼的笔调，使我得到很大的乐趣。……人们说数学既抽象又刻板，叫人无法捉摸，难以亲近，峻岑先生却能联系少年们的生活，运用他们亲身的感受，来讲明白那些抽象的道理，还能随时把潜在的趣味发掘出来，呈现在少年读者面前。"后来，叶先生继任《开明少年》编辑，向父亲约稿。叶先生曾说："回想那个时候，我刚发出前一期的稿子，峻岑先生就把后一期用的稿子寄到了。配合之默契使我至今怀念！""有人说，数学科普在我国并非是很强的，至今仍有很多尚待开拓的领域。王峻岑先生可以说是我国数学科普界

的一位开拓者。我国现在很多的数学家、科普作家在少年时期都曾拜读过他的作品。他不愧为我国现代数学科普创作的引路人。"叶先生与父亲只见过一面，那是1950年父亲到北京开会时特地去拜访的。叶先生说："我激动得不知说什么好，可能只说了些感激的话。他大我七八岁，这是我凭编辑对文字的语感估计到的；可是看面容，他比我想象的老得多，他的前额已经秃了，瘦削的脸庞，戴一副近视眼镜，跟他作品的那种敏捷活跃的格调，似乎不相匹配。当教员真是辛苦，容易把人磨老，何况他不知餍足，不知疲倦，还要通过他的文字，把所有的青年和少年都当作他的学生。我送峻岑先生出门之后，望着他远去的背影，我曾经这样想。"叶先生还讲到，不久我们便断了联系，他说："真正的原因是我对待作者的态度渐渐变得冷漠了，一个运动接着一个运动，使我感到跟作者的交往尽可能少一点儿好，免得给双方都造成不必要的麻烦。想起曾经对作者如此冷漠，心里总感到内疚，这不是做人应有的态度，更不是当编辑应有的态度。"文章至此戛然而止。叶先生在字里行间喧腾着的那火热的真情，以及严于解剖自己的博大胸怀，深深地感动了我们。父亲在天有知，当会与我们一起热泪泉涌，不忍掩卷。其实，1985年《比一比》重版，正是叶先生基于如下考虑而力主促成的："重印他的曾经遭到无理指责的著作也是落实政策，而且比落实其他政策更为重要，更能使他安心。"但是非常惋惜的

是，这本书重版时，父亲已去世三年；讣告几经辗转，到他手上时，追悼会早已开过，连唁电也来不及发了。

优秀而富有趣味的科普读物，会影响青少年的一生。父亲的《数学列车》以孙悟空乘坐火车为故事线索，运用通俗的语言，讲述数学较难懂的微积分知识，融科学性、知识性和趣味性为一体，深受知识界和广大学生的欢迎。中国科学院张景中院士说过，少年时代读过的几种优秀且饶有趣味的科普读物给他留下的印象很深，举例中就有父亲的《数学列车》。他说："因为写得吸引人，我常常一本书看上几遍。懂了的，觉得有趣，不懂的，好奇心驱使我进一步思考与学习。这些书吊了我的胃口，总想再找类似的书来看。""比如《数学列车》，一开始是有趣的，但到后来，就再也看不懂了！不过，不明白也有不明白的好处，高中毕业时，我决心考数学系，原因之一就是想要把没弄明白的这些东西彻底弄个明白！"（见中国少儿出版社30周年纪念文集）。华东纺织工学院（现东华大学）的李绍宽教授是我国1980年建立学位制度以来的首批18位博士之一。他在1984年7月30日《中学生报》中的《我赶上了头班车》一文，回忆说："我在初三，偶尔看了一本《数学列车》，是用故事的形式讲述微积分的基本思想。又有机会听到数学家谷超豪的一次数学报告，这两件事使我大开眼界，感到数学园地中还有许多未知数，从而激发了我读书的热情，由此奠定了从事数学研究的基

础。"父亲的著作在读者心里生根发芽了。

由于父亲的这些作品是六七十年前写的,因此需要修改其中不符合今天阅读习惯和出版规范的部分,父亲的遗愿即将实现。在《给孩子的趣味数学书》即将付梓出版之际,感谢北京谦德文化发展有限公司为这套书的再版做出的所有工作,感谢肖先生为此做出的不懈努力,感谢团结出版社进行的各项工作。感谢广大读者的信任和支持。感谢古籍网起到穿针引线的作用。感恩大家!

王峻岑子女六人由王希亮执笔

2020/12/19 初稿

2021/3/31 终稿

我怎样写成了这本书

——代序并告读者

二十五年一月，开明书店创刊了一个新的杂志，名字叫作《新少年》。《新少年》和《中学生》可以说是一对姐妹刊物，一个相当于初中一年级以下的文化程度，一个相当于初中二年级以上的文化程度。以中学生为对象的杂志并不是没有，然而在内容上充实且又活泼的，那就不能不推举这两份杂志。

《新少年》不但为学生们所爱好，而且对于成人也是一个亲切的朋友，至少，在我个人就有这样的感觉。它使我感到兴奋，但是同时也带来了遗憾，因为里面没有关于数学的文章。慢慢地这个遗憾变成了我的一件心事。我想：我能不能写一点？

但是，这个最大的困难却在于取材。可是最终我还是做了一个计划。我想从数学史上找出几个人物来，每科选择一个。一方面谈故事，一方面说明各科的内容，而且还可能了解到关于数学的发展。

于是我写成了两篇，一篇是《一个最喜欢数的人》，讲毕达哥拉斯（Pythagoras）；一篇是《两千多年的一位算学先生》，谈欧几里德（Euclid）。然而这两篇稿子结果却被退回来了，原因倒很简单。因为刊物既然是给初中一年级以下的同学看，那么关于代数和几何的材料就势必不合适。这件事情虽然使我非常作难，然而写作的兴趣却并没有失掉。最终花费了不少的心思，我又写出了一篇《单位》，也就是这本书里《标准的选择》的一篇原稿。

当这篇稿子登出来的时候，编者还特别写了几句介绍。至少，关于这类体裁写作的困难，编者是十分清楚的。

但是这篇文字，在我个人看起来并不满意，因为里边还不免掺杂了些理化的常识，这仍然不很合乎理想。接着我又写了第二篇，那就是《逢十进一》，看起来似乎比前一篇进步一点。

慢慢地思路稍微有点开展，于是我又写出了《从大小谈到算学的发展》《从普遍谈到算学的研究》《四则和六则》，以及《图案似的乘法》。此外还有两篇，那却是讲的三角和几何。

这时候我的心里有了一个新的想法。我以为，尽管比较深一点的材料不应当用，可是讲明一个科目发展的趋势和概况却是必要的。我常常这样想：一个好的教师不应当仅仅讲明白了课本，同时还应当指示给学生一个进展的方向。只有这样，才能够使学生进修。因此在叙述的范围上，我就决定不想再受以前那样的拘束。但是这又增加了一个新的困难，就是写作的技术问题。

于是采用了各种不同的形式，有时候用故事，有时候用讨论，有时候用讲话，就好像聊天那样的谈话。往往在词句上的修改，比内容还要费心思。然而这也同时又带来了一个新的趣味。怎样把深的东西讲的浅，怎样把困难的事实说的容易懂，虽然有点费力气，却是一件极好玩的工作。

接着，就到了七七事变的前夕，整个局面一天比一天紧张起来。当时杂志的编者主张，一切内容要配合时势。这时候我才注意到学科和生活的联系。在这本书里，有一篇《算命的算学》，那就是一个例子。现在看起来，内容也许有点过时，然而那正是一篇可以纪念的文字。除去取例以外，我想那个判断的决定，还是值得一看的。

终于一二·八的炮火毁坏了一切文化的事业。《新少年》停刊了，我的几篇稿子也同时遭到了炮火的毁灭。

十四年抗战，在我个人的生活上说，是一个可怕的梦。在这个可怕的梦里，我常常回忆到那些旧作。它给我安慰，同时也给我怅望。我想，事实上我不会再写出那些稿子来了，不但生活不允许，而且心情也不允许。但是我的心里却还有憧憬。

胜利以后才知道《新少年》又复刊了，然而名称改成了《开明少年》。当见到了这个杂志以后，就和见到隔绝八年的老朋友一样。不过这时候的《开明少年》，也和刚刚复员回来的人有点相似，一切还待整理。

慢慢地《开明少年》充实起来了，它已经不是复活而是新生。这个新的生机使我又恢复了写作的动念。于是我就开始整理旧的材料，最终写成了《大大小小》。

接着我又继续写下去，那就是：《两个特殊的数》《不必要的算式》《差不多先生》《数字的意义》和《大小之比》，除此以外，还有几篇故事。

在以前，显然的这件工作是毫无计划的，想到了什么便写什么。但是以后我见到，目前的同学更需要思想上的营养，同时坊间关于算学的补充读物比以前更觉贫乏。就拿算术一类的本子来说，除了习题详解还是习题详解。解来解去，顶多不过是学到一些零零星星的技能。但是大部分的同学连这一点也得不到，许多习题详解结果变成了应付考试的武器，所谓"临阵磨枪"的那支枪，既然有了这件法宝，那就索性更不好好学习了。这是一件极可怕的事！

于是我决心把已经发表过的文字编成一本书。

但是事前没有整个的计划，编起来就又遇到不少的麻烦。文字的形式既不一致，而且在内容上也没有系统。所以我就重新设计。我预备把故事一类的文字单另汇集，这样剩下的在形式上就统一了。然后再把其余的几篇重加修改，同时觉得有些另外还需要再补充。

根据这个设计，我又补充了《数来数去的加和减》《搞不清楚的除法》，以及还没有发表过的《种种还原》和《学习的关键》。把整个的次序整理起来，结果就完成了现在这本小册子。虽然还不合乎理想，可是关于算术的各方面，大致的都已经讲到了。不过内容还不大整齐，所以索性把这个书名也叫作《大大小小》。

编这一本书有几个目的，我希望读者能够知道：对于一件事实应当怎样去看，对于一个问题应当怎样去想；对于一个科目的研究要知道它是怎样往前发展，同时又和别的科目有什么联系；而且还要知道，有了一种知识以后，在对生活的态度和方式上应当怎样去运用。

一般人总以为算学是最死板、最讨厌的东西，可是在事实上并不完全是这样的。一个人钻在知识的圈子里到处碰壁，这是一件最苦恼的事情。如果能够跳出圈子来，把握住这个圈子，于是知识才能够被我们消化了，吸收了，然后转化成一个生活的能力。

所谓读死书，死读书，读书死，这是一个最大的悲剧。我们要读活书，活读书，读书活。

也许这个理想太高，然而这个看法是对的！至少，我是赞成这个主张的。要想达到这个目的，我们必须先让思想灵活起来! 不过这本小册子却不见得能够达到这个任务, 好在我们彼此都正在学习, 我们可以按照这个方向走。

为什么我要把这个经过详详细细地写出来呢? 第一, 我告诉你, 我自己是在怎样地学习。第二, 这本书虽然勉强可以作为一本补充读物, 但是这里面却绝不是习题详解那样的内容。我希望看这本书的人, 能够抛开看习题详解的那种心理, 也许结果是会更有益处的。

但是我自己觉得, 最大的遗憾就是讲到的还不够完全。而且在写作的技术上, 无疑是越来越坏了, 这倒是因为生活的压迫而影响到心情的缘故。

我希望大家都能够参加这个工作, 让我们彼此毫无拘束地发表我们自己的意见。只有这样, 我们彼此才能进步。而且, 像以往那种拘泥的态度和现在这种偷懒取巧的心理, 假设不来一个彻底的扫除, 那么我们对于科学的研究是永远不会发展的。

这是我要预先告诉读者的话。

目 录 *contents*

大大小小 ……………………………… 1

逢十进一 ……………………………… 7

标准的选择 …………………………… 13

两个特殊的数 ………………………… 19

数字的意义 …………………………… 27

数来数去的加和减 …………………… 37

图案似的乘法 ………………………… 43

搞不清楚的除法 ……………………… 49

四则和六则 …………………………… 59

种种还原 ……………………………… 65

不必要的算式 ………………………… 71

大小之比 ……………………………… 79

学习的关键…………………………… 87

算命的算学…………………………… 97

差不多先生…………………………… 105

从普遍谈到算学的研究……………… 113

从大小谈到算学的发展……………… 119

大大小小

——"有限的无穷"和"无限的无穷"

所有课外作业,再没有比算术更叫人头痛的了。因为算术一科,处处都是"顶真"。一个习题想错了不行,写错了算式不行,就是答数错了那么一点点也不行。教算术的先生们真是要命,不晓得他们干嘛要那样顶真。

可是话又说回来,算术固然顶真,却并不是没有方法去对付的。要想对付一门顶真的功课,最要紧的还是我们自己有一个"顶真的态度"。实在说起来,越是顶真的事情越容易对付,因为凡是顶真的东西都是最规矩的,它不会闪烁其词,模棱两可。

所谓"顶真的态度"是什么呢? 最要紧的就是要彻底地追问。对于所见所闻,无论大小都给它一个详尽的盘查,要问明白来源去路,要搞清楚前因后果。这就是顶真态度的第一步。

现在让我们提出一个最简单的例子。

大家都知道，算术里研究的是数目，要想研究数目，第一先要把数目摆在我们眼前，这就需要"记数法"。在一千四五百年之前，印度人就开始应用一到九和零的记号，凭了这十个简单的记号，无论多么大的数目都能表示出来。可是一直到了十七世纪，我们才知道应用小数点；有了小数点，无论多么小的数目，就同样能够摆在我们眼前。凭了这个"记数法"的法宝，我们才能把大大小小的数都收在我们的手掌里，去分析，去处理，去运算，去研究；然后，数目才成了我们有力的工具。

为什么记数法有这样大的本领呢？说穿了也很简单，记数法的原理不过是《定位》。同是一个数，在个位上是个，在十位上就是在个位上的十倍，在百位上就是在个位上的百倍，在千位上就是在个位上的千倍。每一位有一位的单位，那就是大家最熟悉的个、十、百、千、万，万以上是十万、百万、千万、万万、十万万、百万万，这都是大家已经知道的。可是照这样下去，势必要遇到万万万，万万万万，万万……万，连我们自己也搞不清到底是多少万了。这是多么麻烦的事情！

为什么不像万以下那个样子，每一位都给它起一个另外的名字呢？

这个问题问得很有道理,万以上的位也应该有一个数名。实际上,不但有,而且很多。万以上,是亿、兆、京、垓、秭、穰、沟、涧、正、载、极。这些都是中国的古名,从亿到载叫作《黄帝十等数》,据说是黄帝起的名字。

从个到万,都是十进制,逢十进一。从万到极,却有好几种说法。按照原来的规定,共分下、中、上三等:下等数是十进位制,十万叫亿,十亿叫兆;中等数是万万进位制,万万叫亿,万万亿叫兆,万万兆叫京;至于上等数又不同了,万万叫亿,亿亿叫兆,兆兆叫京,京京叫垓,像这样的进位制还不多见,越来越大,我们可以把它叫作"递增进位"。可是现在通用的进位制却不是上面那三种,它是《万进位制》,那就是:万万叫亿,万亿叫兆,万兆叫京,万京叫垓,万垓叫秭,万秭叫穰,万穰叫沟,万沟叫涧,万涧叫正,万正叫载,万载叫极。

现在比一大的数,已经有了不少的名字,那么比一小的数,是不是也有很多的名字呢? 这是第二个问题。

当然啦,我们知道比一小的数叫作"小数",关于小数的位有:分、厘、毫、丝、忽;忽以下还有微、纤、沙。在这里可注意的是:"分"原来是分开的意思,是个动词;"厘"是一个简笔字,原来是"釐","釐"就是"氂",是牛马的尾巴,那就是表示从牛马的尾巴上,取一根毛的宽度;"毫",

也可以写成"豪",是兔子毛;"丝"是蚕吐的丝,"忽"是蜘蛛吐的丝,这些都是拿具体的东西来表示长度的。所以它们的本义是:十忽为丝,十丝为毫,十毫为厘,十厘为分,十分为寸,十寸为尺,尺就是长度的单位。因为以后把十分之一个叫作"分",所以分以下的名字也都借来表示小数的单位了。满十倍进一位,叫作十进位制;从一到分,从分到厘到毫,分十份退一位,这可以叫作"十退位制"。

现在我们知道,大数里最大的叫极,小数里最小的叫沙,那么比极更大,比沙更小的叫作什么呢?这是我们要提出的第三个问题。

比极更大,比沙更小的数名有是有,可是太奇怪了。一万万个极叫作一个"恒河沙",一万万个恒河沙叫作一个"阿僧祇"。至于比沙更小的,还有尘、埃、渺、漠、模糊、逡巡、须臾、瞬息、弹指、刹那、六德、虚、空、清、净。由大到小,都是万万退位制;反过来说,由小到大,也就是万万进位制。

可是这些数名有点别扭,不像中国话,这个猜想一点也不错。这里面可以注意的有两点:一点是,表示小的单位,连具体的东西也找不到了,于是只好利用时间来表示,例如瞬息、弹指、刹那;连时间的表示也想不出来了,只好用虚、空、清、净那一类抽象的名词。第二点,所谓"恒河沙",

"阿僧祇"，以及"弹指"，"刹那"这些数名的确不是中国话，这都是从印度流传过来的。恒河是印度的一条河，两岸都是沙，以河沙来表示数量之多。"阿"是"无"的意思，"僧祇"是"数"的意思，阿僧祇不是说没有数，它是说没法去数的"数"。这是译音，同时还有意译的叫作"无央数"或是"无尽数"，此外还有"不可思议数"，"无量数"，都是表示那些数不清的大数。至于"弹指"以下的七个数，也都是从印度流传过来的。印度的文化跟着佛教的传播，使中国文化发生了变化，这是一个明显的例证。

现在我们要提出第四个问题了，所谓一个恒河沙，一个阿僧祇到底有多大；一个清，一个净到底有多小呢？这个问题却不好回答，我们实在没法去想象。不过我们倒可以想一想一个阿僧祇或是净，应当用怎样一个数字去表示。

按照通用的习惯，从个到万，一共五位，从十万到亿是四位，从十亿到兆又是四位，所以从个到极一共5＋4×11＝49位。从极到恒河沙，从恒河沙到阿僧祇各有八位，所以阿僧祇应当是第49＋8×2＝65位，那就是说，一个阿僧祇是一后面要带着六十四个零的一个数。反过来说，个以下是分，分以下是厘，所以沙应当是小数点以后第八位，沙以下统是万万退位，所以净就应当在小数点以后第16×8＝128位，那就是说，一个净，在小数点以后要写一百二十七个零。因此，一个阿僧祇和一个净中间，总共要隔64+127=191个零。

要是极用上等极，从个到极就要8193位，从个到阿僧祇共计8193+8×2＝8209位，所以从净到阿僧祇就是8209+128＝8337位，两个数字之间，相隔八千三百三十五个零。假如写在一条纸条上，平均一位数占市尺一分，这两个数字共长八丈三尺三寸五分。两手一伸叫一"托"，约计五尺，这条纸条大约需要十七托。你能想象到这样一个数字吗？

这且不提，让我们再问一下：大数里的阿僧祇算是最大了，可是算不算顶大的数呢？当然不是！只要阿僧祇加一就比阿僧祇大，阿僧祇加二又比阿僧祇加一大了，所以实在说起来，大数是无穷的。同样的，小数里面的净算是最小的了，可还不是顶小的数，因为净被十除，就又要退一位了，所以小数也是无穷的。不过小数的无穷却和大数的无穷又不一样。大数更大，无穷无限，应当是"无限的无穷"；可是小数任凭怎样小，总不能比"没有"更小，那就是不能小于"零"。所以小数更小，无穷却有限，应当是"有限的无穷"。"有限的无穷"和"无限的无穷"，这里面有一个重要的差别。

讲到这里，关于大大小小的盘查就可以告一段落了。

逢十进一

——从"二进位制"到"万进位制"

对于任何问题，如果仔细想来，都是很有意思的。现在我们且谈一个很小的问题。

大家都知道，我们随便写几个数字，这些字所代表的实际数目，是和它所在的地位有关系的。同是一个三，在个位上是"三"，在十位上是"三十"，在百位数上却又变成"三百"。这并不稀奇，因为我们的记数法是采用的"十进位制"。这种"逢十进一"的老规矩，也是大家用惯了，而且用了那么久。然而问题也就在这儿：第一，为什么记数必须得进位呢？第二，进位又为什么必须十进制呢？

第一个问题很简单，因为这不过是为了便利的缘故。当然我们可以把每一个数目都给它起一个各不相同的名字，就好像十以下的数目一样，但是那却太麻烦了，我们不想那么笨。

第二个问题却有意思极了！进位制是为了方便，十进制呢，这个也可以说是为了方便，却也可以说是受了自然的限制。这个问题和前一个不大相同，因为这和我们计算的工具有了关系。

在上古的时候，我们对于数目的需要很少。最简单的时候，甚至于只知道"一"和"二"，"二"以上便是"多"。在中国也是这样，所谓"三"，不仅是代表一二三的"三"，另外还有一个意思是当作"再三"讲；"再三"，也就是表示"多"。还有，最显明的莫过于"三人为众"，从众多的"众"字的构造上表现得最清楚了。不仅像这样，而且在那个时候，对于抽象的数目还弄不大清楚，一个数目后边必须跟着所指明的那件东西。譬如说，量宽窄便有"一指""一匝"（就是把手伸开，从拇指指尖到小指指尖的距离），小的有"一个米粒"，大的有"一托"（就是把两臂平伸，从左手指尖到右手指尖的距离）；量高矮便有"一人来高"；量面积便有"一巴掌大"；量容积便有"一搂多粗"。在外国也是这样，马来人（Ethnic Malay）和阿兹特克人（Aztec）不说一、二、三……，他们说"一块石块，两块石块……"；纽埃人（Niues）不说一、二、三……，他们说"一个水果，两个水果……"；爪哇（Javan）却又变成一颗谷粒，两颗谷粒……这个原因也很简单，因为他们还不能把一、二、三……看成一个能够脱离开物体而自己独立的东西。

人类像这样简单的时候，当然用不着什么大数，因此所谓进位制，也就很简单。最简单的一个是"二进位制"。在最早的叙利亚字（Syriac numerals）：一是━，二是2，三是2，四是2，这就是一种"二进位制"。在非洲也有人这样表示，三是"二一"，四是"二二"，五是"二二一"，六是"二二二"。就是现在在我们的习惯里也有这种遗留，譬如说，筷子论"双"，茶碗论"对"，对联论"副"，排队的时候两个人叫作一"伍"。

二以上便是"四进位制"，这个倒不很多见。只知道在南美洲有些人数数，是一二三四，四一，四二，……这样数下去的。我们用的一年四季，一个圆周四个象限，也可以作为一个例证。

四以上是"五进位制"；五以上便是"十进位制"了。这两种有连带的关系，也就是我们最先提出的问题。

上面已经说过，上古人数数的时候，必须借用具体的东西，在计算的工具上来讲，最简单、最方便的便是我们的手指了。如果用一只手，按手指来数，数到五便非另作记号不可，这就是五进位制的起源。如果用两只手，那便是十进位制的原因了。这些事情都很平常，只要想一想，到现在我们的小弟弟或是小妹妹，不还是用手指来学数数吗？同时又因为，只要人类一知道利用手指，那么马上就会利用两只手，因此十进位制是比五进位制还要来得更广泛，更普遍。

知道了五进位制和十进位制，便很容易想到"十进位制"的起源了。那就是人们不但利用了手，而且利用了脚。我们想，如果天气永远很好，譬如在热带，我们又永远赤了脚，那么坐在地下，数了手指再数脚趾，计算起来倒也很有趣。不过这到底有些不大方便，因此二十进位制是比五进位制更加少了。在非洲有些地方，五便叫作"一手手指"，十叫作"双手手指"，二十叫作"手脚全指"。在南美洲，有些地方便把五干脆叫作"手"，六是"手一"，七是"手二"。在格陵兰岛（Greenland），他们便把二十干脆叫作"一个人"，四十叫作"两个人"；同样的，达曼人便把二十一叫作"两个人零一个手指"。这些都是表现得非常具体的。

其实，只要我们一注意钟表上的罗马数字，便可以看出来，一是I，五是V，十是X，其余的都依此为标准，这就是"五进位制"。平常我们也常这样数着：一五、一十、十五、二十，这也就是逢五进一。因此我们说五、十、二十，利用手脚来定进位制，这是人类的一个方便，同时也可以说是受了自然的一种限制。如果我们的指头不这样整齐，那么我们的计算就不能统一了；但是如果指头的数目一律再少或是再多,那么我们也就不一定采用十进位制了。

除此以外,进位制还有许多,不妨顺便谈谈。一种是"六进位制",不过不多见,偶尔在非洲的部落里可以见到。一种是"十二进位制",这倒是常用的一种,而且还很早,特别是关于测量应用一方面!因为十二是可以用二、三、四、六、都除得尽,这自然是一种方便。古代罗马人使用它,现在我们也有:十二叫作一打,一呎十二吋,一磅十二先令,一年十二个月,这些都是。

十二以上便是六十进位制了。三千年前古巴比伦(Babylon)便采用它,到现在我们还用着:一度六十分;一分六十秒。

除去以上所说的以外,还有很多,不过不很纯粹,不很普遍。譬如:"三进位制",在军队里,一团三营,一营三连;在童子军的编制里,一中队分三小队。"七进位制",七天是一周。还有,我国旧俗死人后的丧期也是以七天作为一"七"。"九进位制",我们有冬至以后九天称为一"九",总共九"九"。关于九"九"还有许多歌谣,大家应该是很熟悉的了。

上面我们已经见到:有"二进位制""三进位制""四进位制""五进位制""六进位制""七进位制""八进位制""九进位制""十进位制""十二进位制"和"二十进位

制"。再以上呢? 还有三十天一月, 是"三十进位制"。90° 一个直角, 180° 一个平角, 是"九十进位制"。再以上便又有很普遍的进位制了, 这些都是以后才有的。

论面积, 有"一百进位制", 论体积, 有"一千进位制"。同时一百年又叫作一世纪。一百亩又叫作一顷。至于一千, 普通以为数已够大, 譬如说"一诺千金"。千已经是一个很大的数, 所以普通应用里, 千进位制便不多见了。唯有在西洋记数法里, 三位一进, 是千进位制。他们说: 个、十、百、千、十千、百千。然而我们的记数法是: 个、十、百、千、万、十万、百万、千万。四位一进, 这又是万进位制。

数目到了万进位制, 再回头看一看原始的二进位制, 使我们不禁感觉到数目的进展是大有可观了!

标准的选择

—— 银河直径的单位大得出奇,
X 射线波长的单位小得出奇

我们对于算学总算有了一点常识,而且还会计算一些题目,那么,让我再提出一个简单的问题来问你: 单位是什么呢?

"单位是一!"大概你一定会很爽直地回答出来。这个回答虽然不能算错,然而只好算是对了一半。

其实,这个问题也太含糊不清楚。我们必须: 第一要说明 "单位" 的意义是什么; 第二要说明 "单位" 是怎样规定的。

我们知道,算学里边的数目,是用来表示 "量" 的多少的。要想表示一个量的多少,便不能不预先规定下一个标准。譬如说,这儿有一堆桃,那儿也有一堆桃。我们选择一个最简单、最方便的规定,拿着 "一个桃" 为标准。于是,在这儿，一个桃、两个桃……一共五个桃。在那儿，一个桃、两个桃……一共十个桃。这样数了起来，不但每一堆的桃数知道了，而且两堆桃数还有一个多少的比较。像这样，这个表明桃数多少的"基本的标准"，在算学里便叫作"单位"。

我们又知道，数有两种，一种是不名数，一种是名数。在不名数里，无论数大数小，最简单最基本的单位是"一"，这是不错的；但是在名数里边，那就要看那是表明什么量。因为凡是名数，都是指明一种具体的东西，所以它的单位，数目"一"的后面还要写明那个具体的东西的"标准"。譬如"一尺"或是"一寸"，尺和寸便是那个标准的"距离"。所以上面那个答案，只算说对了一半。

但是在不名数里，那就是在纯粹的数里，单位也不只是"一"。100里的"一"是一百，10000里的"一"是一万。因为我们的计数法是十进位制，所以第一位的单位是"一"，第二位的单位是"十"。这就是说，在不同的位上有不同的单位，至于"一"不过是这许多辅助单位的最简单的一个基本单位。因此，上面说对了一半的那一个答案，还是没有说得很完全。

在不名数里有许多不同的单位，在名数里就更复杂了。

量长度, 有公尺、市尺[1]; 量容量, 有公升、市升[2]; 量重量, 有公斤、市斤; 量时间有小时; 量角度有度数。在算术里已告诉我们, 这不过是普通用的一般的单位。以上还有更大的单位, 以下还有更小的单位。

在科学里, 把这许多的单位选出三个"基本单位", 那就是量长度的单位用厘米(centimeter), 量重量的单位用克(gram), 量时间的单位用秒(second)。按照英文原字前缀的排列, 又叫作C.G.S.系单位, 或是简称C.G.S.制。

关于质量和时间, 当然还有大大小小的辅助单位, 这些都常见。不过关于长度的辅助单位倒很惊人! 最大的有"光速", 就是用光每秒钟进行的距离为标准, 等于三〇〇〇〇〇〇〇〇〇米突, 那就是等于三百万万厘米。更大的是"光年", 那就是光经过一年的时间所行的距离, 合算起来, 将近一万万万万米突, 这是多么大的数啊! 然而我们知道, 地球属于太阳系, 太阳系又属于银河系, 据说银河系的直径约有二百万光年。你能想得出这是多么大吗? 反过来, 最小的有"μ"(micron), 一μ等于一厘米的万分之一。还

1.公尺: 即米的旧称。市尺: 市制长度的主单位, 简称"尺"。1市尺=33.33厘米(cm)。书中涉及市制单位计算的, 此次出版依然保留原书。

2.公升: 即升的旧称。市升: 市制容量的主单位, 现在已经基本不再使用。

3.公斤: 即千克。市斤: 市制重量的主单位, 简称"斤"。1千克=2斤。

有更小的是"埃"（Ångström），一埃等于一厘米的万万分之一。这又是多么小的数呵！然而，我们又听说，X射线的波长，却不过是千分之四埃，合算起来，只不过千万万分之四厘米。你又能想得出这是多么小吗？

以上所说的都是单纯的单位，另外还有两种复杂的单位。一种是用单纯的单位"合成"一个复杂的单位，一种是用单纯的单位"表明"出一个复杂的单位，这恰好像是化学里边的，一种是化合物，一种是混合物。

我们知道，面积的单位有一平方公尺或是一平方尺。一平方尺是表明长一尺宽一尺的正方形面积，这里面包含有两个单纯的长度单位。同样的，体积单位便包含三个单纯的长度单位。这是第一种。又如表明速度要用两种单位，一个是时间，一个是距离，声在空气里的速度大约是每秒三三〇〇〇厘米，秒是时间单位，厘米是距离单位，一个也不能少。同样的，加速度也是这样，有两个时间单位，一个距离单位。这一类的单位格外多，这是第二种。但是我们要注意，这两种并没有多大的区别，因为我们常常为了简便起见，把这两三个单位表明的复杂单位，单给它起一个名字，变成第一种。譬如速度有"厘米每秒"，加速度有"厘米二次方每秒"。在物理学里，密度的单位有"克母立方厘米"，工作的单位有"呎磅"，工作能力的单位有"马力"，这些都是很好的说明。

在科学里，这些可以用基本单位表明的复杂单位，统统叫作"诱导单位"。说到这里，关于单位的解释，大致可以说是完全了！

但是最后，我们还要格外指明，关于单位的选择，不仅是为了实际的需要，而且也是为了应用的方便。假设用普通的单位去表示一个极大的数目，那就势必要接连不断地一个圈一个圈地画下去；反过来说，如果去表示一个极小的数目，然而用了一个极大的单位，那么在小数点以后，还是要一个圈一个圈地往下圈。这都是不必要的浪费！因此关于单位的选择也是相对的，同时这也就是复名数的来源。

例如，在抗战以前的物价，平常都是拿"元"作为单位，元以下的角、分、厘便是小数。但是到了现在，随便去买点什么，一万两万的也算不了什么，翻开无论哪一本账簿，千元以下的数目几乎都变成了零。因此在一般人的嘴里，往往是"万"变成"元"，"千"变成了"角"，"三块五"就是"三万五"，"十二"和"十五"就是"十二万"和"十五万"。其实物价上涨何止万倍，拿"万"作为单位，不过是说起来比较方便些。如果物价再涨，说不定"一块五"就是"十五万"或是"一百五十万"。口头上的表示和物价的上升也是"水涨船高"的关系。

假设不把这一点搞清楚，那么我们对于目前课本里的例题就没法去了解。明明是一万块钱一支的铅笔，书本上却说是一角，明明两万五千块钱一瓶的墨水却说二角五。这在小学生看起来，岂不是都变成些鬼话了吗？

两个特殊的数

——"一"和"零"是两个稀奇古怪的数，
一个太老实，一个太调皮

　　我们初到学校里来，碰到许多许多的同学们，彼此不认识。可是日久天长了，不但摸清了每一个人的脾气，而且有了很好的交情。对于数目也是这个样，最初也许觉得很讨厌，可是久而久之，便会和它们产生情感，而且渐渐地会感觉出来，有许多地方，数目也和人一样，至少有些相似点。

　　一个人一个人的凑起来，叫作人类，一个整数一个整数地凑起来，叫作"整数系"。人类按照性别分为男性和女性，一个人非男即女；整数按照它的性质也可以分成两大类，不是奇数，便是偶数。

　　又如在农业社会里，一个人对于家庭的组织是十分重要的，到了相当年龄的人，如果没有结婚便是一个很大的缺陷，因此成家和立业，同是人生最高的理想。一个人不但要成家，而且最好能维持一个大的家庭，不管家里边的家务多么繁重，人的精神多么痛苦，可是生在农业社会里，这个大家庭的制度就必须要维持下去。因此对于一个人的祝词，多福多寿之外，还要多男子，而五世同堂就更要挂匾庆贺了。但是等到农业社会发展到工业社会的时候，人的生活形式就发生了变化，原有的家庭制度没法维持了，大家庭化成了小家庭，独身的光棍儿才不被人藐视。干嘛要说这些闲话？因为整数还有另外一个分类，相当于一个人的有无家族。

我们知道，一个数除去一和本身以外没有约数的叫作"质数"，凡不是质数的便是"复数"，所谓复数就是许多质数相乘而合成的数，所以复数也叫作"合数"。质数好比独身的数，复数便是有家族的数。

说到这里，我们的联想可就越来越多了。譬如说：一个数有它的倍数和约数。就好像一个人有他的兄弟或姐妹一样。一个人的哥哥的哥哥还是他的哥哥，一个人的弟弟的弟弟还是他的弟弟。对于整数，一个数的约数的约数还是它的约数，一个数的倍数的倍数还是它的倍数，这不是很好玩的事情吗？

这且不提。却说整数里边，现在要向大家介绍两个最个性、最特殊，脾气最古怪的数。是谁呢？那就是"一"和

"零"！

"一"和"零"？大家太熟了！天天见面。见面是见面，可是它们的脾气恐怕你还有点摸不清楚。我且问你："一"是什么？"零"是什么？这却有点不好说。

年龄大一点的同学要思索了，可是一位低年级的小朋友却能够勇敢而严正的回答我：

"一"是一个"数"！

不错，"一"是一个"数"。我们现在能够毫不迟疑地承认它是一个"数"。可是在很早的时候，人们却不一定这样想。试问，什么时候我们才知道有"数"呢？当我们去计算的时候才知道有"数"。换一句话说，就是在我们去数东西的时候，才知道了"数"！东西多的时候才需要去数，东西只有一个的时候，根本就用不着去数。所以认识"一"也是一个"数"，这件事情并不太早，甚至于到了十八世纪还有人说："一不是数。"

不过"一"的确是一个"数"，不但是"数"，而且还是个"整数"；不但是"整数"，而且还是"整数开始的一个数"。

同样的，"零"也是一个"数"。可是"零"的意义是"没有"；"没有"也是一个"数"，这比"一"更难说了。我们可以这样想：整数要从"一"开始，所以"一是整数开始的第一个数"。可是，要想表示"一"，最明显的譬如说我们要用一根线的长去表示"一"，那么应当从什么地方开始呢？这个开始的地方它应当用怎样的一个数去表示呢？这个开始的地方，它的数便是"零"。所以我们说："零就是'一'开始的一数。"那个意义也就是说："零是'整数开始的那一个数'的开始的一个数。"这句话有点别扭，不大好说也不大好懂。可是这种情形没法避免，我们要知道，越是最简单的东西越不容易懂。就是我们平常所说的不说还明白，越说就越糊涂。

现在我们再换一个说法。首先，"一"和"零"都是一个数，这句话你可以承认。同时我们又知道，任何数除自己，结果总是"一"，任何数减自己，结果总是"零"。所以我们说："一就是任何数自除之商，零就是任何数自减之差。"用算式表示，甲代表任何数：

$$甲 \div 甲 = 1$$

$$甲 - 甲 = 0$$

现在我们要进一步，看一看它们的性情了。平常要想了解一个人的个性，需要从他的行动上去观察，所以要想认识"一"和"零"的性情，也要在它们的运算上去观察。

第一，让我们先看看，它们自己和自己发生关系的时候是什么情形：

$$1+1\neq1 \quad 1-1=0 \quad 1\times1=1 \quad 1\div1=1$$
$$0+0=0 \quad 0-0=0 \quad 0\times0=0 \quad 0\div0=?$$

在这里：一加一不等于一，这很简单；一减一结果是零，所以说，零和一是有极密切关系的。除此以外都没有什么，不过零除零却是——

"零除零还是零！"有人这样说。

"不，零除零是一！"也有人这样说。

可是，别慌，这个问题不简单，咱们暂且留到后面再说。

第二，让我们再看看，它们和另外的数发生关系的时候是个什么情形。假如甲代表另外的一个数，不是"一"也不是"零"，那么：

甲$+1=$甲右数　甲$\times1=$甲　甲$+0=$甲　甲$\times0=0$

甲$-1=$甲左数　甲$\div1=$甲　甲$-0=$甲　甲$\div0=?$

二加一是三，三加一是四，所以任何数加一是它"右边"的一个数；七减一是六，六减一是五，所以任何数减一是它"左边"的一个数。其余的都没有什么，只有"零除甲"又是一个问题。

我们知道，加减乘除不是四个独立的运算，减是加的还原，除是乘的还原。所以用"除数"去除"被除数"求商，就和找一个数乘"除数"能等于"被除数"，实在是同一个问题。那就是说：

0÷0＝? 和? ×0＝0是同一个问题，

甲÷0＝?和? ×0＝甲，也是同一个问题。

但是任何数乘零都是零，不等于非零的数，所以：

0÷0＝任何数　甲÷0≠任何数

第一答案是什么都行，第二个答案是什么也不行。这是一个奇迹！

从上面这些关系里，我们可以对于一和零的个性做个有趣味的对照：

第一，对于任何数，在加减的时候，"一"具有左右两可的犹豫性，而"零"则具有消灭自己的牺牲性。

（甲＋1＝甲右数　甲－1＝甲　左数甲＋0＝甲　甲－0＝甲）

第二，对于任何数，在乘的时候，"一"具有随人调遣的服从性，而"零"则具有独断独行的独裁性。

（甲×1＝甲　甲×0＝0）

第三，一和一，零和零，在除的时候，"一"具有固执的拘束性，而"零"则具有无所谓的随便性。

（1÷1＝1　0÷0＝任何数）

第四，对于任何数，在除的时候，"一"具有毫无成见的依赖性，懦弱的不能支配性，而"零"则具有刚愎的强制性，顽固的捣乱性。

（甲÷1＝甲　甲÷0≠任何数）

一和零，这两个数的个性是有多么显著的不同啊！一个是极端的懦弱，一个却又是极端的刚愎；一个太老实，一个太调皮。尤其是，因为在除法里，零除零等于什么都行，以外的数除零，等于什么都不行，所以大家约定好，在除法里，什么数都可以作除数，唯有零不能作除数。换一句话说，在除法的活动里，我们要开除了零的学籍！这是一件顶要紧的事情，我们要好好地记住。不然的话，它就会在暗地里给你捣乱，许多算题里的错误，大半都和零有关系！

最后我还要告诉你两件事情：一，因为在整数系里，奇数的左边是偶数，偶数的左边是奇数；"一"既然是奇数，所以"零"就应当是偶数。二，一除了一以外没有约数，所以"一"是质数；可是"零"的约数却有无穷多，所以"零"又是个复数。假如给它们开一个玩笑的话，我们可以说："一"是一个男性（奇数），"零"是一个女性（偶数）；"一"是一个光棍儿（质数），"零"却有一个很大的家族（是复数）。"一"和"零"就是这样两个稀奇古怪的数。

数字的意义

——数字有些另外的意义，
在算术班上从来不会讲到

数是什么？数就是表示"多少"的一个概念。

数字是什么呢？数字就是表示"数"的一个记号。如一、二、三、四、五……要多少有多少。

现在我问你：这些数字是什么意思呢？

什么意思？怪事！这还用得着问吗？

是的，这句话我承认。这些数字的意义你都明白。可是除去表明多少的概念以外，有时候却还有些另外的意义，这些都是我们在算术班上从来讲不到，而在别处却又常常遇到的。

现在让我们把这些说法整理起来看一看。

先说一，一是整数开始的一个数，所以字典上说："一，数之始也。"但是除去这个本义以外，它却是解释最多的一个数字。

（1）因为一是整数的一个基本数，一切整数都是从一发展出来的，所以有时候我们就把一看成一切东西的来源，所谓"一生二，二生三，三生万物"。《汉书》上说，一是"万物之始"，就是这个意思。至于这个一到底是个什么东西，我们实在搞不清楚。因为大家相信，一切万物都是从一个地方来的，所以就拿一来代表那个本源。譬如小孩子刚会说话的时候，知道的东西很少，他只能够说：我吃"那个"，我唱"那个"，我穿"那个"，我要"那个"。"那个"可以代表一切，这个一也就仿佛是个"那个"。

（2）说一，就有"总括"的意思。譬如说："一切"都好，"一包"在内，"一齐"动员，"一网"打尽，"一概"不提，"一览"无余，"一笔"勾销，"一生""一世""一辈子""一直"到"一股脑儿"都在内，都是"全体"的意思。

（3）说一，就有个"肯定"的意思。譬如说："一准"到校，"一定"及格，"说一不二""有一无二""一心无二""一清二白""一刀两断""一是一，二是二"，绝不犹豫含糊。

（4）说一，是表示"相同"。譬如说：他们俩"一模一样"，咱们大伙儿"一心一意"的，"一个劲儿"，绝没有别的意思。

（5）说一，是表示"微少"。譬如说："一鳞一爪""一星一点"，弄个"一官半职"，养个"一男半女"，这都是表示少的意思。

一既然表示少，所以在时间上就表示短促。例如："一朝一夕""一时一刻""一刹半刹""一早一晚""一年半载"。

时间短促，在动作上就表示快，表示敏捷。例如：往下"一按"，往上"一扑"，往旁边"一躲"，从后面"一抄"，伸手"一抓"，用脚"一踢"，用头"一顶"，照着脑门儿"一锤"，——这一锤下来，只需"一坐""一扭""一歪""一闪"，就地"一滚"，纵身"一跳"，往前"一窜"，撒腿"一跑"，"一溜烟"就跑没了影。这都是描写的快，快非常之快。像这一类的词，可以找到很多很多。

再说二，二是两个一。二又是第二个整数，所以就有"其次"的意思。

譬如说：有大门就有"二门"；有大花脸就有"二花脸"；正房以外有偏房，偏房又叫作"二房"；深蓝以下有浅蓝，浅蓝又叫作"二蓝"。

再说三，三是三个，三是第三。

数起来，一而再，再而三，所以三就是"多"的意思。譬如说："三思"而后行，杀了个"三出三进"，结果是"三战三北"，这都是多的意思，不一定恰好都是三次。

三既然表示多，再和别的数连起来，那就更多了。所以又表示繁多。譬如说："三头六臂"，"三妻四妾"。

三既是表示多，多就有个总括的意思。譬如说：走遍了"三街六巷"，找遍了"三亲六故"，那就是说大街小巷，远亲近邻，都包括在内了。

同时，二和三，都不是一，所以又有不定的意思。

譬如说：诗经上有"二三其德"，表示一个人没有定性，他是靠不住的。

再说：如果他有"三心两意"，那么"三年五载"是不准回来了。要是有个"三长两短"，那么"三朋四友"也都帮不上忙。这都是表示不一定。

再就是，二和三都是属于开头的几个数字，所以有时候又表示少。

譬如说："两三个"，"三两个"，十之"二三"，"三言两语"，"三拳两脚"，"三脚两步"，"三三两两"，以及"三五成群"。

三和四也常连在一起，表示紊乱、不正常，而且又有点瞧不起的意思。

譬如说：这个家伙，说起话来"颠三倒四"的，做起事来"丢三落四"的，见了人"低三下四"的；像这样一个"不三不四"的人，一定会搞得"三差两错"的。

接着说四, 四的意思比较简单。

四表示周全, 例如"四平八稳", "四通八达", "四面八方"。

四也可以表示紊乱, 例如"四分五裂"。

再说五, 五的意思也比较简单。

五表示繁多, 例如"五颜六色""五花八门""五光十色""五行八作"。

再说六, 六倒是没有什么别的意思。勉强找一个, 四五六叫作"六顺", 那是说的一个顺序。

再说七, 七有"七巧"。因为七月七是个巧日, 所以七是个巧数, 但是除此以外还没有多少别的用法。

但是七和八却是常常连在一起, 专门表示紊乱。譬如说:"七上八下""七大八小""七手八脚""七死八活""乱七八糟""七拼八凑""七零八落""七折八扣""歪七扭八""七大姑八大姨""七嘴八舌头"。

我们表示紊乱常用七和八, 但是英语里却是只用六和七, 例如: on six and seven; at sixes and sevens;　to sixes and sevens, 都是"乱七八糟"的意思。

再说八, 八是四的两倍, 四有周全的意思, 八当然是更周全了。例如:"八面威风""八面玲珑"。

再说九, 九是三的平方, 三表示多, 九当然表示更多了。这在对照的比较上，表现得最清楚，例如："九牛一毛""九死一生"。

末了说到十，因为逢十进一，我们用的是十进位制，所以十就表示完全。譬如说："十分""十成""十足"，这都是"十全"的意思。

同时十和八九连起来，例如"十拿九稳""十之八九"，因为"八九不离十"，所以就有差不多的意思。

然后再说到百、千、万。这些都是十的方数。

因为一、二、三，开头的那些数既表示少，那么后边的这些数就应当都表示多了。

譬如在时间上表示长久："百代""百年""百岁""千秋""千古""万年""万古""万岁"。

在距离上表示辽远："百尺""百丈""千丈""万丈""千里""万里"。

至于表示繁多的那就更多了。

百有"百工""百家""百行""百官""百城""百顷"，以及"老百姓"，还有"丑态百出""百无禁忌"。

千有"千金""千刀"，万有"万众""万福""万安""万状""万象""万全""万能""万急""万幸""万有""万事""万物""万变""万籁"。

至于百千万连接起来，那就更更多了！

例如："百发百中""百战百胜""千方百计""千疮百孔""千奇百怪""千锤百炼""千山万水""千门万户""千秋万岁""千头万绪""千言万语""千思万想""千呼万唤""千辛万苦""千刀万剐""千妥万妥""千难万难"，以及"成千成万""整千整万"的"千变万化"，还有俗语里的"千顷宅子万顷地"。至于"千万""万万""千千万万"，那都是说多，多到不能再多了。

还有，一个大数和一个小数放在一块，可以对照比较，印象加深。

例如："一举两得""一了百了""一顺百顺""一呼百诺""一刻千金""一日千里""一落千丈""一发千钧""一本万利"。

反过来说，就有："九牛一毛""九死一生""百不居一""万无一失"。

还有许多数字接连起来又可以表示一个"动态"。例如："一一"介绍，"一来一往""一刀一刀""一唱三叹""一板三眼"，像这样"接二连三"地说下来，又有"三天两头""三番两次""三脚两步"的跑，"再三再四"的劝"三番五次"的请，"三令五申""三转九弯"，简直是"一五一十"的说不清。

至于小说里的"一不做二不休""一波未平一波又

起"，以及小调里的"一步两步连三步"，都是利用数字可以给我们一个活泼的印象。

又像袁子才的《费宫人刺虎歌》，描写费宫人行刺的动作："一刀初刺虎犹纵，三刀四刀虎不动。"利用连续数字表示连续动态，因为中间缺少了一个"二"，便觉得急忙紧张，这是多么令人惊心动魄的一个镜头啊！

但是最后我还要告诉你两个例，第一个是大家最熟悉的一首诗，描写野外散步：

> 一去二三里，
>
> 烟村四五家。
>
> 亭台六七座，
>
> 八九十枝花。

利用表示不定数的数字，来表现一种悠闲的情绪。另外一个是描写目前生活的困难：

> 一贫如洗，
>
> 两袖清风，
>
> 三餐不饱，
>
> 四处奔走，
>
> 五内如焚，
>
> 六神无主，
>
> 七窍生烟，

八面受窘,

九转回肠,

十足要命!

利用数字的累进,使我们在情感上的压力越来越重。两相比较,一个是那么闲散,无拘无束;一个是那么逼迫严重,使每一个人都觉得不能够再忍受下去了!

看到数字在情绪上的作用,我们对于数字的认识会有更进一步的了解。

数来数去的加和减

科学的任务在节省思想

就好像用机器减轻劳力一样

"数"是数目，是一个名词。但是"劳驾，请你数一数！"这样一来，它就又变成了一个动词。

名词的"数"是"数目"，动词的"数"是"计数"。这正好说明它们俩的关系。数的认识是和计数分不开的。假设一堆东西，不经过计数的步骤，那么我们就搞不清楚它究竟是有多少。

譬如在上体育课的时候，每一次开始，我们先要整队，然后立正，向右看齐，向前看，报数！

于是一、二、三、四、五、六、七、八、九、十……

四十五！

好啦，一共四十五个人。

报数，就是一种计数，计数完了，这才找到了人数。

你不要小看这件事,原始的人类他们就不懂。因为先有了东西多少的判别,然后才有计数的需要和计数的方法。

假设现在摆在我们面前的是一堆皮球,有白的、也有红的。如果我们要想知道这些皮球的数目,我们就得当体育先生,让这些皮球整队,立正,向右看齐,向前看,报数!

可惜皮球不会说话,没法子,只有让我们替它说。于是:

一、二、三、四、五……

十二!好啦,一共十二个皮球。

接着我们就要提出一个问题来:什么叫作加法呢?

加就是合并。不错,这只是"加"这一个字的意义。至于"加法",那是说的加的一种方法。

刚才我们有一堆皮球,然而颜色不一样。现在我们先按照它们的颜色把它分开,白的一组,红的一组。

白球摆成一队,一、二、三、四、五、六、七、八。

红球摆成一队,一、二、三、四。

假如红球和白球合并成"一"队,先数白的,再数红的,那就是:一、二、三、四、五、六、七、八,接着再数红的,九、十、十一、十二。

因此我们说,八个球加四个球,结果是:

$$8+4=12$$

这件事情太平常了，可是这里面有一个最重要的事实。所谓加法，其实还是一种计数。数了一部分，"接着"再数另外一部分。

假设我们有两班同学一块上体育，甲班站排头，乙班站排尾。甲班报数的结果是甲班的人数，乙班报数的结果是乙班的人数。如果乙班报数的时候是接着甲班数下去，那么最后的数目就是两班人数之和了。

我们再讲到减法。什么是减法呢？减法还是计数。不过减法的计数和加法的计数，两个的"次序"不一样。加法是继续往后数，减法却是倒过来往前数。

还是数那一队红白球的混合编队，总数是十二。数到头，然后再倒转过来数，一、二、三、四，红的数完了，剩下的只有白球八个，八就叫作十二和四的余数。

这两种手续的步骤，对照起来，是下面这种样子。

(1) 1，2，3，4，5，6，7，8；1，2，3，4。

加法：1，2，3，4，5，6，7，8；9，10，11，12。

(2) 1，2，3，4，5，6，7，8；9，10，11，12。

减法：1，2，3，4，5，6，7，8；9，10，11，12。

(4) (3) (2) (1)

数过去，再数过去，这就是加法；数过去，再数回来，这就是减法。

可是平常我们计算加减的时候，却不是用这个办法。我们说三加五是八，八减六是二，根本一数也没数。这是人类的聪明，因为人有记忆的能力。

为什么三加五是八呢？我们一看就知道。其实这个一看就知道，却是不知道算了多少次的一个经验。不信的话，让我们的小弟弟或是小妹妹加加看。他们没有这个经验，他们还不能记忆，没法子，那就只好老老实实地数。

马赫（Mach）曾经这样说过："第一次当我要在五个东西上加以别的七个时，我把全部都计数了一遍。但是后来我发现，前五个可以不必再数的，于是我就省去了一步麻烦。再后来，能够记得五与七之和是十二，那么我就完全不用计数了。"这正好是对于这种经过的一个叙述。只要根据经验再加上记忆，对于简单的加减计算就不必再数来数去了。

接着我就又想到了乘法。三三得九，四四一十六，怎么知道的？根据乘法表，也就是九九表。九九表怎么来的？那不过也是根据加法经验所汇总的一个结果。

我们记得三个四相加是十二，所以我们说三四一十二；我们记得四个七相加是二十八，所以才有四七二十八。最初做这个整理工作的人，是值得我们感谢的，因为有了乘法表就能够使我们节省了无数的时间和精力。

只要记得住加法的结果，就可以节省了计数的步骤，背过了乘法表，我们就不必再去算加法。脑子变成了计算机，就好像芝加哥的屠宰机一样，这边装进活猪去，那边就会跑出火腿和香肠来。

马赫说，科学的任务是在节省思想，就好像用机器去减轻劳力，这两件事情是完全一致的。

图案似的乘法

—— 事实告诉我们一切都是在不断地往前

什么是乘法呢? 加法的简便算法!

什么是除法呢? 减法的简便算法!

这是大家都已经知道了的东西。可是, 世界上的一切事情都是相对的, 没有绝对的。除法虽然是一种"简便"的算法, 但是有时候还是会碰到一些除不尽, 算不清的长除法。乘法虽然是一种"马赫简便"的算法, 但是有时候也还是会碰到一堆一堆的, 一行一行的, 老是写不完, 还要进位的麻烦的乘法。所以一等到入中学再学算术的时候, 便马上先要学习一些速算法, 当我们学会几种速算法的时候, 我们便会觉得平素的算题, 有时候的确是太笨了。

然而话又说回来, 无论哪一种学问和知识, 都是无数过去人的心血和经验。我们虽然现在觉得那些算法是太笨了, 可是过去的算法比现在更笨。如果我能够拿事实来证明这句话是对的,那么你就不会以为我的话是太冒昧了。

简单一点,就只说一说乘法吧。

现在我们的乘法,大家都知道是自右而左,先从个位数乘起,然后再乘十位数,再乘百位数。这个"自右而左"的先后的次序,在我们也许是觉得很平常,因为我们的习惯,写字总是自右而左的(建议编辑注释)。可是要从整个的算学写法的习惯上来说,那就不然了,一切都是"自左而右"的! 甚至于就在除法的演算里,不也是先除千位数百位数,后除十位数个位数吗? 为什么只有在加减乘的时候,演算的次序刚刚把它颠倒过来呢?

稍微静心一想,理由是很简单的,因为这只是为了进位的方便。逢十进一,算完了百位数,十位数便马上把进位数添了进去,使我们省却了许多的麻烦。像这样简单的事实,还不是最平常最明显的吗? 可是这并不是古人们所能想到的。

你笑? 据说在希腊古代只用算盘,不用数字,这个是不用提了。即便到了第六世纪的时候,有一位算学家,名字叫作阿波罗尼奥斯(Apollonius of Perga),他的乘法还是像右面这样演算的:

$$
\begin{array}{r}
265 \\
265 \\
\hline
40000,12000,1000 \\
12000,\ 3600,\ 300 \\
1000,\ \ 300,\ \ 25 \\
\hline
70225
\end{array}
$$

从上面这个演草里可以看出来,他是先用200乘的,后用60乘,最后再用5

乘。因为排列的不得法，便不能不分别写了九个数目，在求总和的时候，把演算变得非常之不方便。

像这样愚笨的算法，不但在希腊是这样，即使在古印度也有同样的情形。譬如：254＋663，先算2加6是8，5加6是11，所以8便变成了9；然后4加3是7。所以结果等于917。同样的，821－348有两种算法。一种是：11减8是3，11减4是7，7减3是4，所以等于473，这和我们现在的算法是一样的。另外一种算法是：11减8是3，12减5是7，8减4是4，结果是473。前面那种算法可以说是"预借"，后面这种算法却是"实支实销"，步骤虽然不同，然而结果却并没有两样。后面这个方法想得总还算聪明，用起来也还简便。

但是乘法却有点讨厌了。一个单位数乘多位数的时候，是先"自左而右"的，譬如：569×5，5乘5是25，5乘6是30，所以25便变成了28；然后5乘9是45，所以0就又变成了4。结果，乘积是2845。假如多位数乘多位数呢？那个演草的写法刚和现在相反，被乘数在下边，乘数在上面。乘的时候，还是自左而右，先用乘数的第一位数乘，再用乘数的第二位数乘。乘的结果，也并不和我们现在一样，每乘一次另外写一行。他们却是无论多少，一概只挤在一行里，假如有进位，便把旧数擦了去，然后写上新的结果。像这样，乘了再乘，修改了再修改，一直到最后才把乘积写好。在当时他们的工具是一块小板,把红粉末洒在上面,然后再用一根小棍在上面写;或是用一块小板,涂上一层薄的白油,然后用一根树枝做成的笔在上面写,这些字迹都是非常容易擦去的。因为这种写字板太小了,不能让演算占的地方太多,所以便只好把结果擦了去再修改。

除此之外,还有另外一种演草的写法,这写法是非常

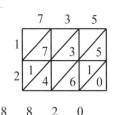

整齐清楚。举例如下:在这里,我们先画好几个正方形,然后画好斜线。把被乘数写在上边是横的,把乘数写在旁边是竖的。然后分别相乘,把乘积写在方格里,个位数在斜线的下边,十位数在斜线的上边。乘完以后,再把方格里的数,斜着一行一行地加起来(同时也可以进位),这就是所求的乘积。

这一个演算的写法,对于"进位"的步骤安排得很巧,不但整齐清楚,而且还很好看,画起来也很好玩。那简直是一幅规规矩矩的图案画!所以在中国,从前曾经给它起了一个很好听的名字,叫作"铺地锦"。这个算法也有人以为并不是创自印度的,在更早的阿拉伯人便已经知道了。无论如何,说它是一个古老的算法是不成问题的。

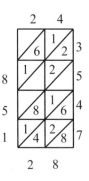

　　可是，这个写法好看是好看了，不过终究太麻烦，太不方便。只要和我们现在的写法一比较，便觉得现在的写法是更进一步了。

　　从上面这一个关于乘法历史的简单叙述，使我们相信一切都是在不断地往前进步。所谓"后来居上"，实在是一句不错的话。

搞不清楚的除法

——在这里也说明了
人类的思想是怎样地在进步

乘法太麻烦，

除法搞不清，

比例更糊涂，

演算要发疯。

据说在十六世纪的时候，欧洲大陆曾经流行过这么一首诗。

在乘法里，乘的次数越多，乘积的位数越多，这当然是一件很麻烦的事情。除法到底又为什么搞不清呢?

我们要知道，像现在我们通常用的除法，已经是十七世纪以后的事，在以前却和现在用的大不一样。

就说十六世纪的时候吧。在十五十六世纪中间，曾经有一位意大利人叫作卢卡·帕乔利(Luca Pacioli)，著了许多关于算学的书。在他的著作里曾经提到八种乘法和四种除法。在四种除法里,最后一种当时最流行。那种写法和现在的演草还差不多,它是像下面这种样子。

例如用35去除4730,先把被除数写在中间,除数写在底下,商数写在右边,至于余数,恰好和我们现在写的位置相反,统统写在除数的上边。

我们知道,除法算的就是减法,每逢除一位,就要减一次。然而在那时候,所有的减数都不写出来,利用心算只写余数。同时却把被减数抹掉了,看起来倒有点像我们现在的约分。所以上面那个算题的演草,结果就变成一堆数目字。

首先是: 其次是: 再则: 然后:

被除数 4730 (除数12   12   3
   除数35   4730 (1 商数   4730 (1   12
               35   355   4730 (13
                        移位   3   355
                                       3

接着: 再写: 再除: 最后:

   1   1   1   1
   3   3   33   33
  128   128   128   1285
4730 (13   4730 (13   4730 (135   4730 (135
  355   3555   3555   3555
   3   33   33   33

那就是商数是135，余数是5。

$$4730 \div 35 = 135 \cdots\cdots 余5$$

最后的全部演草好像一只船，上面载满了人，而且每个人又都带着一支枪，你看上面那些 ʒ 不是像一个大兵拿着枪，弯了腰正预备往前搜索吗？你看下面的那些 ʒ 和 ʃ 不是又像些兵拿着桨正在划船吗？那是一只什么船呢？

对了，一双战船！你看那个 ʒ 多么神气！那个地位最高的 ʃ 又是多么威风！

因此这种除法叫作"战船除法"。

这种除法，从最后的结果看起来似乎有点好玩，可是在演算的时候，却颇为讨厌。

然而，如果再倒回去五百年，在十世纪的时候，那就更叫人讨厌了。

首先我们应当说明，那时候的演算不用笔，而用算子，用角质做的算子，就好像现在我们玩的棋子一样。那时候不用纸，却用一块平滑的板子，板子上分成若干行，也就好像我们玩的棋盘一样。每三行算一组，用罗马字母I、X、C表示个位、十位、百位。把算子摆在上面表示数目，也和现在我们的记数法完全一致，不过算子里没有零。空位就表示零，那又和我们用的算盘一样了。

但是算起除法来，即便算一个单位的除法，也是够麻烦的, 而且和我们现在用的算法完全相反。

譬如用6除456, 我们是用6去除, 他们却是用4去乘; 我们算减法, 他们算加法。整个的步骤如下面这种样子:

```
C X I    C X I
   4        4
   6        6
 4 5 6    4 5 6
 1 6
```

先把被除数摆好, 然后把除数6摆在上边, 6的上边再摆上4(a)。

先用4乘4得16, 写在45下边, 然后抹去被除数里第一位4, 挪在下面的十位数里作为商数(b)。

```
─────    ─────
   4
 (b)      (a)
```

然后用4乘1得4, 写在56的下边, 然后抹去百位数的1挪在下面的十位数里, 4的下边(c)。

再把十位数里的564加起来得15, 接着抹去564, 把15分别写在百位和十位数里, 结果变成(d):

然后照样4乘1得4, 写在5下边, 抹去百位数的1, 挪在十位数下面1的底下(e)。

十位数里, 5加4改成9, 四九三十六, 分别写在十位和个位数里, 抹去十位数里的9, 挪在个位数下面的底下(f)。

然后照样4乘3得12, 抹去3, 挪在个位数下面9的底下(g)。

```
C X I
   4
   6
 4 5 6
 1 6
   4

─────
   4
   1
 (c)
```

继续的4乘1得4，抹去1挪下来，二六十二，加2加4改为18；接着再4乘1得4，抹去1挪下来，8加4得12，再用4乘，再抹1，再挪下来，如（h）：

(d)　(e)　(f)　(g)　(h)　(i)

被除数里，个位数是6，6除6是1，写在下面的个位数里；然后把下面的商数分别加起来，结果商数是76。被除数里统统抹完了，所以没有余数。结果如（i）：

$$456÷6=76$$

$$6\overline{)456}$$
$$76$$

如果把这个演算和现在我们所用的（如上两式）对照起来，一个是那么麻烦，一个是这么简捷，你就可以看出来，这两种算法繁简相差有多么远！无怪乎当时的人们对于除法搞不清，就算现在，看过一遍上面的例题之后，你能够照样地再默写一遍吗？

这个算法，麻烦固然麻烦，可是也有它的好处。第一，上面已经说过了，所有的减法都改成加法了；第二，所有的乘法只有一位数乘一位数；第三，每一步的做法都是固定一致的；第四，凡是用比10小比5大的除数，都一律改成比5小的乘数了。例如不用6除而用4乘，不用7除而用3乘；6和4，7和3相加都是10，在算学里，我们说3是7的补码，4是6的补码，所以这种算法也叫作"补码除法"。

最后我们还要说明一下这个算法的道理。

为什么这个算法是对的呢？每逢我们乘完一次就把第一位挪下来，放在下面的第二位里作为商数，这是什么道理？原来这就是用10去除所得的商数。

可是原来的除数是6，现在的除数是10，那么结果商数就变大了。譬如6个人分四百五十六支铅笔，我们先把那四百支按十份分，每一个人得四十支。然而实际上只有六个人，所以另外那四份共计一百六十支，当然还要放在余下的铅笔里边再去分，这就是我们把4乘4得16分别再写在被除数里的理由。

然后同样的再分这一百支，分十份，每份十支，下余四十支。再把这四十支和那六十支以及原来的五十支，加起来共计一百五十支。然后再分这一百五十支里的一百支。

照这样继续分了再凑，凑了再分，先分整百的，再分整十的，结果越分越少，一直到分完了或是不够再分的时候为止，这就是补码除法的理由。

现在看起来，这种算法有点太笨，可是笨也有个笨的想法，而且这里面也有一点道理，这就是我们的第一个感想。其次就是在现在，对于没有学过除法的人，假设让他们去分东西的时候，按照刚才所说的，仍然还不失为一个最容易想到，最容易处理的办法。这样想起来，补码除法的来源，可能是实际生活里产生的经验。

然而差不多同时，阿拉伯的计算法传来了，那又是另外一种算法。譬如用324去除46468，先把被除数写下来，除数写在下边，商数写在上边，余数写在更上边。结果是：如（第一式）。

然后除数移位，得第二位商数4，依次减去乘积，得余数110：如（第二式）。

余数	140	110
商数	1	22
被除数	46468	140

除数   324   14

（第一式）   46468

                                  324

                                  324

                              （第二式）

再把除数移位,得末位商数3,依次减去乘积,得余数
136,结果总算式变成:

136

24

110

22

140

143

46468

324

324

324

$$46468÷324＝143……余136$$

这种算法虽然也很麻烦,可是比较那个补码除法已经
省事的多了。所以等到这种算法传到欧洲大陆以后,大受人
们的欢迎,他们把这种新方法叫作"金除法",把原来的除

法叫作"铁除法"。

但是这个"金除法"，在阿拉伯早就知道了，比"铁除法"还要早知道一百年呢！

把"金除法"和"战船除法"对照起来，"战船除法"是"金除法"的一个形式的修改。第一，把商数拉到被除数的右边；第二，把减过了的被减数随时抹去；第三，把所有的数字写法集中了。这是一个进步。

从这个演变上看起来，"金除法"代替了"铁除法"，"战船除法"又代替了"金除法"，现在的除法又代替了"战船除法"。从这里也说明了人类的思想是如何在进步。

四则和六则

——算学的运算沿着这个路线发展起来

今天刚好没有事，使我又想起了我们关于算学的谈话。但是拿起笔来，老是想不好题目，于是我就闭了眼睛，让我的思想通过了你所已经学过了的整数、分数、小数、名数，以及百分法和利息算法。这样便使我三番五次的碰到四个关于运算的名字，那就是加、减、乘、除。

我觉到这是一个再适合没有的话题。

因为，我们已经想到：整数有整数的加、减、乘、除，分数有分数的加、减、乘、除，复名数有复名数的加、减、乘、除，一切数目的"基本"关系，从初等算学到高等算学，都不外是这四种花样，这是一。其次，就算术里想，无论是比例、百分法、利息算法，以及高等算学里面的各种复杂运算，其实都不外是从这四种基本关系里发展出来的，这是二。

那么, 照这样讲加、减、乘、除在算学里面的重要性是不成问题的了。但是我们还想从这四种基本的运算里, 再选择一个更原始更基本的运算, 那就是——你猜, 大家也很容易想到的: 加法!

加的意思是什么呢? 那很简单, 不过是一个"合并"的意思。然而, 问题却也就从这里开展起来。譬如说, 随便两个数, 一个是甲, 一个是乙, 加法就是要讨论这样一个问题:

$$甲+乙=?$$

我们显然是要找个第三数丙, 能够使:

$$丙=甲+乙$$

甲、乙、丙三个数, 关系的密切是用不着再解释的。

马上两个问题便接着来了。假如丙、甲知道了, 乙应当是什么? 假如丙、乙知道了, 甲应当是什么? 那就是要解决:

$$甲+?=丙 \quad ?+乙=丙$$

这样便来了减法, 我们知道:

$$乙=丙-甲 \quad 甲=丙-乙$$

所以说, 减法只是加法的一种"还原"算法。

另外, 在加法里, 假如所有相加的数都相等, 譬如: 甲加甲, 再加甲, 再加甲。这样, 不但太啰唆, 而且也麻烦。我们很容易想到, 用不着说得这样笨, 只需说有"三个甲"相加。在这里便又来了乘法：

$$3 \times 甲 = 甲 + 甲 + 甲$$

那么乘法又不过是加法的一种"简便"算法了。

现在便只剩下除法了，除法有两种看法。

一种是从乘法里边想到的，正和减与加的关系一样。现在是：

$$甲 \times 乙 = 丙$$

从这里便得到了：

$$甲 \times ? = 丙 \quad 乙 = 丙 \div 甲$$

$$? \times 乙 = 丙 \quad 甲 = 丙 \div 乙$$

所以除法原是乘法的一种还原"的算法。

另外一种是从减法里边想到的，正和乘与加的关系一样。所谓（丙÷甲），不过要研究，从丙数里边能够减去几个甲。因为丙是一个有限的数，所以我们继续相减的结果当然不会"取之不尽"。这样最后就有两种情形，一种是刚好取尽没有剩余，另一种是取到最后，剩余太小，不能再取。前一种叫作"除尽"，后一种便是"除不尽"；剩余的是"余数"，能够取出的个数便是"商"。

因此，（丙÷甲）只是研究了下面这样一个问题：

$$丙 - ? 甲 = 0（或是 < 甲）$$

这样，除法就又是减法的一种"简便"算法了。

所以加、减、乘、除,四种关系太密切了,因为转来转去,都不外是一种加法的发展:

减是"加"的还原,

乘是"加"的简算,

除是"加"的简算的还原,

同时又是"加"的还原的简算。

加、减、乘、除,实在是一种东西的四个方面!

再进一步,从加法的化简得到乘法的关系上,使我们很容易想到,是不是乘法也还有一种更简便的算法?

这个问题想得太好了!因此我们就不能不再进一步谈到一种更高级的演算,叫作乘方。像乘法一样,我们采用了这样简便的一种记号:

$$甲+甲+甲=3甲 \quad 甲×甲×甲=甲^3$$

用一个数字放在甲数的左边,表示相加的次数,用一个小数字放在甲数的右肩上,表示相乘的次数。这种同一个数目相乘的演算便叫乘方。

同样的,乘方也有一种逆算,叫作开方。在下面这同一个关系式里:

$$甲^乙=丙$$

(例如:$3^2=9 \quad 4^3=64$)

乘方和开方便是分别研究下面这两个问题:

$$甲^乙=?$$

$$?^乙=丙 \qquad 甲=\sqrt[乙]{丙}$$

（例如：$?^2=9$　　$?=\sqrt[2]{9}=3$ ）

在这里当然还可以想到另外一个问题，就是：

$$甲^?=丙（例如：5^?=625? =4）$$

但是要解决这个问题，那就要牵扯到较深的算学了。

不过，我们可以想想开方和除法的关系。譬如四开二方，那不过是研究下面这个问题：

$$4÷? =?$$

这两个"?"要限定是"同一"个数。这个数我们可以找出来：

因为$4÷2=2$，所以$\sqrt[2]{4}=2$。

同样的，八开三方，那就是研究：

$$8÷? ÷? =?$$

因为$8÷2÷2=2$，所以$\sqrt[3]{8}=2$

所以不但乘方是乘法的一种"简便"算法，而且开方也是除法的一种"简便"算法。

现在我们应当提出最后的一个问题了，就是，乘法既然我们又能够找到一个更简便的算法，那么关于乘方，是不是还能再找到一个"更简便"的算法呢？

"应当也有！"我想你一定会这样想的。

可是这就错了! 至少到现在为止, 许多人的劳力都失败了! 这个原因在哪里呢? 因为加法和乘方都有一个共同的性质, 就是服从交换律:

$$甲+乙=乙+甲(例如: 2+3=3+2)$$

$$甲×乙=乙×甲(例如: 2×3=3×2)$$

可是这个性质, 在乘方里便失去了:

$$甲^乙 \neq 乙^甲(例如: 3^2 \neq 2^3 \quad 2^4 \neq 4^2)$$

乘方找不到更简便的算法, 这是一个主要的原因。

从加、减、乘、除, 到乘方和开方, 一方面使我们对于数的认识越来越多, 一方面又使我们对于数的运算越来越复杂; 可是在另一方面, 也使我们对于解决算学问题的能力越来越强!

一部算学, 在运算上沿着这个路线慢慢地发展起来, 所以这六种运算实在是非常重要的。通常, 我们把加、减、乘、除叫作"四则运算", 那么再加上乘方和开方之后, 我们就称它们是"六则运算"了!

种种还原

把各种情形都考虑到了，

我们才能够圆满的解决一个问题。

我们已经知道，加法的还原是减法，乘法的还原是除法。那么反过来呢？减法和除法的还原算法应当是什么呢？

我想，大家会不假思索地说：加法的还原既然是减法，减法的还原就应当是加法；乘法的还原既然是除法，那么除法的还原也就是乘法。其实，这句话又是对了一半。

不信，就让我们试试看。

譬如：

$$甲-乙=丙 \quad 甲=乙+丙$$

$$甲÷乙=丙 \quad 甲=乙×丙$$

这可以证明上面那个看法是对的。

然而，如果知道了甲和丙，我们去求乙呢？

虽然 甲－乙＝丙，然而 乙＝丙－甲

虽然 甲÷乙＝丙，然而 乙＝甲÷丙

这就又证明上面那个看法是不对的了。因为在这两种关系里，减法的还原还是减法，除法的还原还是除法。

所以我们说：上面那个看法只算对了一半。这是因为我们的思索不周密的缘故。

其实，就原来的那个说法：加法的还原是减法，乘法的还原是除法。在实际的算题上，也要有种种的条件。第一，必须知道原来是几个数相加？或是几个数相乘？第二，在这些数里必须只有"一个"数不知道的时候，才能够"确定"的求出来；不然，就只好瞎猜。

譬如：两个数相加是18，一个数是10；那么另外一个数就是8。三个数相加是18，一个数是8，一个数是6；那么另外一个数就是4。假设仅仅知道两个数的和是18，你能够"确定"原来是哪两个数吗？我想，你要摇头。假设仅仅知道和是18，你能够"确定"原来的数是些什么数吗？那你就更要摇头了！

然而，我们还是可以猜，并不是瞎猜。

暂且举一个简单的例，例如和是5。那么：

如果是"两"个数相加的时候，不外1、4；2、3；3、2；4、1。假如不论次序的话，那就只有1、4和2、3。

如果是"三"个数相加的时候，同样的不外1、1、3；1、2、2。

如果"四"个数相加的时候，那就只有1、1、1、2。

如果"五"个数相加的时候，那就只有1、1、1、1、1。

不过在这些想法里，还是有几个条件。

第一，我们没有把零看成一个数。假设把零也算进去，那么：两个数相加：就有0、5；1、4；2、3。

三个数相加：一个0的时候，有0、1、4；0、2、3。

两个0的时候，有0、0、5。

没有0的时候，有1、1、3；1、2、2。

四个数相加：一个0的时候，有0、1、1、3；0、1、2、2。

两个0的时候，有0、0、1、4；0、0、2、3。

三个0的时候，有0、0、0、5。

没有0的时候，有1、1、1、2。

五个数相加：一个0的时候，有0、1、1、1、2。

两个0的时候，有0、0、1、1、3；　0、0、1、2、2。

三个0的时候，有0、0、0、1、4；0、0、0、2、3。

四个0的时候，有0、0、0、0、5。

没有0的时候，有1、1、1、1、1。

5的组成，不外是上面这些情形之一。

此外，还有一个条件，我们所考虑的，原来的数都是整数。假设是分数或是小数, 那就更复杂了!

但是有一点使我们有充分的自信, 我们是考虑的各种
"可能性", 然而不是瞎猜。所以我们可以断定, 只要5是用
整数加起来的, 那么原来的数, 不外上边这种种情形之一。
我们虽然不能确定到底是哪一组, 可是它们的范围, 却逃不
出我们的手掌去。

加法的还原是这种情形, 乘法的还原也是这种情形。

但是乘法的还原还要简单得多。因为只要乘积不是0,
那么原来的乘数绝对不会有0。而且1可以是任何数的乘数,
我们也可以把它省略去。所以乘法的还原, 结果就简单得多
了。例如12的还原, 不外:

两个数的时候, 2×6, 3×4;

三个数的时候, $2 \times 2 \times 3$。

所谓考虑种种可能性, 这对于我们的思想是一个极有
用处的训练。平常对于一件事情的处理, 往往是听了别人
说好, 我们也跟着说好; 听了别人说不好, 我们也跟着说不
好。这是要不得的! 有人把这种态度叫作"尾巴主义", 当尾
巴就是盲从, 闭了眼睛跟着人家瞎跑, 这是一件顶危险的事
情。

我们要考虑, 要多方面的考虑。把各种情形都考虑到
了, 我们的心里就有一个比较。有了比较就可以有一个选

择。能够这样，才不是盲从。

其次，如果把各种情形都考虑到了，那么，遇到顺利的时候，我们才知道怎样去爱惜这个机会，怎样去利用这个机会；假如遇到困难的时候，我们事前也好有一个充分的准备。

看过"三国演义"的，知道诸葛亮无论遇到什么事情，总是有锦囊妙计，这不过是因为他知道的多，考虑的周到。但是，"三个臭皮匠，赛过一个诸葛亮"；人多想法多，人多了知道的更多，考虑的更周到。所以最好的学习不是自己自修，而是大伙儿在一块，集团的研究，集体的学习。

科学的研究，要考虑各种可能性；算学的研究，也要考虑各种可能性。所以，我们必须要及早开始这一方面的训练。

同时，从上面又可以看出来，条件的束缚越多，那么可能的情形就要越少。在算学里，关于加法的还原不大常用，但是乘法的还原用的却很广。一个积的乘数也叫作因子，把一个数的因子找出来，这就是因子分解。

所以，因子分解也是乘法的一种还原。譬如90：

$$90=2\times45=2\times9\times5=2\times3\times3\times5$$

这些还原不止一种。然而，如果把分解出来的因子限制于质数，那就只有最后一种了。因为9和45都不是质数。

所以我们说：一个数的因子分解，答案是不一定的，然而一个数的质因子分解，结果却是一定的，而且只有一种。

学会了质因子分解，我们就可以求出许多数的最大公约数和最小公倍数，能够求最大公约数和最小公倍，然后对于分数的演算才能化简。

但是质因子分解的方法并不是一件很容易的事情。因为关于质数的研究，我们知道的还很少。譬如说：随便给我们一个数，只要稍微大一点，我们能够断定它是质数，还不是质数，这个问题就不容易回答。再举一个例，譬如知道了一个质数，那么比这个质数再大一点的质数应当是个什么数呢？这都是到现在还没有完全解决的问题。

然而在算术里，实际上遇到的困难还不是这些。我们对于一个数的质因子分解做不对，多半是因为我们考虑得不周到的缘故。

所以训练考虑各种可能性，这实在是非常重要的一件事情。不但学算学应当注意这一点，即便学别的学科，也应当注意这一点。

不必要的算式

—— 不列算式也能够得出答数来，
并且比列算式还简捷

按照我们的习惯来说，每逢作一道文字题，就得要列一个算式。如果遇到一个题目不会算，只要有谁肯给我们写出一个算式来，我们就心满意足了。我们以为：所谓演题，就等于列算式。

其实，这完全错了。

演一道题，不应当仅仅列出算式来，最要紧的还是要说明解这一个算题的道理。

为什么要这样解呢？为什么这个解法是对的呢？这些问题才是最重要的关键。

往往有人喜欢记公式，公式就好比一部机器，只要把题目上给我们的数从这边装进去，那边就会跑出答案来。不错，这样最简便，最省力气。然而，如果仅仅知道用机器，不懂得机器的原理，却是最危险的事情。万一这部机器出了毛病，我们就毫无办法；万一这部机器用错了，说不定就会有悲惨的事件发生。

我们会用公式固然很好，可是公式忘了就没法可想，而且用错了公式，比不会算还要糟糕。因此，懂得算理实在比记公式还要重要；说明解题的道理，实在比列出一个算式还要重要。

学完了算术以后，先生的补充教材常常是一些四则问题。这些问题的解法有些是有一定的公式的。譬如：

关于和差问题的：

$$（和＋差）÷2＝大数$$

$$（和－差）÷2＝小数$$

关于鸡兔同笼问题的：

$$（足数－头数×2）÷2＝兔数$$

$$（头数×4－足数）÷2＝鸡数$$

像这样一类的公式，大概有不少的人都记得很熟，可是能够说得清楚为什么这样算的，恐怕要比记得熟的少得多了。

假如我们不能够说明白为什么这样算，那么这些公式在我们的理解上还有什么用处？所以，光记公式不懂算理，实在是不应该的。

可是你不要认为我是反对用公式的。只有懂得算理以后再用公式，才算合理；要不然，那就是不应该的。

其次，借着这个机会，我还要纠正你一个观念。不要认为一切算题都必须列出一个算式，这实在是不必要的。而且有时候不列算式也能够得出答案来，并且比列算式还要简捷，还要容易懂。

你不信，咱们只要举出几个算题来看看。

最容易想到的，就是那些所谓"归一法"的问题了。

例一：有一本书，六个人三十天可以抄完，问十八个人几天可以抄完？

〔解〕　　六个人，需要三十天；

　　　　　一个人，需要一百八十天；

　　　　　十八个人，需要十天。

　　　　其次就是分数里的问题了：

例二：有一项工程，甲、乙二人合作，两天可成，甲一个人独做三天可成，问乙一个人独做，需要几天？

〔解〕　　甲一个人做，需要三天；

　　　　　三个甲呢？需要一天。

　　　　　甲、乙两个人做，需要两天；

　　　　　两个甲，两个乙，需要一天。

　　　　　所以一个甲相当于两个乙。

两个乙做,需要三天;

所以一个乙做,需要六天。

再则关于年龄的问题:

例三:兄弟两个人,哥哥年龄是弟弟的五倍,五年以后,哥哥年龄是弟弟的三倍。问哥哥现在多大?

〔解〕 现在,哥哥的年龄是弟弟的五倍;

假设弟弟每年长一岁,哥哥每年添五岁,

那么哥哥的年龄还是弟弟的五倍。

但哥哥每年只长一岁,

那就是哥哥每年少长四岁,

五年少长二十岁。

因此哥哥的年龄变成弟弟的三倍,即小了两倍。

到那时候,弟弟年龄的两倍是二十岁,

一倍就是十岁。

五年以后,弟弟的年龄是十岁。

那么现在弟弟的年龄是五岁。

所以现在哥哥的年龄是二十五岁。

又如关于搬运的问题:

例四:东仓存米五十袋,西仓存米三十袋。每天从东仓取出八袋,从西仓取出五袋。问几天以后东仓存的袋数是西仓的两倍?

〔解〕　　　假设原来东仓存的袋数是西仓的两倍,

　　　　　　而且每天从东仓取出的袋数也是西仓的两倍,

　　　　　　那么无论什么时候,东仓存的袋数总是西仓的两倍。

　　　　　　现在东仓存的比西仓存的"袋数的两倍"少十袋,

　　　　　　每天东仓取出的比西仓取出的"袋数的两倍"少两袋。

　　　　　　原来袋数短十袋,现在每天少取两袋,

　　　　　　五天以后,就刚好纠正了这个差额。

　　　　　　所以到那时候,东仓存米就应当是西仓的两倍。

　　上面这两个例题,看起来也许比算式麻烦得多,可是如果不把推理的来龙去脉搞清楚,算式就写不出来。算理是个根,算式是枝叶花,没有根就不会生枝长叶开花,更不会结果,得到答数。

　　但是对照最明显的,还是下面这一个例题。

　　例五: 甲、乙、丙三个人,原来手里都有钱。先是甲给乙给丙,让他们手里的钱增加一倍;再由乙给甲给丙,也让他们手里的钱增加一倍；最后丙再给甲给乙，还是让他们手里的钱增加一倍。结果，三个人手里都是三十二块；问原来他们三个的手里，各有多少钱？

〔解〕 这个题目的算式可以列成下面这个样子：

（32＋32÷2＋32÷2）÷2÷2＝64÷4＝16元（丙原有钱数）

（32÷2＋32÷2÷2＋64÷2）÷2＝56÷2＝28元（乙原有钱数）

（32÷2÷2）＋（56÷2）＋（64÷2÷2）＝8＋28＋16＝52元（甲原有钱数）

先算丙，再算乙，再算甲，这是最简单的一个算式。可是你对于这个算式能够一看就明白吗？

请再看下面这个解法：

〔解〕

	最后	丙没有给甲、乙以前	乙没有给甲、丙以前	甲没有给乙、丙以前
甲	32元	16元	8元	52元
乙	32元	16元	56元	28元
丙	32元	64元	32元	16元

这又是多么简捷、清楚，而且容易懂呢？

最后一个例题所用的方法，在我们看起来也许有点生疏，其实在应用上倒是非常普遍，非常流行的。譬如你到市场里去买菜,讲好了两千二一斤[1],一共买了一斤十四两,那么应该给他多少钱呢?

先让我们算一算。掏出铅笔,拿出小本子,写出算式

来:
$$2200 \times 1\frac{14}{16} = 2200 \times 1\frac{7}{8}$$

$$= 2200 \times \frac{15}{8} \quad （8和2200相约）$$

$$= 275 \times 15 = 4125元$$

可是不等咱们算出答数来,卖菜的早就用嘴算完了。他是这样算的:

一斤,两千二,

半斤,一千一,

四两,五百五,

二两,二百七十五。

二斤,是四千四,

四千四,去二百七十五,

是四千一百——(七十五是二十五?)

四千一百二十五!

他用不着笔,也用不着纸,他的算法也和我们想的不一样。可是他想得快,算得也快,而且也不至于有错误。遇到这种情形的时候,往往使我们自己觉得丢脸。像这一类的

1.此处1斤为旧时单位,1斤=16两。

事情，我想你总会遇到过，而且还不止一次。

对于这些事情，有两点可以让我们注意。第一点，为什么卖东西的要的价钱，常是那么零零碎碎？为什么一斤要两千四，不要两千五？为什么一斤要两千八百八，不要三千？心理上比较觉得便宜，这还是其次；主要的原因，在它的单价是按"两"来计算的。数虽零碎，但是算起来，标准划一，不但好记，而且还方便。

第二点，他虽然用不着算式，但是他用的是"推理"，并不是瞎凑。这对于我们是一个很好的教训。算式是不必要的，"推理"才是一个基本的方法。用符号把推理过程中各数的关系记录下来，这就是算式。

所谓科学的方法，实在就是一个"推理的方法"。关于这一点，越是高深的算学，越是看得清楚，这就是我要告诉你的一个要点。

大小之比

——算学是最讲理的，
研究算学的人也是最讲理的

在初中所学的算术，比在小学里学的，又增加了几部分，其中一部分就是比和比例。

比是什么呢？

比就是"比较"。比较两个数目的大小，我们有三种方法：一种是减法，一种是除法，另外一种就是比。

用减法可以求两个数的差，用除法可以求一个数是另外一个数的几倍。但是有时候我们用不着这样费事，只要把两个数放在一块，自然就会看出来谁大谁小，两边的分量是不是一般重。

譬如我们比赛篮球，投进一个球算两分，罚进一个球算一分。结果甲队得十五分，乙队得二十分。比赛的成绩发表了，不说乙队比甲队多得了几分，却说："甲队对乙队，十五比二十。"像这样把两个数目放在一块，我们就可以看出谁胜谁败来。不但这样，我们的心里还有一个技能高低的比较。

所谓十五比二十，我们平常把它写成15：20，这就是表示比的一个方式。

既然比是比较，所以每一个比必须包含两个数，在这一点，情形和一个分数有点相同。分数里有分子和分母，在比里边的前后两个数，我们把它叫作前项和后项。分数有分数的值，比也有比的值。求两个数的比值和求一个分数的值完全是一样的，把它们对照起来：

$$分数：分子÷分母＝分数的值$$

$$比：前项÷后项＝比的值$$

于是从分数的性质里，我们可以同样找出比的性质来。

分数有一个最重要的性质，就是分子分母同用一数乘除，其值不变。同样的，在比里，前项后项同用一数乘除，比值也不变。这一个性质最大的用处，就在于能够化简。譬如，我们可以改成3：4；这是说，15：20"相当"于3：4，用算式来表示，就是：

$$15：20：：3：4$$

同时，15：20，比值是 $\frac{3}{4}$ ；3：4，比值也是 $\frac{3}{4}$ ，因为两个

比值相等, 所以我们又可以写成:

$$15:20=3:4$$

用四个点 ":∶" 来表示两个比 "相当", 用一个等号 "＝" 来表示两个比值 "相等"。这两种写法仿佛是一样的, 然而用意却并不相同。

也许有人说: 把两个要比较的数原封不动地放在一块儿, 似乎有点偷懒。他不知道这种表示的方法, 实在有一个最大的方便。因为这种方法不但可以比较两个数, 还可以比较无论多少个数。譬如三个人一同赛跑, 距离一定, 他们每个人所用的时间之比是 5∶7∶9, 那么三个人的快慢一看就明白了。

在分数里, 如果把分子分母颠倒过来, 这个新分数叫作原分数的倒数; 在比里, 如果把前项和后项颠倒过来, 这个新的比就叫作原比的反比。例如: "$\frac{5}{3}$" 是 "$\frac{3}{5}$" 的倒数, 5∶3 就是 3∶5 的反比。照这样说起来, 比和分数的运算完全一致, 并没有什么难懂的。

然而比的最大的用处, 却是在比例式。

例如我们到书店里去买书, 如果每本书的单价是一律的, 那么买的书越多, 当然花的钱就应该越多。买三本书要用六千块钱, 买八本书就应当是一万六。3∶8 的比值是 $\frac{3}{8}$,

六千和一万六的比值也是 $\frac{3}{8}$，所以：

（书）3本：8本＝6000元：16000元（钱）

像这样的一个算式叫作比例式。

又如我们到野外去郊游，如果走的距离是一定的，那么走得越快，用的时间就越少。每点钟跑十里路，需要走六小时，每点钟跑十二里路，就只要五小时。快慢的比较是10：12，时间的比较是6:5。但是10：12的比值却和5：6的比值相等，那就是：

（距离）10里：12里＝5时：6时（时间）

这也是个比例式，然而和上面那个大不相同。这两个比例式的不同，就在两边先后的次序不一样。

前一个是：第一次的本数比第二次的本数，等于第一次的钱数比第二次的钱数。

后一个是：第一次的速度比第二次的速度，等于第二次的时间比第一次的时间。

前面一个是，本数越多花的钱越多，本数的比等于钱数的比；后面一个是，速度越大费的时间越少，速度的比等于时间的"反比"。所以前一个叫作正比例式，后一个叫作反比例式。

在这里，我们应当注意的有两个要点。在"比"里，必须同一种类同一单位的才能相比。如果说三个人的高度和五只狗的体积相比，你一定会觉得这是一个天大的笑话。同时如果把一丈布和一尺布的比写成一比一，这也是一个明显的错误。所以，假若把上边那第一个比例式写成：

3本：6000元＝8本：16000元

那就错了，然而这却是最容易疏忽，最容易发生的一个错误。

其次，在比例式里，无论正比例式或是反比例式，都必须要合理。如果不加考虑，糊里糊涂地把上面第二个比例式写成：

10里：12里＝6时：5时

这就又错了。天地间根本没有走得快反而到得慢，走得慢反而到得快的道理。如果果真是那个样子，那就是反常，反常就是不合理，不合理就要加以纠正，算学是最讲理的，研究算学的人也是最讲理的。假如遇到不讲理的事情，我们就应当推翻它，打倒它，把它彻底根除，彻底消灭。

也许你会奇怪，为什么忽然这样发火，但是为了正义，我们不能不有英勇果断的表示。也许你认为这些话根本不必多说，因为这是绝不会有的事情。如果你有这样的想法，这可就又错了。因为平常我们想到的都是正常的自然现象，可是在社会上，我们却不能不承认还有许许多多变态的事实。

　　在你的心目中，把一切都看成是正常的，这正是表示你自己的清白单纯，正直可爱。但是如果忽视了一切变态的存在，那就是个十足的书呆子了。在一家小报的副刊上，有下面这样的一篇短文：

　　大小之比

　　正比：

　　大人物永远作大官，小人物永远作小官。

　　大人物拿大钱，小人物拿小钱。

　　大人物穿大衣，小人物穿小褂。

　　大人物吃大菜，小人物吃小菜。

　　大人物住大楼，小人物住小屋。

　　大人物可以天上飞，小人物只能地下爬。

　　大人物是一呼百诺，小人物是低三下四。

　　反比：

　　大人物出门坐小汽车，小人物出门坐大卡车。

　　大人物吃饭用小饭碗，小人物吃饭用大饭碗。

　　大人物办公在小办公室里，小人物办公在大办公室里。

　　大人物洗澡用小盆子，小人物洗澡用大池子。

　　大人物有小公馆，小人物有大杂院。

　　大人物为了享受可以不费吹灰之力，小人物为了生存却必须拼死拼活。

大人物有小狗、小猫、小太太、小丫头、小听差……；小人物有大跳蚤、大臭虫、大疮疤、大补钉……。

大人物喜欢小，什么都要娇小玲珑，小的可爱，小的好玩……；小人物害怕大，怕大老爷、怕洋大人、怕大衙门、怕大监狱……

看了这些大小之比，你的心里有什么感想？

学习的关键

——尽管有种种不同的应用和算题，
然而算理只是一个

　　学完了一门功课之后，我们应当重新温习一次。温习和学习不一样。学习一门功课的时候，今天不晓得明天要学什么，明天不晓得后天要学什么。学完了一种再学一种，遇到的都是些新鲜的刺激。这就和到一个生的地方去旅行完全是一种情形。可是等到旅行回来的时候，这种情形就变了。

　　旅行回来的时候，走的还是原来的道路，遇到的山，遇到的水都是已经见过面的。这时候我们的感觉不是新鲜，而是亲切。就和多年不见的老朋友，重新又遇到一块儿一样。

　　但是，还不仅只是亲切。

　　也许以前会疏忽的地方，现在才会看得真切；也许以前不大熟悉的地方，现在才会觉得真正透彻。而且，经过了一个相当的时期,我们的年龄增大了,知识增多了,生活经验变得更丰富,于是我们就会有一种的看法,对于一个人,或是一件事,有一个新的评价。温习一门功课,也是同样的情形。

就拿算术来说吧。初次学习的时候,觉得样样都是新的材料。可是回头温习的时候,我们就会看出来,所谓新的材料,那不过是种种不同的应用。至于算理,却并没有什么变更。而且有的时候,从头到尾,算理只有一个。这种情形,在算题的时候看得最清楚。

现在,我要证实这句话。

譬如把算术的内容分成整数、分数、百分法和利息,一共四部分。在这四部分里,尽管有各式各样的算题,可是算法和算理往往是一致的。如果把这些算题并摆在一起,就会看得清清楚楚。

举几个例吧:

〔整数题〕一本书定价2元,现在按照三万倍计算,应该卖多少钱?

$$2 \times 30000 = 60000 元(卖价)$$

〔分数题〕全校学生1200人,三分之一是女生,问女生有多少人?

$$1200 \times \frac{1}{3} = 400 人 \quad （女生）$$

〔百分法〕一本书定价6万元,如果按照八折计算,应该卖多少钱?

$$60000 \times \frac{80}{100} = 48000 元 \quad （卖价）$$

〔利息题〕存款200万,年利率五分,一年的利息有多少?

$$200 \times 5 = 100 万元（利息）$$

对于这四种算题有四种不同的解释:

在整数题里,基数×倍数=积数;

在分数题里,原数×分数=部分数;

在百分法里,母数×百分率=子数;

在利息题里,本银×利率=利息。

其实只是一种关系,被乘数×乘数=乘积。

反过来说:

在整数题里,积数÷倍数=基数;

在分数题里,部分数÷分数=原数;

在百分法里,子数÷百分率=母数;

在利息题里,利息÷利率=本金。

这不过是因为,被乘数×乘数=乘积,

所以，　乘积÷乘数＝被乘数。

还有：

在整数题里，积数÷基数＝倍数；

在分数题里，部分数÷原数＝分数；

在百分法里，子数÷母数＝百分率；

在利息题里，利息÷本金＝利率。

这还是因为：被乘数×乘数＝乘积，

所以：　乘积÷被乘数＝乘数。

不过照这样绕来绕去的，也许你要更糊涂。可是原理只有一个：

因为：　甲×乙＝丙，

所以：　丙÷乙＝甲，丙÷甲＝乙。

因此下面这些算题统是一个算法：

〔整数题〕2丈是5尺的几倍？

〔分数题〕3是8的几分之几？

〔百分法〕上一堂课，迟到5分，早退10分，点名用去4分，找书用去2分，削铅笔用去1分，擦黑板用去3分，胡思乱想5分；那么实际听讲的时间只有百分之几？

〔利息题〕八百万块的本钱，十年得了四百万的利息，问年利率是多少？

这是一组。

〔整数题〕某数的8倍是28,求某数。

〔分数题〕绳长的$\frac{1}{3}$是12尺,求绳长。

〔百分法〕如果全国80%是农民,一共三亿六千万,那么全国的总人口应该是多少?

〔利息题〕如果年利率是6分,两年的利息一共三千万,那么原本应该是多少?

这又是一组。

但是这两组的算题只是一个算法,乘法的还原是除法。

在这些复习里,我们应当注意的有两点:第一,在整数题里,16的两倍是32;在分数题里,16的四分之一是4。

$$16 \times 2 = 32$$

$$16 \times \frac{1}{4} = 4$$

2是倍数, $\frac{1}{4}$ 是分数,意义当然不一样。然而就乘的关系上说,地位却是相当。2是乘数, $\frac{1}{4}$ 也是乘数。其实乘数也就是倍数。假如倍数是整数的叫作"整倍数",倍数是分数的叫作"倍数",那么分数的算题就和整数的算题完全一样了!

第二,所谓百分法,其实就是分数算法。在分数题里面,这个分数可以是任意的分数,分母是无论什么数都行;

可是在百分法里, 表示百分率的分母就必须是一百。在分数题里的 $\frac{1}{5}$ 要化成20%, 在分数题里的 $\frac{1}{40}$ 就要化成2.5%了。

但是多了一个限制仅只是多了一步手续, 在算理上却并没有什么不同。至于利息题不过是百分法的一个应用, 那就更显明了。

所以追根到底, 算题不外两种: 一种是整数算题, 一种是分数算题。

同时, 刚才已经说过了, 只要倍数的解释包括 "整倍数" 和 "分倍数", 那么这两种算题就会合二为一。所以这种种不同的算题, 算法和算理只是一个。

不过, 还要有一点补充。

在百分法里还有两个名词, 那就是 "母子和" 和 "母子差"。在利息题里只用到一个, "母子和" 就是 "本利和"。所谓 "母子和" 和 "母子差", 这在整数算题或分数算题里却没有听说过。譬如在百分法有下面这两个公式:

$$母子和＝母数×(1＋百分率)$$

$$母子差＝母数×(1－百分率)$$

在整数或分数的算题里就没有。

其实, 这只是一个表面的看法。譬如在整数题里: 甲有银五百万, 乙有银是甲有银的3倍, 问甲、乙共有银多少? 这就是求"母子和"的一个问题。

又像在分数题里：哥哥15岁，弟弟的岁数是哥哥岁数的 $\frac{3}{5}$ ，问哥哥比弟弟大多少岁？这就是求"母子差"的一个问题。

我们算这些题，是分开来算的。先求乙有的银数，再和甲有的银数加起来。或是先求出弟弟的年龄，然后再减。上面那两个公式，不过是把这两步手续合二为一。

假设我们忘记了那两个公式的时候，我们仍然可以分作两步算。反过来说，利用这两个公式，那么我们对于整数题或是分数题，计算起来就简捷得多了。只有这样对照着看起来，我们才能够懂得更透彻，想得更灵活。

而且，知道了这些，那么我们对于整数或是分数的四则问题就会觉得容易得多。许多四则问题不过是把这些关系搞得更复杂一点。

譬如在整数里关于年龄的题目：父年50岁，子年14岁，问几年后父年是子年的3倍？

父年是子年的3倍，所以父子年龄的差就应当是子年的2倍。但是父年比子年多：

$$50-14=36岁$$

子年的2倍是36岁，子年应当是：

$$36\div2=18岁$$

$$18-14=4$$

所以答数是四年以后。这还是一个"还原"的题目，不过利用了一个现实的关系，两个人的岁数之差是永远不变的。

又像在分数里关于分配的题目：父亲有财产六千万，长子分 $\frac{1}{2}$，次子分 $\frac{3}{8}$，问下剩还有多少钱？

长子分得 $\frac{1}{2}$，次子分得 $\frac{3}{8}$，一共分得 $\frac{7}{8}$，所以还有 $\frac{1}{8}$。六千万的八分之一是：

$$6000 \times \left(1 - \frac{1}{2} - \frac{3}{8}\right) = 6000 \times \frac{1}{8} = 750$$

所以下剩还有七百五十万。这就是一个"分倍数"的问题，不过先要求出这个"分倍数"来。

假设再复杂些，譬如把上面这个题目改成：父亲有财产六千万，长子分 $\frac{2}{5}$，次子分长子的 $\frac{4}{5}$，那么剩下的钱还有多少？

长子分 $\frac{2}{5}$，次子分长子的 $\frac{4}{5}$，所以应当是：

$$\frac{2}{5} \times \frac{4}{5} = \frac{8}{25}$$

然后按照上题算法：

$$6000 \times \left(1 - \frac{2}{5} - \frac{8}{25}\right) = 6000 \times \frac{7}{25} = 1680$$

结果还有一千六百八十万。

再改，改成：父亲的财产有六千万，分给长子 $\frac{3}{5}$ ，再把余下的 $\frac{1}{2}$ 分给次子，那么结果还剩多少？

第一次分下来，还有：

$$6000 \times \left(1 - \frac{3}{5}\right) 万$$

第二次分下来，还有：

$$6000 \times \left(1 - \frac{3}{5}\right) \times \left(1 - \frac{1}{2}\right) = 6000 \times \frac{2}{5} \times \frac{1}{2} = 1200 万$$

这不过是算了两次"母子差"的问题。

反过来说，假使改成：父亲的财产分给长子 $\frac{3}{5}$ ，又把余下的 $\frac{1}{2}$ 分给次子，计得一千几百万，那么原来共有财产是多少？

这就是一个包括了两次"还原"的问题。

无论题目怎样改，改来改去不过是一个算理。

但是这些算题，实际上并没有多少用处，顶多不过是关于算法的练习和算理的复习。至于实际的应用，那还是复名数和百分法。

复名数的算题不过牵扯到进位制，并没有多少别的算理。至于百分法的应用，可就太多了。除去了利息以外，譬如像田赋、租税、折扣、赔赚、中佣、保险、汇兑、抵押，这都是利用百分法的计算。

　　但是尽管有种种不同的应用，以及种种不同的算题，然而主要的总不外乎知道了乘数去求乘积，或是知道了乘积求乘数，也就是知道了原数求结果，或是知道了结果求原数。总归不过是一个乘法和它的还原算法，那就是除法。

　　因此学习算学，最要紧的就在把握算理。只要把握住算理，那么一切复杂的事实就会化简，我们就不至于对着那些算题发晕。反过来说，只要把握住算理，那么就可以应付那些千变万化的算题。这才是学习的一个重要的关键！

算命的算学

——算命的虽然不懂我们的算学，我们的算学却能够算命

打开报纸一看，常常见到大字的登着，什么"精通哲理"，"数理专家"一类的字眼，偶尔瞥见，以为又是从哪里来了一位算学家，心里不免一动。可是再往下细看，却是"能知过去未来，预测吉凶祸福"，原来是一位算卦的先生啊！

当然啦，在这里所说的"数"，和我们那个"数目"的"数"绝不相同，它是叫作"气数"的"数"。什么是"气数"呢？我也不大懂。平常我们常常听到乡下的老头叹息着说："今年人慌马乱的，天气又旱，好好的粮食也不值钱，这真是天意啊！"这"天意"，这"气数"，是一个"玩意"。假如我们很认真地说，或者可以说是大自然变化的一个规律吧。可是老乡你别慌，像这样的解释可真是太恭维了。他们的"气数"不过是些鬼八卦，是迷信，不是科学。

真讨厌，我们研究"数"，他们也研究"数"，我们"算"，他们也"算"，他们不是"算"卦的吗？仿佛是冤家，转来转去总碰头。可是我们要知道，所谓迷信并不是绝对的不可救药，只要能够给它一个正确的解释，迷信也就可以变成科学了。三句不离本行，算命的虽然不懂得我们的算学，我们的算学却也能够算命。现在就讲讲这算命的算学吧。

这算命的算学并不仅只算命，它可以推得一切机会，一切可能性，所以真正的名字叫作"机遇法"，或是"或然率"。这部算学，说得深了固然要很麻烦，可是讲得浅些却也很平常。譬如说：明天的读书会里，要指定一位同学报告时局近况。这件事情很简单，只要预先把最近几天的报纸拿来看一遍，把重要的事情一条一条地摘下来，加以整理，只要有头有尾，话说得清楚，也就够了。因此一班五十二个人，人人都有被指定的可能。既然指定谁都可以，所以我们总共有五十二种指定的方法；可是要指定我，却只有一种方法，所有我指定的可能性，只有 $\frac{1}{52}$。这个表示可能性大小的分数，就叫作"机遇"，或是"或然率"。

所以，一件事情发生的机遇，便是一个分数，拿可以发生的次数做分子，拿全体可能的次数做分母。再举一个例：假如明天要开班级代表会议，讨论捐款援助前方将士的事。全校八班每班代表三人。临时推举主席，大家都有被推的资格。出席的总人数是二十四人，那么每人被推为主席的机遇便是 $\frac{1}{24}$。假如以班为标准，因为每班代表都是三人，那么每一班的代表被推为主席的机遇便都是 $\frac{3}{24}=\frac{1}{8}$，比个人的机遇是大得多了。

上面所说的是"成功"的机遇。成功的反面是"失败"，失败也有失败的机遇。两种性质虽然不同，可是机遇的求法是一样的。譬如说，明天的大会里要讨论捐款的方法，提案共有五种：一种是同学自由捐款；一种是师生共同捐款；第三种是全校师生以及工友，大家都要捐款；第四种是，单凭校里的力量总是还觉不够，我们应当出去，向社会上各界人士去募捐；第五种是，我们单去向社会上去募捐，这件事情太困难，不如我们发起一个防空展览会，顺便举行一个游艺会，表演国防戏剧，这样我们可以吸取更多的观众，不但供给他们一点近代战争的常识，而且还可以提起他们一点共赴国难的情绪。不但入场券的收入可以希望增多，而且还附带的作了一件社会教育的工作。这不是一件顶好的事情吗？

以上这五种办法可以分为两大派，前三种是主张仅只校里的人捐款，后两种是还要校外的人一齐帮忙。我们这一班是主张第五种办法的，属于后一派。那么这一派意见被采取的机遇多大？被取消的机遇又是多大呢？

在这里，如果只限于这五种办法，而且必须只选一种，那么后一派被采取的机遇是$\frac{2}{5}$，而被取消的机遇是$\frac{3}{5}$。这就是说被取消的可能性，大于被采取的可能性。假如不分派，单就五种提案来讲，我们的提案被采取的机遇是$\frac{1}{5}$，而被取消的机遇是$\frac{4}{5}$，更糟了！这还有什么希望吗？

可是，你别着急。这儿显然还有些毛病。假如明天大家马马虎虎都不在意，以为事情办了就好，不管怎样作法，都是无可无不可，那么最省事的办法，莫过于"抓阄"了。把五种办法写到五张纸上，团成纸球，桌上一撒，请个盲人抓一个，那么我们的提案就的确太没有希望了。可是，我们"绝"不会这样马马虎虎的！我们的思想还要叫我们"考虑"，我们的思想还要叫我们"选择"，像这样一件关系生死存亡的大问题，大家绝不会马马虎虎的！不但不会马虎，而且我们的提案还会"一定通过"！

你不信？明天见！

然而我们且沉一沉气，如果这样，那么我们的机遇法不就有了错误了吗？这个问题真不错，可是我要告诉你在求机遇的时候，最要紧的一个条件便是，各个可能的方法要"机会均等"。譬如在上面那一个例里，假如"抓阄"的话，自然是五个纸球被抓的机会均等；可是在讨论议案时候，大家还要"考虑",这考虑和那抓的方法不同,抓是瞎抓,考虑要费斟酌,这一斟酌,五个议案被采取的机会便"不"均等了。这并不是机遇法的错误。所以机遇的观念虽然好懂,可是应用起来便有许多困难。

上面所说的,虽然是算学里的东西,然而在日常生活里,我们也常常提到,不过不很正确罢了。譬如,我们说:"明天的会八成要开不成。"这就是说:明天开会的机遇是 $\frac{2}{10}$,开不成的机遇是 $\frac{8}{10}$,一成就是十分之一的意思。假如明天的会一定能开成呢?既然"一定"成功,就"没有"失败。所以分子分母相等,机遇是"一"。假如明天的会一定开不成呢?既然一定失败,就"没有成功",成功的方法没有,所以"开会"的机遇,分子是零,机遇也就是"零"。

因此,一件事情不一定成功,也不一定失败,那么它的机遇永远是一个小于1大于0的分数。那就是说,它的成功,只有"几成"把握。

再进一步,假如有许多独立的事情,彼此并不牵扯,要想一块儿成功的机遇,等于各个机遇的乘积。举例说明:这次会不开了,那么打打乒乓球吧。昨天刚刚买了一打球,六个红的,四个白的,两个花的,总共装在一个口袋里。老张顺手摸出来一个红的,放进去,又摸了一个,还是红的。老张真走了"红"运!那么我们也就来算算吧。像这样,在这一打球里连抓"两次"红球的机遇应当是多么大呢？因为每一次的机遇是 $\frac{6}{12}$，所以应当是：

$$\frac{6}{12} \times \frac{6}{12} = \frac{1}{2} \times \frac{1}{2} = \frac{1}{4}$$

同样的，假如第一次拿出来的球不再放进去，第二次的机遇变成 $\frac{5}{11}$，所以连抓两次红球的机遇便变成：

$$\frac{6}{12} \times \frac{5}{11} = \frac{1}{2} \times \frac{5}{11} = \frac{5}{22}$$

可能性就变小了。

在这里，有一个很重要的例，要告诉你那就是关于事实的判断。譬如说：在时局很沉闷的时候，忽然听到一位朋友慌慌张张地从外面跑进来说："不好了！听说前线紧急，打了败仗，都退下来了！"我们大家吓了一跳！可是同时也就怀疑了，可靠不可靠呢？

第一件事情要追问：消息听谁说的？——张三！一听到张三，大家就摇了头。张三的话没准儿，只能打个八成。再问：张三怎么知道的？——听李四说的。李四？李四是个混蛋！平常总是造谣生事，他可能是个汉奸，这话至少要打个对折。大家的心松了一大半。

再问：李四怎样知道的？李四看的是报！——这就有了问题，报纸是否可靠呢？找报来看，原来这报正是和敌人联盟的国家的机关报! 再看稿子, 又是什么××通讯社! 而这××通讯社却正是敌方的代言人, 这话就更成问题了! 顶多再给它打个七五扣吧。于是总计清单:

八成, 可信的程度是 $\dfrac{8}{10}$,

对折, 可信的程度是 $\dfrac{50}{100}$,

七五扣, 可信的程度是 $\dfrac{25}{100}$,

像这样的通讯社来发这样的稿子, 像这样的报纸来登这样的新闻, 你传我, 我传你, 李四传张三。可信的程度, 最后变成:

$$\frac{8}{10} \times \frac{50}{100} \times \frac{25}{100} = \frac{4}{5} \times \frac{1}{2} \times \frac{1}{4} = \frac{1}{10}$$

十成里顶多不过一成靠得住。

你想, 听这样的话, 还有准吗?

差不多先生

——有时候连算学也会变成差不多先生，
但是这个"差不多"和那个"差不多"却不一样

当年胡适之先生曾经作过一篇差不多先生传，他说这位先生，人人皆晓，处处闻名，他姓差，名不多，是各省各县各村人氏。

他有一双眼睛，但看的不很清楚；有两只耳朵，但听的不很分明；有鼻子和嘴，但他对于气味和口味都不很讲究；他的脑子也不小，但他的记性却不很精明，他的思想也不细密。

他妈叫他去买红糖，他买了白糖回来。先生问他山西，他回答的是陕西。他把十"字常常写成"千"，"千"字常常写成"十"。火车是八点三十分开，他八点三十二分走到车站。他说：三十分跟三十二分还不是差不多吗？

差不多先生的家属和他的乡邻也都和他差不多。差不多先生病了去请医生,却请了一位牛医来,牛医用医牛的方子给差不多先生治病,差不上一点钟,差不多先生就一命呜呼了。

差不多先生临死说了一句格言:活人同死人也差不多,凡事只要差不多就好了,何必太认真呢? 这两句话博得许多称赞,大家说他样样事情看得破,想得通,因此给他起了一个法号,叫作"圆通大师"。

究竟这位差不多先生是谁呢? 我说,连你带我,咱们大家都有一份儿。

实在说起来,这个差不多和那个差不多也有一个区别。一千和九百九十是差不多,一千和九百九十九也是差不多,然而这两个差不多并不一样。一个相差是百分之一,一个相差是千分之一。要是把千分之一算是差不多,百分之一就不能算差不多了!

同时,就算两个差数差得一般多,有时候也不能说都是差不多。譬如买十万块钱的东西给他九万九,是差一千;如果买两千块钱的东西给他一千,也是差一千。这两个差数相等,然而这两笔账就不能作一样看法。

十万块钱的买卖,差一千,是百分之一,这一笔账可以一笔勾销。但是两千块钱的买卖,差一千就是二分之一! 那个做买卖的老板纵使是差不多先生,他不跟你要那一千块钱才怪呢! 照这样想法, 这两个差数就不能一律看待, 并不是差不多的!

大小两个数的差数, 叫作"绝对的差"。差数和原数的比值, 叫作"相对的差"。拿上边那个例来说, 都是差一千, 这是绝对的差相等。但是一个差百分之一, 一个差二分之一, 这就是相对的差不等。二分之一比百分之一大五十倍,

$$\frac{1}{100} \times 50 = \frac{1}{2}$$

这就是老板非向你要不可的原因。

一个整数和一个小数比较起来, 当然一个小数就算不了什么。可是这也要看怎么说。如果算账, 按照现在这个年头说, 即使差个一百、八十块也算不了什么; 就拿战前说, 算到小数点以后第三位, 例如五元八角二分五, 最后这个五就不算什么。然而在工程建筑, 或是机器制造上说, 那就不能这么随便, 一个无论多少的小数, 我们必须要确切知道, 它是准确到第几位小数。假如疏忽了一个小数, 说不定这个工程就要倒, 那个建筑就要塌, 一部机器就要爆炸。

这些话, 也许你听了有点不耐烦。因为谁都晓得, 算学就是那么顶真, 那么刻板, 厘是厘, 毫是毫, 一点也不含糊的。其实也不尽然, 有时候算学也会变成差不多先生, 差个一星半点, 不算什么。你先不要大惊小怪的, 让我出一个很

简单的题。

拿起你的笔来, 先点一个小数点, 然后再写九, 一个九, 两个九, 三个九, ……一直往下写。这就是

0.9999999999……

我问你: 这个小数等于什么数?

等于什么? 奇怪! 这能等于什么? 想想看!

对了, 对了, 这是个循环小数。不错, 如果化成分数的时候, 那就是:

$$9 = \frac{9}{9} = 1$$

奇怪, 等于一!

算错了没有? 一点也不错。

式子两边等不等? 这就不好说了。

既然用的是等号, 当然相等。可是想想, 差一点, 总是差一点, 那就是差——"差不多"相等! 你看:

差不多来了! 差不多就算相等, 这不就该画×, 批杠子, 吃大鸭蛋吗?

可是你必须弄清楚, 所谓"差不多"和"差一点", 这两种情形却是不一样的。

0.9和1一样吗? 差不多! 差多少? 十分之一!

0.99和1一样吗? 差不多! 差多少? 百分之一!

　　0.999和1一样吗? 差不多! 差多少? 千分之一!

　　0.9999和1一样吗? 差不多! 差多少? 万分之一!

　　都是差不多, 然而差得却越来越小。假设继续再写下去, 那么差, 差多少呢? 那就小, 要多小就多小!

　　到底是多小呢? ——差一点儿, 差一丁点儿!

　　你看: "差不多" 和 "差一点" 这就不一样了!

　　首先我们要看出来, 所谓:

$$0.9999999999\cdots\cdots$$

　　这个数, 实在和以前所见到的那些数都不一样。以前的那些数, 说一就是一, 说二就是二; 然而现在的这个数, 一会儿是小数点九, 一会儿是小数点九九, 一会儿又是小数点九九九……一会儿一个样, 老是在那里发展。像是一条尾巴, 永远在那里伸长, 永远的伸长。

　　这已经不是一个固定的死数, 它是一个能够生长的活数。一个死数是定型的, 一个活数却是永远地发展下去! 在算学里, 一个死数叫作 "常数", 一个活数叫作 "变数"。循环小数就是一个 "变量"。

　　这些变量, 继续地变下去, 有时候渐渐地就要接近一个固定的常数, 这个常数叫作那个变数的 "极限值"。

　　一就是小数点九九九……的一个极限值那就是说, 这个循环小数照这样继续变下去, 慢慢地就会变成一。所以我们说,这个循环小数等于一。

但是仔细想起来,果真相等吗? 并不真等。它们两个是"差不多"相等。

其实还"不是"差不多,是"差一点"相等。所以在算学里,我们说,它是"趋近"于一,"逼近"于一,"变成"一,它的"极限值"等于一。

这是算学里的"差不多"。这个"差不多"和差不多先生的那个"差不多"就大不一样了。

差不多先生的"差不多"是糊里糊涂的差不多;算学里的"差不多"却是"差一点","差一丁点",这个差数要多小就多小,这个问题要多精密就多精密。

所谓"变数",是一个新的观念。研究变量,要有一个新的观点,"变动"的观点。这是高等算学里最重要的一个部门,同时也是近代算学里最庞大的一个部分。这一部分,不仅开拓了算学研究的范围,而且在整个自然科学里变成了最有力量的一种工具。

差不多先生的差不多,结果把自己药死了,临死还说"死了和活着也差不多";可是算学里对于差不多的研究,却变成征服自然界的一支主力军!

你想,这两个"差不多"果真差不多吗?

胡适之先生对于差不多先生的批评是:"他的记性不

很精明，思想也不细密。"我们的论断是：差不多也不算毛病，只有思想不细密，这才是他的致命伤啊！

从普遍谈到算学的研究

——不怕一万，就怕万一；
万一来了，就是麻烦。

　　许多算学里边的题目，却不一定要学过算学的人才会算。因为学识常常是属于那些聪明而又肯用心的人。

　　让我问你一个小小的算题吧。一个人吃了两个馒头，五个人吃几个馒头呢？我想，你一定会笑话我吧？五个人还不是吃十个馒头么？你也许要摇摇头说：

　　"像这样的一个题目还值得问？"

　　不过，朋友，你且不要心急。反正我们彼此还不忙，那又何妨继续谈谈。我且问你：

　　"你怎么知道的？"

　　"怎么知道的？一个人吃两个，两个人吃四个，四个人吃八个，五个人呢，四加一是五，八加二是十，所以要吃十个啊。"

我再要问问你:"这个十个馒头算是算出来了,可是事实上一定'真对'吗?"

"一定真对呀!"从你的神气上就看出了你的不服气,你的心里说:"那还有错吗?"

可是,你且别忙。你看,已经有几个多心的人在那里不敢发言,而且有人正在摇头了。

问题在什么地方?仔细想来,你已经暗地里规定了一个"想当然"的办法,就是:每个人"必须"吃两个馒头!这句话说出来,你自己也应当失笑了。事实上这个规定能够行得通吗?也许这里有些大人,吃两个不够;也许这里有些小孩,吃两个还吃不下。事实上绝对不会这样呆板的。

然而,也许有人还要向我反问:在算术里边所谓"比例"的题目,不是从来就是这样的吗?这句话问得很有道理。不过说实在的,一部算学只是把那些"不整齐的""当作"整齐的看,把那些"不一致的""当作""一致"的算,事实上一切现象都是"变动"的,而我们在初等算学里却只是能够计算那些"死板"的事实。所以认真说起来,算题里所提到的人并不是实在的真人,那不过是一些机器人!机器一开,每人两个馒头下肚,不论年龄大小,不问有病没病,也不管馒头好吃不好吃。每人两个,一个不能多,一个不能少。因为,算学里边所得到的只是一个简单的"约数",

一个"大约的估计"，对于事实是不一定"真对"的。

可是，说到这里，话又说回来了，像上面那样想法，虽是不很正确，可是我们常常在不知不觉的时候便用了它。譬如我们常常碰到一些人，每个人都有两只手，十个手指。于是我们便很容易断定，说：无论是谁"一定"要有两只手，十个手指，一个不能多，一个也不能少。像这样的思想的方法，看了张三有耳朵，便以为李四也有耳朵，在论理学（是一种专门研究思想法则的科学）上叫作"类推"，那就是以为，凡是一类的东西，一定都要有同样的性质。这种"类推"，正好像上边所说的那个关于比例的算理。在很少的应用的时候是对的，如果完全依靠着它，那就太危险了。

就拿上面的例来说吧！我们虽然今天看见一个人有十个手指，明天又看见一个人也有十个手指，可是却不能说所有的人都"一定"有十个手指。数一多，往往性质就要变化！我们里边不会有例外么？例如"万一"有一个残疾人呢？一只手没了，就少了五个手指！还有，我们不也有时听到或是见到，有些人是"六指"的吗？那个小小的指头你却不能不承认它是一个手指！俗话说："不怕一万就怕万一。"万一有个例外，就要糟心！

干嘛我要向你谈到这些话，因为在这一点，研究算学的人会感到了苦恼。譬如2500年以前的一个有名的希腊算学家叫作毕达哥拉斯（Pythagoras），他曾经发现了两件事实。一个是：连续奇数之和一定是一个整平方数。例如：

$$1+3=4=2^2$$

$$1+3+5=9=3^2$$

$$1+3+5+7=16=4^2$$

一个是：连续偶数之和，一定是两个连续整数之积。例如：

$$2+4=6=2\times3$$

$$2+4+6=12=3\times4$$

$$2+4+6+8=20=4\times5$$

在这两个情形里，当着数目少的时候，我们是不难一一验算的。可是数目很多很多的时候呢？我们能够一一的都加以验算吗？这不但是一件很麻烦的事，而且简直不可能！曾经有人计算过，利用算盘来算加法，一个一个加起来，要想把十三位算盘珠上下都打到靠横梁的时候，一个人不吃不睡，还要用二十三万七千八百年！何况我们要验算的还不仅只有这些呢？

既然对于这一类的问题我们不能"普遍"地验算，那我们还能断定我们的事实是"普遍"的都对吗？只有从"特殊"的研究推进到"普遍"的研究，算学才有发展。一部算学史不外是说明这一个过程。不但算学是这样，一切科学都有同样的情形。那么现在我们用什么方法来把这一个特殊的研究推展到"普遍"的研究呢？

有这样一个方法！这一个方法叫作"算学归纳法"。这个名词对于大家来说，不见得听过，甚至在初中里也没有遇到过它。可是这个方法却很重要，没有这个方法，算学便不能有普遍的研究，那就是说它自己不能够推广。

要想解释这个方法，当然现在还有点程度不够，可是我们无妨用一个极浅显的例来说明。譬如有一天我们到一个学校里去参观。那时看见刚好有人在做游戏。当我们到操场时，只见他们排好了一个单行的长队。这个游戏很简单，他们正在把一面红色旗子，一个个往下传，前边的拿到了便给后边的一个人，后边的一个拿到了，再给他后边的一个人。这个简单的游戏，的确有些煞风景，于是我们看了很短的一会儿便走开了。且慢，问题就在这儿啦，假如我们走后，有人问我们：那排尾的一个人是不是能够有机会拿到那个旗子呢？我想大家都会以为他是一定要拿到的。可是这就很难说了，也许那个旗子传了不到十个人便停止了，譬如到第九个人便又传了回来。也许那个旗子传了几次他们就丢了，另外换了一个红色的皮球。也许……

不用"也许"了，总而言之，问题多啦。只要我们没有亲眼目睹，这句话是很难说的。可是，假如我们那时候去的早一会儿，我们听见那位教师的命令说："无论是谁，如果第一个人拿到旗子的时候，不准停留，马上就要传给邻近的第二个人，永远往下传！"只要有这样一个命令，现在既然看到旗子已经一个一个的往下传了，那么无论时间早晚，最后的一个人"一定"会得到旗子的。于是这个问题便有了把握。

再举个简单的例：譬如一列火车，假如前边的一个车厢一动，后边的那一个便接着动。这样，只要火车头一开，我们便可以马上知道这一列车便要"全体"都动了！见不见是没有关系的。从这两个例里，我们就可以看出来，要想从"特殊"的情形推论到"普遍"的情形，那一个关键，全在我们知道不知道这个性质，是否"继续"保持。这种继续保持的性质，有人便把它叫作"遗传性"。

所以，如果我们知道了几个事实，只要再知道这些事实都是"遗传"的，那么我们就可以断定这些事实是"普遍"的都对了！这就是算学归纳法的一个主要之点。

因为有了算学归纳法，算学的研究才能够"普遍"。等到算学的研究普遍了，算学才能够建立起一个"普遍"的真理。

从大小谈到算学的发展

——我们最容易了解的是中庸，
最不容易了解的是极端

昨天碰到一位好开玩笑的朋友，说来说去总是说不过他。我想把这件事情告诉大家。

他说："刚才我看见从学校里走出一个小学生来，样子不过四五岁。你说他年龄小不小？"

"真小！"

"不算大吗？"我的朋友笑了。

"不大。"我也笑了，笑他干嘛那么认真。

"然而"他收了笑容，很严肃地说："我说他并不算小。"

"不小？"我有点莫名其妙，摇摇头说："无论如何总不算大。"我坚持我自己的意见。

"因为……"他说："听说他家里还有一个小弟弟。你说他能比他的弟弟还小吗?"他瞪大了两只眼睛望着我。

真的,无论这个学生多么小,他总是比他的弟弟还要大,我又笑了。心里想到受了他的骗。

"那么他是不是还算小?"他仍然很严重的,又迫问了一句。

"当然啦,那谁还不知道?——他大。"

"对了,老弟兄们,"他拍拍我的肩膀说:"你总算很明白呵……不过,说实在的,"他又放低了声音,仿佛很秘密似的:"实在说,那可真有点那个,他也的确不算大。"

这一来我倒又糊涂了:"怎么?刚才你说他不算小,怎么现在又说他不算大呢?"

"你听着,"他说:"听说他的家里还有一个哥哥。"

"糟了,又上了他的当。"我心里说。当然啦,无论他多么大,总比他的哥哥还要小啊。

"那么……"

"得啦得啦……"我的心里觉得有些委屈。这次我不笑,是他笑了。

上一次当,学一次乖,这是人类的聪明。所以我想和诸位谈谈这个问题。

是我自己想错了吗?不是,是没有想得仔细。像这一类的问题应当还有许多。第一我们要认清楚:所谓"大小",是

"比较"的。没有比较便没有什么大小。任何一件东西，总是比它大的一切小，比它小的一切大。如果我们这样说，这是永远不会错的。

在日常生活里，有时候我们也常常省去了那个标准不提。譬如，我们说地球是大的，太阳是大的，或者说米粒是小的，灰尘是小的。不过在这里，我们的意思，实在是彼此都默认着是和普通一般的东西相比较，对于地球上的任何东西来比较，地球当然是大；对于任何可以看到的东西来比较，灰尘当然是小的。不过在平常，我们常常把这个标准省了去。因此，如果不规定下一个标准，要问"顶大的是什么？"或是"顶小的是什么？"这两个问题都是没有意义的。记住那一句话："没有比较，就没有大小。"所以大小实在是相对的，不是绝对的。

不但大小是这样，一切相对的比较都是这样。譬如：长短、高矮、宽窄、远近、前后、左右、上下、深浅，以及明暗、好坏、美丑、冷热……这些都是这样的，只有相对的比较，没有绝对的不变。

不过，同时我们又听说，在算学里边，有一种叫作"无穷大"和一种叫作"无穷小"的，那又是什么意义呢？

所谓"无穷大"和"无穷小"，实在并不是一个固定的数目，这件事情常被一般人误会了。我们可以从下面的解释里得到一个了解。

大家都学过了分数，一个分数包括分子分母两部分。分数还有一个重要的性质，就是：同分子的分数，分母越大分数的值越小；分母越小分数的值也就越大。现在我们利用这一个性质。第一：假设有一个分数，分子不变，让分母慢慢变小。分母既小，分数的值便变大。分母小到非常小，譬如说近于零（近于零，却不等于零），那么分数的值便变大，变到"非常之大"，这个"非常之大"便叫作"无穷大"。

第二：反过来说：假设有一个分数，分子不变，让分母慢慢变大。分母既大，分数的值便变小。分母大到非常之大，譬如变成一万，一万万，一万万万……万万，那么分数的值便要变小，变到"非常之小"，这个"非常之小"便叫作"无穷小"。

所以：什么是"无穷大"呢？那就是无论你说一个多么大的数，我这个数比你那个还大。你说一万，这数比一万大；你说一万万万，这数就比一万万万还大。这个数要多大便比多大还大，这就是"无穷大"。什么叫作"无穷小"呢？那就是无论你说一个多么小的数，我这个数比你那个还小。你说百万分之一，这数就比百万分之一小；你说万万万分之一，这数比万万万分之一还小。这个数，要多小便比多小还小，这就是"无穷小"。

因此，"无穷大"和"无穷小"并不是两个固定的数，都是会变的数，一个永远永远变大，一个永远永远变小。这两个数的性质虽然绝对相反，但是关系却非常密切。从上面的解释里可以看出来，大是从小的变化里发生出来的，小又是从大的变化里发生出来的，大和小实在就分离不开。这种现象并不奇怪，越到高深的算学里，看得就越清楚了！

但是在平常我们并不大注意这个极端的数。我们所研究的多半是既不大又不小的数。这就是因为我们的能力，最容易了解的是中庸，最不容易了解的是极端。譬如：过大的数固然想不清楚到底多么大，过小的数也想不清楚到底多么小。"看"也是这样，顶远的看不见，可是顶近的呢，如果我们把书放得眼睛太近的时候，你能看得清楚吗？"听"也是这样，声音太小听不见，声音太大也听不见；学到物理学的时候，我们就知道，听觉的范围实在也是有限的。"举重"也是这样：顶重的举不起，可是太轻的你也举不起，不等你的手一动，那个轻的东西就会滑下去了。所以普通人一般的知识范围，只是不太深又不太浅，不太难也不太容易的那一部分。

在算学里也是这样。我们会算简单的加减乘除，但是再深的还没学到, 渐渐的就不会了。可是, 比加减乘除再浅的呢? 譬如说: 我们算的是"数", "数"是什么东西呢? 我们表示的是"量", "量"又怎么解释呢? 我们知道, 2+3=3+2, 2×3=3×2可是为什么2+3=3+2, 2×3=3×2呢? 许多一看就明白的事情, 等到仔细去想, 却反而会变得糊涂起来的。

所以算学的研究有两种, 一种往前研究, 往复杂的一方面进展; 一种是往后研究, 往浅显的一方面追求。我们举过了整数学分数, 学过了算术学代数, 这是往前进展。同时另有一派学者专门往后研究, 譬如研究上面提出的哪一类最浅显的, 似乎是不用问的问题。不过我们要注意, 最浅显的同时却又是最基本的, 这种学识叫作算理逻辑, 或是算理哲学。用一个浅显的例子来说明, 譬如一棵树, 往上长, 发育到树干, 到树枝, 到树叶; 往下长, 发育到树根, 先到主根, 再到支根。这是两个方向相反的发展。

算学的发展是这样的, 一切的学识的发展都是这样的。

谦德少年文库

QIANDE JUVENILE LIBRARY

给孩子的趣味数学书

王峻岑 著

比一比

团结出版社

图书在版编目（CIP）数据

给孩子的趣味数学书. 比一比 / 王峻岑著. -- 北京:
团结出版社, 2022.1

ISBN 978-7-5126-9254-1

Ⅰ.①给… Ⅱ.①王… Ⅲ.①数学−儿童读物 Ⅳ.
①O1-49

中国版本图书馆CIP数据核字(2021)第223958号

出版: 团结出版社

（北京市东城区东皇城根南街84号 邮编：100006）

电话:（010）65228880 65244790（传真）

网址: www.tjpress.com

Email: zb65244790@vip.163.com

经销: 全国新华书店

印刷: 北京天宇万达印刷有限公司

开本: 145×210 1/32

印张: 28.25

字数: 500千字

版次: 2022年1月 第1版

印次: 2022年1月 第1次印刷

书号: 978-7-5126-9254-1

定价: 128.00元（全6册）

总　序

数学是重要的基础学科。这套《给孩子的趣味数学书》是一把开启数学知识与智慧之门的钥匙。这套书是由父亲王峻岑曾经出版过的数学科普著作《比一比》《大大小小》《数的惊异》《图片展览》《整数运算》和《数学列车》六本书重新汇编而成的。北京谦德文化发展有限公司的肖先生与我们联系，说：王峻岑先生的这些著作至今仍有学术价值，出版这些书是很有意义的。

记忆的闸门，突然打开。我们兄弟姊妹都曾是父亲著作中的主人公，父亲与我们一起把玩七巧板，一起做数学游戏，增长知识；每当收到刊登父亲著作的《开明少年》《中学生》，我们争先恐后地阅读，甚至多年后还要找出来阅读，真是其乐无穷。

父亲曾在全省唯一的国立高级中学——济南高中（现济南一中）上学。著名教育家季羡林先生《病榻杂记》中的《回忆济南高中》一文，记述了当年国文教师董秋芳[1]对其作文的批语："季羡林的作文，同理科一班王联榜（父亲当时的名字）的一样，大概是全班之冠，也可以说是全校之冠吧。"由此可见，中学时代父亲的文采就已初露锋芒。严薇青[2]先生回忆，董秋芳老师曾与当时学生文学社团趵突社的成员季羡林、王联榜、严薇青等，在原山东省图书馆（即大明湖遐园）假山上合影。高中毕业后，父亲考入北京大学数学系。

1934年父亲北京大学毕业后，曾在其母校山东省立第一中学等校任教，后长期就职于山东师范学院（今山东师范大学）数学系，并首任该系主任，是数学学科奠基人。

父亲在高校一直教微积分等高等数学课。高校院系调整后，他急教学所急，主动承担了不为人看重的新课——中学数学教学法，在没有任何参考资料的情况下克服重重困难自编教材，刻印讲义。1953年起陆续在全省专科、本科首开这门课以及教育实习。这在全国范围内也是较早的。每当学生毕业季，父亲与各中学联系实习一事，并认真听学生实习讲课，总结经验

---

1. 董秋芳（1898~1977），曾任教育部中学语文教材编辑组研究室主任等职。
2. 严薇青（1911~1997），山东师范大学教授，中文系主任，中国古典文学研究专家。

教训。这一做法，大大缩小了学生毕业与教学工作的心理差距，进一步适应了教学工作岗位。这项实习工作，获得了实习单位的学生和领导的好评。他认为：好的教师不应当仅仅讲明白了课本，同时还应当指示给学生一个进展的方向。只有这样，才能够使学生进一步开阔眼界，打开思路。父亲坚持因材施教的教育理念，治学严谨，育人育德，再加上张弛有度的授课手法和高超的教学水平，他和全系教职工一起为国家培养了大批合格的中学数学教师。

父亲对将要到普通中专任教的次子希亮语重心长地说：到专业学校当老师，不但要有真才实学，还要把握整个专业的发展方向；教给学生一滴水，自己要有一桶水才行；老师要心中时时装着学生，因材施教，让学生真正牢固掌握所学知识，做到学以致用；在传授知识时，不同的课程要用不同的教学方法，不能只照本宣科，要多动脑筋，多与实践相结合，才能够得到事半功倍的效果。在父亲潜移默化的影响下，我们六个子女，竟有四人从事过数学教育工作，并且工作严谨，成绩优异。1977年重阳节，父亲曾登上济南千佛山顶，赋诗一首："生平从未登山顶，而今毅然攀高峰。路滑坡陡须持杖，年老气衰力不从。只缘欣闻重阳日，不到顶峰誓不停。"父亲为祖国的繁荣富强秉承着"老当益壮，不待扬鞭自奋蹄；鞠躬尽瘁，俯首甘为孺子牛"的精神，这激励着我们兄弟姊妹也在各自的岗位上奉献

自己的力量。为此，我们家被评为山东省优秀教育世家。（详见1999年9月11日《山东教育报》）

父亲一生教书育人，同时还潜心数学科普创作，先后出版了六本数学科普著作以及大量的短文。这些著作是父亲在工作之余进行的，如果写作灵感显现了，直到深夜他还在伏案忙碌。父亲在这些著作中，用通俗的语言、活泼的笔调讲解数学知识，还善于运用讲故事的方式，创设并讲解问题；在讲解中注重与实际生活的联系，采用大量生活实例，生动形象，深入浅出；还注重数学史的渗透，使学生在不知不觉中学到了知识，激发了学生学习数学知识的热情。当年，这些著作多次再版，印刷量大都在数万册。可见，读者对这些著作喜爱有加。

父亲的著作涉及小学和中学的数学内容，而且大多是从日常生活中加以提炼，以讲故事的形式来表现的。面对不同的读者对象，则是用不同的语言来叙述、讲解。在语言表达方面，父亲多采取趣味性的语言，往往一开始就深深吸引着读者。比如，在《比一比》中，第一篇引用了一个绕口令来作为开端。《图片展览》是介绍平面几何学的，一开始，他将我国古老的"七巧板"介绍给读者，逐渐深入浅出，引申下去。《数学列车》是介绍高等数学"微积分"的，大家一般认为微积分是深奥且难以理解的。而这本书讲了个"孙悟空坐火车"的故事，深深吸引住读者，并引导读者一步步深入下去，继续阅读。在《数的惊异》

的第一篇，我们这些子女成了父亲著作中的主人公，生活气息非常浓厚。

父亲是20世纪30年代起就活跃在我国数学科普园地的少数人之一。他25岁就开始创作数学科普作品，第一篇发表在《中学生》1936年第二期。当时，他与周振甫、顾均正、贾祖璋、刘薰宇等文艺界、生物界、数学界的知名人士都是开明书店出版的《中学生》《新少年》等刊物的主要和长期撰稿人。

曾任中国少儿出版社社长、总编辑的叶至善先生，在1985年重版《比一比》的后记《怀念王峻岑先生》一文中写到："抗日战争之前，我就读过峻岑先生的数学小品，《中学生》《新少年》是专给初中生看的，由我父亲（叶圣陶）领衔编辑。我高中快毕业了，却很喜欢这本刊物，峻岑先生的数学小品是我每期必看的，他那清晰的思路和活泼的笔调，使我得到很大的乐趣。……人们说数学既抽象又刻板，叫人无法捉摸，难以亲近，峻岑先生却能联系少年们的生活，运用他们亲身的感受，来讲明白那些抽象的道理，还能随时把潜在的趣味发掘出来，呈现在少年读者面前。"后来，叶先生继任《开明少年》编辑，向父亲约稿。叶先生曾说："回想那个时候，我刚发出前一期的稿子，峻岑先生就把后一期用的稿子寄到了。配合之默契使我至今怀念！""有人说，数学科普在我国并非是很强的，至今仍有很多尚待开拓的领域。王峻岑先生可以说是我国数学科普界

的一位开拓者。我国现在很多的数学家、科普作家在少年时期都曾拜读过他的作品。他不愧为我国现代数学科普创作的引路人。"叶先生与父亲只见过一面，那是1950年父亲到北京开会时特地去拜访的。叶先生说："我激动得不知说什么好，可能只说了些感激的话。他大我七八岁，这是我凭编辑对文字的语感估计到的；可是看面容，他比我想象的老得多，他的前额已经秃了，瘦削的脸庞，戴一副近视眼镜，跟他作品的那种敏捷活跃的格调，似乎不相匹配。当教员真是辛苦，容易把人磨老，何况他不知餍足，不知疲倦，还要通过他的文字，把所有的青年和少年都当作他的学生。我送峻岑先生出门之后，望着他远去的背影，我曾经这样想。"叶先生还讲到，不久我们便断了联系，他说："真正的原因是我对待作者的态度渐渐变得冷漠了，一个运动接着一个运动，使我感到跟作者的交往尽可能少一点儿好，免得给双方都造成不必要的麻烦。想起曾经对作者如此冷漠，心里总感到内疚，这不是做人应有的态度，更不是当编辑应有的态度。"文章至此戛然而止。叶先生在字里行间喧腾着的那火热的真情，以及严于解剖自己的博大胸怀，深深地感动了我们。父亲在天有知，当会与我们一起热泪泉涌，不忍掩卷。其实，1985年《比一比》重版，正是叶先生基于如下考虑而力主促成的："重印他的曾经遭到无理指责的著作也是落实政策，而且比落实其他政策更为重要，更能使他安心。"但是非常惋惜的

是，这本书重版时，父亲已去世三年；讣告几经辗转，到他手上时，追悼会早已开过，连唁电也来不及发了。

　　优秀而富有趣味的科普读物，会影响青少年的一生。父亲的《数学列车》以孙悟空乘坐火车为故事线索，运用通俗的语言，讲述数学较难懂的微积分知识，融科学性、知识性和趣味性为一体，深受知识界和广大学生的欢迎。中国科学院张景中院士说过，少年时代读过的几种优秀且饶有趣味的科普读物给他留下的印象很深，举例中就有父亲的《数学列车》。他说："因为写得吸引人，我常常一本书看上几遍。懂了的，觉得有趣，不懂的，好奇心驱使我进一步思考与学习。这些书吊了我的胃口，总想再找类似的书来看。""比如《数学列车》，一开始是有趣的，但到后来，就再也看不懂了！不过，不明白也有不明白的好处，高中毕业时，我决心考数学系，原因之一就是想要把没弄明白的这些东西彻底弄个明白！"（见中国少儿出版社30周年纪念文集）。华东纺织工学院（现东华大学）的李绍宽教授是我国1980年建立学位制度以来的首批18位博士之一。他在1984年7月30日《中学生报》中的《我赶上了头班车》一文，回忆说："我在初三，偶尔看了一本《数学列车》，是用故事的形式讲述微积分的基本思想。又有机会听到数学家谷超豪的一次数学报告，这两件事使我大开眼界，感到数学园地中还有许多未知数，从而激发了我读书的热情，由此奠定了从事数学研究的基

础。"父亲的著作在读者心里生根发芽了。

　　由于父亲的这些作品是六七十年前写的，因此需要修改其中不符合今天阅读习惯和出版规范的部分，父亲的遗愿即将实现。在《给孩子的趣味数学书》即将付梓出版之际，感谢北京谦德文化发展有限公司为这套书的再版做出的所有工作，感谢肖先生为此做出的不懈努力，感谢团结出版社进行的各项工作。感谢广大读者的信任和支持。感谢古籍网起到穿针引线的作用。感恩大家！

王峻岑子女六人由王希亮执笔

2020/12/19　初稿

2021/3/31　终稿

目录 *contents*

一 比一比
　　——比的意义和性质 ············· *1*

二 推一推
　　——正比例式的算法 ············· *7*

三 翻一翻
　　——反比例式的算法 ············· *13*

四 挤一挤
　　——复比例式的算法 ············· *17*

五 算一算
　　——比例的种种应用 ············· *23*

六 试一试
　　——比例的相互关系 ············· *31*

七　想一想

　　——比例算法的评价 ············· *39*

八　换一换

　　——连锁比例的算法 ············· *45*

九　分一分

　　——配分比例的算法 ············· *51*

十　匀一匀

　　——混合平均的算法 ············· *57*

十一　搀一搀

　　——求混合比的算法 ············· *61*

十二　评一评

　　——配分量的算法一 ············· *65*

十三　凑一凑

　　——配分量的算法二 ············· *71*

十四　变一变

　　——比例算法的技巧 ············· *77*

怀念王峻岑先生

　　——代《比一比》重印后记 ······ *83*

一 比一比

——比的意义和性质

听说有这么一个绕口令：

山前有个崔粗腿，山后有个崔腿粗。

两人山前来比腿：

不知道崔粗腿比崔腿粗的腿粗，

还是崔腿粗比崔粗腿的腿粗？

其实最后这个问题是不成问题的。只要他们两个来到一块，并在一起，谁的腿粗，一看就看出来了。

有人问：

两株庄稼，哪一株高呢？

两把斧头，哪一株重呢？

两杆大枪，哪一杆长呢？

两个标语，哪一个的字大呢？

要想回答这些问题，干脆一句话：放在一块比一比。

不但两件东西可以比, 两个数目字也可以比一比。把两个数字放在一起, 和把两件东西放在天平上一样, 比一比就看明白了。

当然啦, 两个数字放在一起, 首先要规定一种写法。如果把3和5放在一起, 是35呢? 还是53呢? 都不行, 因为这样就跟记数法相混了。

比较轻重, 要放在天平的两边。比较两个数字, 要在中间加上两个点, 即3 : 5。这两个点代表"比", 3 : 5就是三比五。

本来比较两个数字的大小可以用减法。5减3余2, 3减5少2, 所以5比3大。同时也可以用除法。6用2除得3, 所以6是2的3倍, 但是这些步骤都麻烦。如果不一定需要知道差数的时候, 就不必用减法。如果不一定需要知道一个数是另外一个数的几倍, 也不必用除法。所以"比"是比较大小的一个最简单的方法。

不过首先要明确, 所谓"比"是指的"数量"的比。譬如说: 人能和狗相比吗? 猛一听, 觉得不像话。人不能和狗相比。但是, 如果论到数量的多少, 它们却是可以相比的。比方一个探险队, 有十个人、五只狗, 那么人数和狗数的比就是10 : 5。同样的, 一麻袋粮食和三十匹布不是一类的东西, 但是如果论到轻重, 它们也能够相比。一麻袋粮食重二百斤,三十匹布重三百二十六斤，这两个重量的比是200∶326。

当然，这种比较，实际的用处很少。因此平常讲到"比"的时候，总是说："种类"不一样的，不能相比。

其次，"比"在应用上也有两个条件。第一，虽然都是数量，但是"性质"不一样就不能相比。如果有人问：一块铁和一亩地，哪一个重？一丈布和二斤肉，哪一个长？两个拳头和一根线，哪一个大？这个人不是傻子便是疯子。因为铁有轻重，地论大小，它俩不能比。布有长短，然而肉却不能讲长短。拳头论大小，然而线却没有大小。它们不能相比的原因，就是因为性质不同。

同时，性质虽然一样，如果"单位"不一样也不能相比。不过这并不是说它们不能比较，而是说我们不能"直接"拉过两个数来相比。事先必须换成"相同的单位"。例如一丈布和一尺布比较，我们不能直接写成1∶1。如果这样写，那么它们就变成一般长了。一丈布能够等于一尺布吗？假设统统用尺作单位，我们就应当写成10∶1；假设统统用丈作单位的时候，我们应当写成1∶0.1。因为一丈等于十尺，这才没有错误。只有换成相同的单位，然后才能够和实际的情形完全一致。

把上面这些条件归纳成一句话，就是"名数相比，必须是相同的名数"。在这里我们又顺便看出"比"的一个性

质。10∶1和1∶0.1表示的是一回事,写成算式就是:

$$10∶1＝1∶0.1$$

两个数相比,前边的叫前项,后边的叫后项。等号左边的10,是前项,1是后项。等号的右边,1是前项,0.1是后项。等号左边的前项跟后项都比右边的大了十倍;等号右边的前项跟后项都比左边的小了十倍。这就告诉我们,前项后项用同一个数去乘,或是用同一个数去除,这两个数量的比并不变更。这是"比"的一个重要的性质。

从这个性质,使我们想到了分数。比有前项跟后项,分数有分子跟分母。分子分母也可以用同一个数(零除外)去乘或者去除,结果还是和原来的分数相等。

一个分数所表示的数量是什么呢?那是分数的值。两个分数相等,就是说它们的值相等。同样的,两个数的比也表示一个数量,我们把它叫作"比值"。所谓两个比相等,就是说它们的比值相等。

求一个分数的值,是用分母去除分子。求两个数的比值,是用后项去除前项。就算法上说,比跟分数也是非常相似的。现在把它们对照一下,可以帮助我们了解:

前项∶后项＝比值

分子/分母＝分数的值

前项相当于分子,是被除数。后项相当于分母,是除数。比值相当于分数的值，那是商数。因此，两个数的比值，表示前项是后项的几倍，或者是几分之几。

正因为这样，有时候比的写法也可以采用分数的写法。例如：

$$1:2=\frac{1}{2} \qquad 3:6=\frac{3}{6}=\frac{1}{2}$$

所以 $\qquad 1:2=3:6$ 或 $\qquad \frac{1}{2}=\frac{3}{6}$

而且分数的性质是：分子分母同用一非零数乘除，其值不变。比的性质是：前项后项同用一非零数乘除，其值不变。这样一来，使我们对于比的认识会更清楚些。

同时，研究比还有一个方便的地方。因为不但两个数量可以比，无论多少数量都可以一块比。譬如三个生产小组，第一组五个人，第二组七个人，第三组八个人，那么这三组人数的比就是5:7:8。这叫作"连比"。它表示第一组与第二组人数的比是5:7，第二组与第三组人数的比是7:8。同样的，假设第一组工作了十二天，第二组工作了十四天，第三组工作了十八天。这时候，第一组与第二组工作天数的比是6:7，第二组与第三组工作天数的比是7:9，那么这三组工作天数的连比就是6:7:9。再多，也是一样。

减法和除法一次只能研究两个数量。比却能够同时研究许多数量。这样看起来，比的用处就大得多了。

二　推一推

——正比例式的算法

一道算题，不见得只有一种算法。譬如用笔算，打算盘或是用心算，方法就不一样。在学校里念过书的人，最熟悉的当然是笔算，然而实际生活里用得最多的却是珠算和心算。比方花生米，每斤一元二角，那么二斤三两应该是多少钱呢？

用笔算：$1.2 \times 2.3 = 2.76$（元）。

用珠算，按照口诀很快就能算出来，得数仍是2.76元。

用心算：一斤一元二角，二斤二元四角。这是二元四角。

一斤一元二角，一两一角二分，

三两，是三角六分。

一共二元七角六分！

笔算，不容易错；珠算，打得快；心算，不需要工具，各有各的好处。

最值得让我们注意的是心算的思路。要点是先求"单价"。从一斤的单价可以求出两斤的价钱；知道一两的单价可以求出三两的价钱。这种思想方法是推理，根据已经知道的条件，推出要求的结果。

在做预算的时候，每一个项目都是根据单价求出总值。譬如工资，每人每天两元。一个月按三十天计算，一个人一个月的工资是六十元。五十个人一个月的工资是三千元，全年工资三万六千元。这个不说也明白。

但是日常所遇到的，却往往不知道单价。例如：根据以前的实际开支，估计以后的预算开支，这就多了一层先求平均单价的步骤。

比方说：上半个月，十个人吃了一百五十斤米；下半个月少了两个人，估计着应当预备多少米？我们怎样计算呢？

$$150 \div 10 \div 15 = 1（斤）$$

$$1 \times 8 \times 15 = 120（斤）$$

平均每人每天吃一斤，下半个月的总数是一百二十斤。在应用题中，这种算法叫作"归一法"。

但是知道了比，我们就可以把这个方法化简。因为上半个月跟下半个月的天数相等，换一道题：同样的天数，如果十个人吃一百五十斤米，问八个人应当吃多少米？

第一次的人数是10，第二次的人数是8，两个人数的比是10∶8。第一次的米数是150，第二次的米数不知道，可以用一个问号去代表。这两个米数的比是150∶?。因为人越多吃的米越多，人越少吃的米越少，人数增加几倍，米数也要增加几倍。所以这两个比值应当相等。我们可以列成一个算式：

$$10人∶8人=150斤∶?斤$$

像这样一个算式，表示两个比值相等的，叫作"比例式"。这里边包括了四个数字，每一个叫作一项，一共是四项。自左而右，10是第一项，8是第二项，150是第三项，?是第四项。第一、第四两项又叫作外项，第二、第三两项又叫作内项。

无论哪一个比例式都有一个重要的性质，就是"两内项相乘的积，等于两外项相乘的积"。怎么知道的呢? 利用分数的写法可以马上看出来：

$$10∶8=150∶?$$

$$\frac{10}{8}=\frac{150}{?}$$

$$\frac{10}{8}×8×?=\frac{150}{?}×8×?$$

$$10×?=150×8$$

利用这个性质，马上就得到了答数：

$$?=\frac{150×8}{10}=120（斤）$$

根据一定的道理写成比例式，再按照一定的规律推一推，立刻解决问题。这个算法的好处就是推理的步骤是一定的。好比使用机器，怎样装，怎样卸，都有一定的步骤。好记好用，一学就会。

在这里，我们只需注意以下这几点：

第一，首先要了解，比例式的意义是表示两个比值相等。因为比值的求法是用后项除前项，这是相同的名数相除。所以比值（就是那个除法的商）应该是不名数。我们不能单就表面的看法，把这个比例式写成：

$$10人:8人=150斤:?斤$$

看作人等于米（这当然是讲不通的）。因为比值是不名数，所以人的比值可以跟米的比值相等。其次，必须两个比值真等，比例式才能成立，不然就不能画等号。

第二，千万不要按照我们说话的次序把它写成算式！例如：10个人吃150斤米，8个人吃多少斤米，

$$10人:150斤=8人:?斤$$

算出的答案虽然也对，然而这种写法绝对不许可。因为按照我们的规定，"种类"不一样的不能相比，这是应该切实遵守的一点。

第三，比例式的算法是固定的：把两个内项乘起来，再用另外一个外项去除，结果就得出答案来了。

第四，一道算题可以列出种种不同的算式。就说上面那一道题吧，我们可以写成：

10人：8人＝150斤：?斤

150斤：?斤＝10人：8人

8人：10人＝?斤：150斤

?斤：150斤＝8人：10人

然而无论哪一个算式，根据比例式的性质，找到的答案只有一个。

第五，记住! 这样的比例式叫作正比例式。凡是能够列成正比例式的两种数量，便叫作正比例量。

三 翻一翻

——反比例式的算法

一个分数可以翻跟斗,分子分母上下颠倒过来;倒过来的分数叫作原来那个分数的倒数,例如: $\frac{2}{3}$ 的倒数是 $\frac{3}{2}$ 。一个比也可以翻一翻,把前项跟后项交换过来。翻过来的这个比叫作原来那个比的反比。例如: 3∶5的反比是5∶3。

让我们先想想这样一个题目:学校里领到了一批树苗,如果十个人去栽,需要二十四天;假设三十个人去栽,需要几天呢?

按照上面讲过的算法:

10人∶30人=24天∶? 天, $? = \frac{24 \times 30}{10} = 72$ (天)。结果是完全错了! 为什么呢? 因为工作量是一定的,人数既然增多了,天数不应该减少吗?

让我们用分数算一下:假设全部栽树的工作作为1,每人每天所做的是全部工作的 $\frac{1}{24 \times 10}$ 。现在有30人,每天能做

全部工作的 $\dfrac{30}{24\times10}$，所以一共需要的天数是

$$1\div\dfrac{30}{24\times10}=\dfrac{24\times10}{30}=8\ \text{（天）}$$

如果用比例能不能算呢？能。不过现在是人数越多天数越少，人数越少天数越多。这和上面成正比例的算题完全不一样了。人数的比是10∶30，天数的比是24∶？。现在的情形既然不同，那么应该怎样去计算呢？

很简单！只要把这两个比，随便指定一个翻一翻，正比变成反比，然后就可以画等号，列成比例式。

人数的比是10∶30，天数的比是24∶？。如果人数的比翻一翻，是30人∶10人＝24天∶？天；如果天数的比翻一翻，是10人∶30人＝? 天∶24天。结果答数相同，都是

$$?=\dfrac{24\times10}{30}=8\ \text{（天）}$$

在一个比例式里，包含两个正比或是两个反比的叫作正比例式；包含一个正比跟一个反比的叫作反比例式。现在这个算式显然就是一个反比例式，做工的人数跟完成工作的天数是成反比例的。凡是能够列成反比例式的那两种数量，就叫作反比例量。

整个世界上，无论什么都是变的。而且往往是一个跟着一个变。但是变化的情况却不一定一模一样。这个变大了，那个也变大；这个变小了，那个也变小。变大的时候，一

块儿变大；变小的时候，一块儿变小。这叫作同变。有的，这个变大了，那个反而变小；这个变小了，那个反而变大。它们两个的变化恰好相反，这叫作异变。人吃食粮，人越多吃的越多，是同变。人做工作，人越多用的天数越少，这是异变。

同变或是异变，变化的快慢未必一致。假如快慢一致的话，例如人增加一倍，吃的食粮也增加一倍，人增加两倍，吃的食粮也增加两倍；这时候，同变就变成正比例了。反过来说，人增加一倍的时候，天数减少一半；人再增加一倍的时候，天数又要减少一半。这时候，异变就变成反比例了。

成正比例的算式是正比例式，成反比例的算式是反比例式。无论正比例式或是反比例式，只要列出算式来，以后的演算方法是完全一致的。

因此，我们应当注意的是：第一，先想好问题里的变化，是同变呢？还是异变？然后再想一下，同变的是不是成正比例，异变的是不是成反比例？成正比例的，直接把两个比用等号联起来。成反比例的，先把其中的一个比翻一翻，改成反比，然后再画等号。不过要记住，只可翻一个，而且只能翻一次。一个比，假设连翻两次，结果和不翻一样。一个比例式，假设同时翻两个比，结果本想变成反比例式，反倒变成正比例式了。

第二，正是因为这个原因，所以写比的时候，一定要注意实际的先后次序。在正比例式里是：

第一次人数 : 第二次人数 = 第一次米数 : 第二次米数
（正比）　　　　　　　（正比）

或者

第二次人数 : 第一次人数 = 第二次米数 : 第一次米数
（反比）　　　　　　　（反比）

在反比例式里是：

第二次人数 : 第一次人数 = 第一次天数 : 第二次天数
（反比）　　　　　　　（正比）

或者

第一次人数 : 第二次人数 = 第二次天数 : 第一次天数
（正比）　　　　　　　（反比）

最后这两个比例式，一个是把人数的比翻一下，变成反比；一个是把天数的比翻一下，变成反比。但是，翻了这一个就不能同时再翻另一个。

假如一下手把比的次序写错了，那么就会越想越糊涂。

四　挤一挤

——复比例式的算法

　　无论正比例还是反比例，算题都比较简单。但是平常我们遇到的问题，总比这些更复杂。

　　譬如说：十个人，十五天吃了一百五十斤米；问八个人，二十天要吃多少米？这个题目怎么算法呢？人数一定的时候，米数跟天数成正比例。天数一定的时候，米数跟人数也成正比例。人数的比是10∶8，天数的比是15∶20，米数的比是150∶? 。如果是两个算题，那倒好办。

　　　　人数一定，15天∶20天＝150斤∶? 斤

　　　　天数一定，10人∶8人＝150斤∶? 斤

可惜现在这个办法不行。这是一道题，必须同时考虑这两个条件。

　　怎么办呢？想法把它们连起来。我们的算式是：

$$\left.\begin{array}{l}15天∶20\\10人∶8\end{array}\right\}=150斤∶?$$

这种写法当然不是胡乱想出来的,它具有一定的意义。

首先要说明,把两个比并排地挤在一块儿,用半个大括号连起来,它所表示的还是一个比。这个比的前项是原来两个前项相乘的积,它的后项是原来两个后项相乘的积。用数字表示出来就是:

$$\left.\begin{array}{l}15:20\\10:8\end{array}\right\}=(15\times10):(20\times8)$$

不过这里有一个问题。括号里边,一个是人数,一个是天数,它俩乘起来,表示的是什么呢? 我们在这里,已经把一个人一天的食量当作一个消耗的单位,这好比把一个人一天的工作叫作一个"工",是同样的道理。因此,这是表示两个消耗量的比。消耗量越大,吃的米越多,它们成正比例。所以就得到上面的比例式了。

像这样把许多比搬到一块儿,表示一个新的比,叫作复比。原来的那些比叫作单比。一个比例式只包含单比的,无论是正比例式或反比例式,统统都是单比例式。如果含有一个复比,就是复比例式。

一个复比例式怎样计算呢? 只要知道复比的意义,那就很简单,和单比例式的算法完全一样:

$$\left.\begin{array}{l}15天:20\\10人:8\end{array}\right\}=150斤:?$$

$$(15 \times 10) : (20 \times 8) = 150 : ?$$

$$? = \frac{150 \times 20 \times 8}{15 \times 10} = 160 \text{（斤）}$$

这个答数对不对呢? 对。因为十个人十五天吃一百五十斤米, 还是平均一个人一天吃一斤。所以八个人二十天应当吃:

$$1 \times 8 \times 20 = 160 \text{（斤）}$$

这是一点也不错的。

再举一个例: 大伙儿一块做一项工程, 如果十个人, 每天做十小时, 需要做二十四天; 那么三十个人, 每天做八小时, 需要做几天呢?

假设人数一定, 每天工作的时间增长, 工作的天数就要缩短, 它们成反比例。假设每天工作的时间一定, 如果人数增加, 工作的天数也要缩短, 还是成反比例。把它们连起来, 就列出一个复比例式来:

$$\left. \begin{array}{l} 30\text{人} : 10 \\ 8\text{时} : 10\text{时} \end{array} \right\} = 24\text{天} : ?$$

$$(30 \times 8) : (10 \times 10) = 24 : ?$$

$$? = \frac{24 \times 10 \times 10}{30 \times 8} = 10 \text{（天）}$$

对不对呢? 十个人, 每天做十小时, 需要24天; 一个人, 每天做十小时, 需要做24×10天; 一个人, 每天做一小时，需要做 $24 \times 10 \times 10$ 天。三十个人，每天做一小时，需要做 $\dfrac{24 \times 10 \times 10}{30}$ 天；三十个人，每天做八小时，需要做 $\dfrac{(24 \times 10 \times 10)}{30 \times 8}$ 天，结果完全一样。

第一个例，两个都是成正比例。第二个例，两个都是成反比例。是不是必须合乎这样的条件才能够按复比例来计算呢？那倒不必！无论是几个条件，是正比例还是反比例，都可以用这样的算法。复比例所讨论的是"联变"，这里边的变化不止两个，而且也可能同时包括同变和异变。

第三个例，假如十二个人制造四个机器零件，需要七天；问八个人制造十六个零件，需要多少天？

制造一定的零件，人多了，天数少。这是成反比例。做工的人数一定的话，零件多了，天数也要多。这是成正比例。所以列成的复比例式是：

$$\left.\begin{array}{l} \overset{\text{（反比）}}{8\text{人}:12\text{人}} \\ 4\text{件}:16\text{件} \\ \underset{\text{（正比）}}{} \end{array}\right\} = 7\text{天}:?\text{天}$$

$$? = \frac{12 \times 16 \times 7}{8 \times 4} = 42 \text{（天）}$$

从这些例题里，使我们注意到演算的步骤：

第一，对于一个复比例的算题，先假定其余的条件都不变，然后再考虑剩下的一个，应该是成正比例呢，还是成反比例？成正比例的时候，用正比；成反比例的时候，用反比。

第二，把这些条件考虑一个写一个，有多少写多少。然后再把这些单比合成复比。这时候，根本用不着再考虑这个复比所表示的意义是什么。

第三，复比例式的算法也和单比例式一样。先把复比例式中所有的内项乘起来，再把其余的外项乘起来，最后用外项的积（不包括"？"）去除内项的积。这些步骤可以并到一块儿算，也用不着先求出复比来，然后再列比例式。这样做比较简便。

所有用比例计算的题，当然都可以用四则或是分数来做。但是比例算法单独另是一套。它的格式是一定的。只要填好了，就好像使用一部计算机，一乘一除，马上就把答案得出来了。

五　算一算

——比例的种种应用

用比例去解答算题,首先要弄清楚题目里的意思,然后再分析题目里的条件。譬如:

(1)物品的数量一定的时候,物品的单价越大,物品的总价越多。所以物品的单价和总价成正比例。

(2)物品的总价一定的时候,物品越多,物品的单价越小。所以物品的数量和物品的单价成反比例。

(3)物品的单价一定的时候,物品越多,总价就越高。所以物品的数量和物品的总价又是成正比例。

(4)粮食一定的话,人数越多,吃的越快。所以人数和吃的时间成反比例。

(5)时间一定的话,人数越多,吃的越多。所以人数和粮食数成正比例。

(6)人数一定的话,粮食越多,吃的时间越长。所以粮食数和吃的时间也成正比例。

（7）一定的工作，人越多，完成的时间越短。所以人数和时间成反比例。

（8）一定的时间，人越多，干的活越多。所以人数和工作成正比例。

（9）一定的人数，时间越长，工作越多。所以时间和工作也成正比例。具体的了解了这些情况，可以帮助我们分析问题。

但是比和比例的应用，实在还不仅只是这些，而且比例另外的一个好处，就是可以不必找单价，不必找基本的兑换率。这比用四则计算省事得多。

例如，关于度量衡的换算。知道了一米等于三市尺固然可以换算；即便不知道，也没有妨碍。根据五米折合十五市尺，我们就可以直接算出，十八米等于五十四市尺。因为：

$$5 : 18 = 15 : ?$$

$$? = \frac{18 \times 15}{5} = 54 \ （市尺）$$

在不知道换算率的时候，用比例折合，最直接，最省事，而且最不费心思。

又如关于温度表的换算。正常人的体温37℃，折合成华氏表是多少？我们知道摄氏表从冰点到沸点是100℃，华氏表从冰点到沸点是180℉，所以摄氏表37℃合华氏表：

$$100 : 37 = 180 : ?$$

$$? = \frac{37 \times 180}{100} = 66.6 \, ℉ \ 〔从华氏表的冰点起计〕$$

但是华氏表的冰点是32℉, 所以实际上应当是华氏表98.6℉, 即

$$66.6 + 32 = 98.6 \, ℉ \ 〔华氏表〕$$

还有, 百分数的题目也可以利用比例来计算。譬如某牧场每头乳牛一年的产乳量是全牧场一年产乳量的5%。如果每头乳牛一年的产乳量是7300磅, 问全牧场一年的产乳量是多少?

$$5 : 100 = 7300 : ?, ? = \frac{100 \times 7300}{5} = 146,000 \ （磅），答数是$$
全年全牧场产乳146, 000磅。

利息的题目当然也可以这样算。例如定期一年的储蓄月利率是四厘八。问四十五元一个月的利息是多少? 一年的利息是多少?

$$100 : 0.48 = 45 : ?$$

$$? = \frac{0.48 \times 45}{100} = 0.216 \ （元）$$

$$0.216 \times 12 = 2.592 \ （元）$$

一个月得利两角一分六, 一年得利二元五角九分二。

此外, 在物理和化学里, 比和比例的应用还有很多。说实话, 度量衡就是比的一种应用。为什么叫三尺呢? 因为

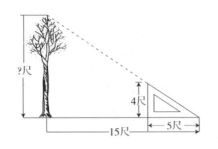

它和一个单位长度（尺）的比是3。怎°F叫五升呢？因为它和一个单位容量（升）的比是5。

为什么叫十斤呢？因为它和一个单位重量（斤）的比是10。所有关于度量衡的规定都是比的应用。随便翻开一本物理或是化学，就会看到比重、比热、摩擦系数、机械效率、相对湿度、光的折射率……这些都是比的应用。至于比例的应用那就更多了。

譬如在测量的时候，根据上面那样的图形，就可以测到高。因为距离和高度是成正比例的。

$$5尺:15尺=4尺:?尺$$
$$? = \frac{15 \times 4}{5} = 12 \ （尺）$$

树高一丈二尺。

如果没有三角板，我们有个曲尺也可以测量。曲尺也叫拐尺，一横一竖，两个连在一起，成90°的角。这种尺子在中国古时候叫作"矩"，一直到现在做木工的还需要它。把这种拐尺头朝上，可以测高；头朝下可以测深；平放着可以测远。这是我们中国古代就知道的事实，曾经写在一本最古的算书里。这本书叫作《周髀算经》。

利用杠杆的时候，两个力量和力臂成反比例。

譬如根据左边这个图形：

15尺∶5尺＝120斤∶？斤

$$? = \frac{5 \times 120}{15} = 40 \ (斤)$$

抬起一百二十斤的重量，只要用四十斤的力量。

用秤也是这个道理，秤鼻是支点，秤钩是重点，秤锤是力点。秤锤的重量是固定的，比方说三斤；秤钩到秤，鼻的距离也是固定的，比方说二寸。如果要称一个重量十二斤，那么秤锤到秤鼻的距离就应当是八寸。

3斤∶12斤＝2寸∶？寸　　$? = \dfrac{24}{3} = 8 \ (寸)$

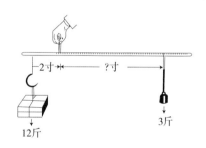

称轻东西，秤锤往里推；称重东西，秤锤就得往外拉。

考究物体的重量用比例，研究气体的体积也要用比。因为温度一定的时候，气体的体积和压力成反比例。假设有一种气体，在相同气压下，体积是二十四公升，问三个气压的时候体积是多少?

$$3:1=24:?, \quad ?=\frac{24}{3}=8 \text{（公升）}$$

分解水的时候, 得到氢气和氧气, 它们质量的比是 1:8。现在分解十八磅的水, 问可以得到多少氢气和多少氧气? 这又是正比例了。

$$(1+8):1=18:?, \quad ?=\frac{18}{9}=2 \text{（磅）}〔氢气〕$$

$$(1+8):8=18:?, \quad ?=\frac{8\times18}{9}=16 \text{（磅）}〔氧气〕$$

又如, 一个物体在做匀速运动的时候, 用时间去除距离得到速度, 反过来说, 用速度去除距离得到时间。

距离÷时间=速度　距离÷速度=时间

假如有一个人, 从这庄到那庄, 要走六个钟头。假设路程减少了四分之一, 速度增加了一倍, 那么他需要走几个钟头呢?

我们知道, 速度一定的时候, 路程和时间成正比例; 路程一定的时候, 速度和时间成反比例。因此这是一个复比例的算题。把原来的路程作为1, 我们的算式是:

$$\left.\begin{array}{l}1:1-\frac{1}{4}\\2:1\end{array}\right\}=6:? \quad \left.\begin{array}{l}1:\frac{3}{4}\\2:1\end{array}\right\}=6:?$$

$$\left.\begin{array}{l}4:3\\2:1\end{array}\right\}=6:? \quad ?=\frac{3\times1\times6}{4\times2}=\frac{9}{4}=2\frac{1}{4} \text{（小时）}$$

原来要走六个钟头，现在只需要两小时十五分钟。

像这一类的题目更是多得很：譬如把一个力量用在一个物体上，让它移动一段距离，这个工作的效果叫作"功"。用力的大小决定了功的多少；移动距离的远近，也决定了功的多少。两个一起变的时候，这又是一个复比例的算题。

还有，当电流通过电线的时候，电线的长短和粗细都会给电流造成阻力，叫作"电阻"。线越长，电阻越大，电流越小；线越粗，电阻越小，电流越大。这和水管子里的水流一样，管子越长，水流越慢；管子越粗，水流越快。这些因素同时变化的时候，也是复比例的算题。在理化方面，这一类算题是很多很多的。

六 试一试

——比例的相互关系

上面讲过复比例的算题。只要知道复比的意义，在计算的方法上，跟单比例是一致的。因此我们可以说，问题已经解决了。

但是，如果就道理上讲，这里面还有一个缺陷。我们曾经说：把那些单比做成复比的时候，根本用不着考虑这个复比所表示的意义是什么。按照这样讲法，多少会要使人觉得有点模糊。现在，让我们把前面讲过的问题重新考虑一下。

第一个例：十个人，十五天吃了一百五十斤米；问八个人，二十天要吃多少米？

天数的比是15∶20，人数的比是10∶8，把这两个比做成复比，即(15×10)∶(20×8)，我们曾经解释过，这是两个消耗量的比。因此：

$$(15 \times 10) : (20 \times 8) = 150 : ?$$

$$? = 160 \,(斤)$$

第二个例：一项工程，如果十个人，每天做十小时，需要做二十四天；那么三十个人，每天做八小时，需要做几天呢？

一个人每天做十小时，十个人每天一共做一百小时。一个人每天做八小时，三十个人每天一共做二百四十小时。每天工作的时间和完成工作的天数成反比例，所以：

$$(30 \times 8) : (10 \times 10) = 24 : ?$$

$$? = 10 \,(天)$$

这也好解释。但是——

第三个例：假如十二个人制造四个机器零件，需要七天；问八个人制造十六个零件，需要多少天？

$$(8 \times 4) : (12 \times 16) = 7 : ?$$

$$? = 42 \,(天)$$

八是第二次的人数，四是第一次的件数；十二是第一次的人数，十六是第二次的件数，把它们分别乘起来，表示的是什么意义呢？这就不好说了。

当然啦，我们可以这样想：十二个人制造四个机器零件，平均每人制造三分之一个机器零件；八个人制造十六个机器零件，平均每人制造两个机器零件。原来的题目变成：

每人制造三分之一个机器零件，需要七天；问每人制造两个机器零件，需要几天？

算式也就跟着变了：

$$\frac{1}{3} : 2 = 7 : ? \qquad ? = 2 \times 7 \times 3 = 42（天）$$

但是，这只能验证原来的答案没有错误，并不能解释原来的算式是什么意义。实际上，我们也很难把每一个复比例的算式都这样去推算，所以还得另外想办法。

单比例比较简单，复比例比较复杂，都是研究数量和数量的变化关系；但是单比例的算题仅只有两种数量，复比例的算题却有更多的数量。

还是先看第一个例。这里面有三种数量，把它们排列一下：

人数　　天数　　米数

10人——15天——150斤

8人——20天——?斤

人数不一样，天数不一样，当然吃的米数也不一样。如果人数一样，或者天数一样，这个算题就变成单比例了。

好，让我们这样试一试。假定天数没有变：

10人——15天——150斤

8人——15天——?斤

像这样的题目能不能算呢？能。因为天数一定，人数跟米数成正比例，所以：

$$10人：8人＝150斤：?斤$$

$$? = \frac{8 \times 150}{10} = 120 （斤）$$

但是，这并不是原来要求的答数。我们再和题目里给的条件对照一下：

$$8人——15天——120斤$$

$$8人——20天——?斤$$

这样一来，倒是找出办法来了。因为人数一定，天数跟米数成正比例，所以：

$$15天：20天＝120斤：?斤$$

$$? = \frac{120 \times 20}{15} = 160 （斤）$$

跟上面的结果完全一样。

再看第二个例。这三种数量也把它们排列一下：

$$人数 \quad 时数 \quad 天数$$

$$10人——10小时——24天$$

$$30人——8小时——?$$

时数不变的话，人数跟天数成反比例：

$$10人——10小时——24天$$

$$30人——10小时——? 天$$

$$30人：10人＝24天：? 天$$

$$? = \frac{10 \times 24}{30} = 8 \ (\text{天})$$

然后,人数不变的话,时数跟天数也成反比例:

$$30人\text{——}10小时\text{——}8天,$$

$$30人\text{——}8小时\text{——}? \ 天。$$

$$8小时:10小时=8天:? \ 天,$$

$$? = \frac{8 \times 10}{8} = 10 \ (\text{天})$$

结果一点也不错。

这样我们就看出一个事实,凡是复比例的算题都可以用单比例的算法去解决。两个条件同时变的时候,我们先变一个条件,再变另一个条件。至于先变哪个,后变哪个,那倒没有什么关系。现在让我们再试一试。

譬如第三个例。把它们排列一下:

$$人数 \quad 件数 \quad 天数$$

$$12人\text{——}4件\text{——}7天$$

$$8人\text{——}16件\text{——}?$$

天数先变人数,后变件数:

$$8人\text{——}4件\text{——}\frac{12 \times 7}{8} 天 \ (\text{因为}8人:12人=7天:? \ 天)$$

$$8人\text{——}16件\text{——}? \ 天$$

$$4件:16件=\frac{12 \times 7}{8} 天:? \ 天$$

$$? = \frac{12 \times 7 \times 16}{8 \times 4} = 42 \text{（天）}$$

先变件数，后变人数：

$$12人——16件——\frac{16 \times 7}{4} \text{天}$$

（因为4件：16件＝7天：？天）

$$8人——16件——? \text{天}$$

$$8人：12人＝\frac{16 \times 7}{4} \text{天}：? \text{天}$$

$$? = \frac{16 \times 7 \times 12}{4 \times 8} = 42 \text{（天）}$$

步骤虽然不同，结果完全一样。

　　不但三个量的复比例可以这样算，而且多个量的复比例都可以这样算。比方说：

　　四个人，每天工作七小时，五天耕地四十五亩；问七个人，每天工作六小时，多少天可以耕地五十四亩？

$$\text{人数　时数　　亩数　　天数}$$

$$4人——7小时——45亩——5天$$

$$7人——7小时——45亩——\frac{4 \times 5}{7} \text{天}$$

（因为7人：4人＝5天：？天）

$$7人——6小时——45亩——\frac{4 \times 5 \times 7}{7 \times 6} \text{天}$$

（因为6小时：7小时＝$\frac{4 \times 5}{7}$天：？天）

$$7人——6小时——54亩——? \text{天}$$

$$45亩 : 54亩 = \frac{4 \times 5 \times 7}{7 \times 6} 天 : ? 天$$

$$? = \frac{4 \times 5 \times 7 \times 54}{7 \times 6 \times 45} = 4（天）$$

这样一来，不但任何复比例的算题都可以用单比例去解决，而且还可以看出来单比例跟复比例的相互关系。复比例的算法是从单比例的算法发展出来的。现在有了两种复比例的算法，一种计算简单，一种推理清楚，互相对照，各有各的好处。

七　想一想

——比例算法的评价

我们已经讲过了比的意义和性质，以及什么叫正比，什么叫反比，什么叫复比，还有正比例式、反比例式和复比例式的计算方法和应用。但是关于比和比例的问题，此外还有很多，现在暂且告一段落。

虽然上面说到的仅只是一个基本的初步理论，可是对于我们的帮助已经不少了。我们应当把几个基本的要点再指明一下。

第一，比例的基本观点是讨论数量的变化，这是研究变量的出发点。我们已经说过，世界的一切都是变的，都是动的，根本没有绝对不变和绝对静止的事物。这是一个最重要，且最基本的认识。

第二，世界的一切，不但是永远地变动着，而且还彼此牵扯着，联系着。这个一变，那个就要跟着变。人多了，吃的多; 人少了, 吃的少。人多了, 做的活多; 人少了, 做的活少。同时, 人多了工作得快, 人少了工作得慢。这不都是很明显的事实吗?

因此, 我们不管在什么时候, 都不应当孤立地看问题。如果这样做的话, 那就容易发生偏见。譬如 "比", 就是把两个数量或是许多数量, 同时比照着看, 而不是单独地看。

第三, 变动有同变, 有异变, 而且还有联变。联变同时包括了同变和异变。比也是这样: 有正比, 有反比, 还有包括正比和反比的复比。比例也是这样: 有正比例, 有反比例, 还有包括正比例和反比例的复比例。

这又说明了些什么呢? 这是说: 一切事物的内部都是同时包括正面和反面。它们一方面彼此结合, 属于一体; 另一方面却又彼此相反, 互相抵触。这也是一个最重要的基本认识。正因为这样, 所以我们看问题的时候, 必须要加以分析。譬如一个人, 可能有他的长处, 同时又有他的短处。一个理论, 一种方法, 也可能有它的优点, 同时又有它的缺点。只有这样去了解一切事物, 才是真正的认识和正确的认识。

第四, 就拿比例算法来说, 也是有它的优点, 同时又有它的缺点。现在让我们做一个简单的分析。

比例算法的好处是什么呢？前面已经一再说过，这种算法比较简单，比较固定，用处多，费心思少。但是还没有说到它更大的好处。

比例算法，从思想上说，最大的好处就是训练我们，在判断一件事情的时候，是要先讲明条件的。譬如：只有人数一定的时候，存的粮多才能吃的时间长，存的粮少吃的时间就会短。假如人数今天多了，明天少了，那就没有定准。又如，只有工作一定的时候，人多了才会用的时间短，人少了就要用的时间长。假如工作不一定，那么时间的长短也就不一定了。

我们判断任何事情，都需要这样去分析。我们必须把它的范围和条件交代清楚，绝对不能马马虎虎。只有这样，才是真正实事求是的科学态度。

以上这些话，一方面说明了比例算法的优点，另一方面，也恰好同时暴露了它的缺点。

这句话怎么讲呢？譬如刚才说过的，人吃粮食，或是做工作，实在说起来，我们讲明的条件还不够。所谓"人数一定"，这只是一个明显的条件；此外还有一个隐蔽的条件并没有说出来。让我们想一想，人数一定的时候，吃的粮食就一定跟吃的时间成正比例吗？实际上还是没有准儿。

为什么呢？我们应当再加上一个条件，必须每一个人的食量都是一般大。不然的话，十个大人吃五天的粮食，换上五个大人和五个小孩，那就不止吃五天了。所以在比例算法里，我们只讲在某一种场合，每一个人吃多少就一定吃多少，不许多吃，也不许少吃。

人吃粮食是这样，人做工作也是这样。每一个人的工作能力未必一样；可是在比例算法里，我们把它当作完全一样，谁也不能多做，谁也不能少做。其实这些想法，就是不讲明，大家也不会觉得有问题。然而，这实在是一个条件，而且是比例算法的一个重要的先决条件。

说到这里，我们就可以看出这种算法的缺点了。从算理上说，判断是没有错的；然而在事实上有时候却不一定完全符合。而且，我们还应该知道：世界上的一切，还在进行着由量到质的不断变化。

解放以前，工人受资本家的压迫和剥削，情绪不好，工作效率不高，生产的产品质量也不高。新中国成立以后，工人阶级翻身当了主人，树立起新的劳动态度，发挥出新的劳动热情，掀起挑战、应战、生产立功、生产竞赛的高潮，在大批积极分子、劳动英雄的带头和影响，就能够完成甚至于超额完成生产任务。无论是工作效率或是生产的产品的数量和质量，就和以前的情况完全不一样了。

这就是因为，一切事物发展的规律，都是从数量的变化引起事物本身的变化。而且这个变化绝不是一直慢慢地变，它会从渐变发展到突变。懂得这个道理，我们的认识又提高了一步。

　　总结我们对于比例算法的了解是：一，凡是能够完全适用机械推理的（譬如度量衡的换算和物资的交换），这种算法是绝对正确的。二，凡是不能完全适用机械推理的（譬如关于粮食的预算和对于工作的要求），就估计上说，这种算法也是有用的；然而在事实上却不一定完全符合。这时候，我们就不能无条件地应用，无条件地加以信任。因为个别的情况需要个别的处理，不同的问题要有不同的解决方式。划清楚这个范围，我们对于比例算法，既不是把它捧到天上，也不是把它摔在地下。这才是一个公允的评价。

八 换一换

——连锁比例的算法

上面已经把比例算法的基本内容说过了。现在打算再谈一谈这种算法的其他方面。

我们已经知道，世界上一切事物都是永远地变动着，根本没有静止下来不动不变的。所谓永远地变动，结果总是永远地往前发展，进步。算法和算理，也是这种情形。

我们的算理是越来越精密，越来越细致，而且越来越丰富。我们的算法却是越来越简单，越来越方便，越来越广泛，越来越能解决问题。现在让我们看一看下面这个事实吧。

在算术里，有时候会遇到一些关于换算的题目。比方说：

6斤小米可以换5斤麦子，6斤麦子可以换5.5斤面粉。问40斤小米可以换多少斤面粉？像这样的题目应该怎样计算呢?

当然我们可以用四则算:

6斤小米换5斤麦子, 1斤小米换 $\frac{5}{6}$ 斤麦子; 6斤麦子换5.5斤面粉, 1斤麦子换 $\frac{11}{12}$ 斤面粉; 所以1斤小米可以换:

$$\frac{5}{6} \times \frac{11}{12} = \frac{55}{72} \text{斤面粉}$$

因而40斤小米可以换:

$$40 \times \frac{5}{6} \times \frac{11}{12} = 40 \times \frac{55}{72} \approx 30.56 \text{斤面粉}$$

但是也可以用比例算。

第一步, 6斤小米换5斤麦子; 那么40斤小米可以换多少斤麦子呢?

$$6 : 40 = 5 : ?$$

$$? = \frac{40 \times 5}{6} = \frac{100}{3} \text{ (斤)}$$

第二步, 六斤麦子换5.5斤面粉; 那么 $\frac{100}{3}$ 斤麦子可以换多少斤面粉呢?

$$6 : \frac{100}{3} = 5.5 : ?$$

$$? = \frac{275}{9} \approx 30.56 \text{ (斤)}$$

用比例计算更清楚。不过这个算法也不好, 有点琐碎,我们应当想办法使算法变得更简单些。假如把上面这两步合并在一块，就可以得到"一个"算式：

$$? = \frac{40 \times 5 \times 5.5}{6 \times 6} \approx 30.56（斤）$$

而且还能够想出一个更好的办法。

我们先把这些物品的数量关系列成下面这种格式：

7 斤面粉————40 斤小米　　　5.5 斤面粉————6 斤麦子

6 斤小米————5 斤麦子　或　5 斤麦子————6 斤小米

6 斤麦子————5.5 斤面粉　　40 斤小米————? 斤面粉

无论哪一个格式，总是横着成排，每排成对；用横线连起来，表明的是交换的数量关系。同时斜着成趟，每一趟也是成对；用斜线连起来，指明是同一种类的物品。例如米连米，麦连麦，只有面粉是例外。但是从左到右，从上到下，恰好一个在开头，一个在末尾，这也好记。而且左右两行，两行的数量一般多。"?"也是一个数，不过现在还没有求出来。

然后再和上边那个算式对照一下，马上就可以看出来：把不带"?"的那一行，所有的数字乘起来，是分子；把带"?"的那一行，除去"?"以外也都乘起来，这就是分母。结果用分母去除分子，一除就把答案找出来了。这种写法比上面那个好得多了!

　　而且这种算法的格式也不一定那么死板。只要记住,用横线连的是交换的数量关系,用斜线连的是同一种类的物品。至于先从哪一个开始,那倒是可以随便的。因此刚才那个算题可以有六种不同的格式:

　　算法都是一样的,答案当然也一样。这就更方便了!

　　像这一类的题目,都是讲拿东西换东西,叫作"物物交换。"这是人类在上古时候的一种经济行为。这种交换的方式是:

物品 ↔ 物品

现在的情形不同了。现在的办法一般是，先拿着东西换成钱，再拿钱换另外的东西。这种交换的方式是：

物品 ↔ 货币 ↔ 物品

这两种交换方式的目的都一样，为了生活的需要，拿着东西换一换，彼此解决问题。仅只是方式变了，从直接的交换变成间接的交换。

资本主义的商业经营，恰好就是利用了这一个间接的交换。他们拿着钱先买成货物，然后再卖出去货物换回更多的钱。他们经营的方式是：

货币 ↔ 物品 ↔ 货币

这里面自然是很容易带有剥削性质的。

这一章之所以叫"连锁比例"，就是因为它是把许多单比例式合并在一块儿的一种算法。

九　分一分

——配分比例的算法

我们曾经说过，不但两个数量可以比，无论多少数量都可以一块儿比。三个以上的数量一块儿比的时候，叫作连比。譬如我工作了三小时，你工作了六小时，他工作了九小时，那么这三个时间的连比就是：

$$3:6:9 \ 或 \ 1:2:3 \ 或 \ 2:4:6$$

连比既然也是一个比，所以它也具有比的性质。无论用同一数去乘，或是用同一数去除，结果还是表示的同一个连比。

不过有时候，不见得一下子就会知道。我们应该先懂得连比的求法。譬如我和你，咱俩工作时间的比是三比四；你和他，你俩工作时间的比是五比六。那么咱们三个，我、你、他，工作时间的连比应该怎样去表示呢？

我们可以按照下面的办法处理：

我工作　你工作　他工作

的时间　的时间　的时间

$$3:4$$
$$5:6$$
$$\overline{(3\times5):(4\times5):(4\times6)}$$

用5去乘第一个比，变成15：20；用4去乘第二个比，变成20：24。结果三个时间的连比就变成15：20：24了。按照这种办法，继续地做下去，只要知道每一对数量的比，我们就能够把它们的连比求出来。

求出了连比以后，用处很多。

现在假设我的评分是七十，你的评分是八十，他的评分是九十。咱们三个分奖金，一共一百二十元。那么应该怎样分法呢？

这三个分数的连比是7：8：9；把它们加起来，7+8+9＝24。我应该得二十四分之七，你应该得二十四分之八，他应该得二十四分之九。如果用比例计算，那就是；

$$24:7=120:?$$

$$?=\frac{7\times120}{24}=35（元）（我分的）$$

$$24:8=120:?$$

$$?=\frac{8\times120}{24}=40（元）（你分的）$$

$$24:9=120:?\quad ?=\frac{9\times120}{24}=45（元）（他分的）$$

这样分最公平,也最合理。

现在再举一个比较复杂的例子。比方说,我们三家先后都搬到宿舍里去。我家六口人,你家四口人,他家八口人。算到月底,我家住了三十天,你家住了二十五天,他家住了十天。总共要付自来水费七元二角,三家分摊,问每家应该各付多少?

按理讲,合伙用水,人口多的应该多付,人口少的应该少付;同时,使用天数多的应该付的多,使用天数少的应该付的少。现在人口不一样,天数也不一样;

人口的连比是 $\qquad$ $6:4:8=3:2:4$

天数的连比是 $\qquad$ $30:25:10=6:5:2$

把这两个连比合成一个复比

$$\left.\begin{array}{c}3:2:4\\6:5:2\end{array}\right\}=18:10:8=9:5:4$$

咱们三家应该按照这个连比来分摊。

为什么呢?因为拿一个人一天的使用量作为计算的单位,我家六口人,用了三十天,合 $6\times30=180$ 个单位;你家四口人,用了二十五天,合 $4\times25=100$ 个单位;他家八口人,用了十天,合 $8\times10=80$ 个单位。总共三百六十个单位。咱们三家按照这个标准计算,分配的连比是 $180:100:80=9:5:4$。这不就和刚才得到的完全一样吗?因此:

$$9+5+4=18$$

$$18:9=7.2:?$$

$$?=\frac{9\times7.2}{18}=3.6 \text{（元）〔我家负担〕}$$

$$18:5=7.2:?$$

$$?=\frac{5\times7.2}{18}=2 \text{（元）〔你家负担〕}$$

$$18:4=7.2:?$$

$$?=\frac{4\times7.2}{18}=1.6 \text{（元）〔他家负担〕}$$

不但生活上需要这种算法，有时候工业里的制造也需要这种算法。比方有两种火药，成分都是硝石、木炭和硫黄。但是混合的比并不一样：

第一种是　　硝石:木炭:硫黄=25:2:3

第二种是　　硝石:木炭:硫黄=35:8:7

现在第一种有九百斤，第二种有一千斤。如果混合起来，它们的成分应当怎样表示呢？

按照上面同样的算法，分析的结果是：

所含成分　　　　物品数量	硝　石	木　炭	硫　黄
第一种火药900斤	750斤	60斤	90斤

第二种火药1000斤	700斤	160斤	140斤
混合以后共1900斤	1450斤	220斤	230斤

所以各种成分的连比应该是145∶22∶23。

这一章讲的叫作"配分比例"，也是属于比例算法的一种应用。

十　匀一匀

——混合平均的算法

匀就是平均的意思。要想求得平均数,需要用除法。这个大家都晓得。但是事情并不这样简单。

譬如面粉,富强粉每斤二角五分,标准粉每斤一角八分五。假设每种十斤的话:

$$(0.25×10+0.185×10)÷20=0.2175(元)$$

平均每斤二角一分七厘五。如果富强粉三十斤,标准粉二十斤,一共五十斤。那么,算法就比较复杂了,每斤的平均价就要变高了。

$$(0.25×30+0.185×20)÷50=0.224(元)$$

平均每斤二角二分四厘。如果富强粉二十斤,标准粉三十斤,虽然还是五十斤,然而每斤的平均价却又变低了。

$$(0.25×20+0.185×30)÷50=0.211(元)$$

平均每斤二角一分一厘。

这叫作"混合的平均价格"。原来的价格虽然只有两种，可是因为混合的数量不相等，所以混合以后对于价格所发生的影响也就不同了。数量多的当然影响大，数量少的自然影响小。

面粉是这样，米也是这样。大米四十斤，每斤两角零五厘，南米六十斤，每斤一角六分五。它们的混合平均价是

$$（0.205×40+0.165×60）÷100＝0.181（元）$$

如果大米六十斤，南米四十斤，它们的混合平均价就变成：

$$（0.205×60+0.165×40）÷100＝0.189（元）$$

不但米、面是这样，所有混合起来的东西，它们的混合平均价都应该采取这样的算法。

再说，平均数的用处不外表示一般的情况。在调查物价的时候，每一种物品当地的价格有好几档，每一档价格成交的次数各不相同；为了能够表示出一般的情况，我们就要采用成交次数最多的一档，叫作"众数"。但是同一种物品，即便是一天之内，在不同的地区还可能有不同的价格。如果要求这许多地方的平均价格，我们就不能不考虑到各地集散的不同，供求的不同，因而发生的交易数量多少的不同，和这些市价对于平均价格影响大小的不同。要想能够代表这些地区的一般情况，我们需要斟酌情形，在比重上加以适当的调整。每一个价格给它一个适当的百分数，这

个百分数就相当于上面所说的各种面粉的斤数，这样求出来的，叫作加权平均数。

比方1950年发行的人民胜利折实公债，按照条例规定，每一个单位"分"包括了四种物价的总值——大米（天津为小米）六市斤，面粉一市斤半，白细布四市尺，煤炭十六市斤。这些实物的价格以上海、天津、汉口、广州、西安、重庆六大城市为标准，应用加权平均计算法。权重的分配，上海是45%，天津是20%，汉口是10%，广州是10%，西安是5%，重庆是10%。这就是一个很好的实例。

平均价格的算法虽然没有直接用比或是比例，但是这里面已经包含着数量多少的比较以及不同数量对于平均价格的影响。

而且，从这里会引出许多新的问题。譬如说：

一、如果已经知道平均价格了，那么那些原价不同的成分应该怎样分配呢？

二、如果总量知道了，那么每一部分究竟需要多少呢？

三、如果有一部分数量已经知道了，那么其余的部分又需要多少呢？

这就马上牵扯到比和比例了。这都是属于"混合比例算法"的问题。

　　混合比例算法，在化学生产上有时要用到（搭配材料的时候）。另外，在我们的生活中，有时候也要用到。为了牵扯的范围不太广，下面只讲一些生活上的例子，借以说明这种算法。

十一　搀一搀

——求混合比的算法

　　我们知道，每一种算法都有它的还原算法。加法的还原算法是减法，乘法的还原算法是除法。同样的，求混合平均价的算法也有它的还原算法，这就是"混合比例的算法"。

　　混合比例的算法不止一种。

　　我们先说第一种。假设现在有两种油，成色不一样，当然价格也不一样。比方花生油每百斤八十五元，棉籽油每百斤七十四元。我们为了节约，现在把这两种油搀到一块儿用，合平均价每百斤七十八元，你说这是怎么回事儿？

　　事情很明显，这两种油的分量绝对不会一样。假若一样的话，每一种各占一半，一种是八十五元，一种是七十四元，平均价应该是七十九元五角。现在说合平均价七十八元，当然是不符合了。我们猜一下，一定是贵的搀得少，便宜的摅得多。

怎样计算呢?

先画一个表:

平均价	原　价	损　益	混合比

然后再填表。平均价这一栏里自然是要填平均价七十八元了。原价有两种,贵的八十五元,占一行;贱的七十四元,另占一行。下面损益这一栏填什么呢? 填每一种原价和平均价的差数。"损"是少算的意思,如果贵的按照平均价算,每百斤就少了七元。"益"是多算的意思,如果贱的按照平均价算,每百斤就多了四元。所以在第一行写损七元,第二行写益四元。如果要写损益嫌麻烦,那么也可以借用加减号。一个数字的前边添个加号,可以表示益;前边添个减号,可以表示损。

现在只剩下最后这一栏, 这正是我们需要找到的结果。这一步更容易, 把前面那一栏的数字上下颠倒一下, 填进去就算完了。

最后的结果是下面这种样子;

平均价	原 价	损 益	混合比
78元	85元	-7元	4
	74元	+4元	7

最后这一栏既然是一个比,要是能化简当然可以把化简的结果写在旁边了。

你看,果然是贵的少,便宜的多。

为什么这样一颠倒就一定是混合比呢? 理由很明显:

花生油每百斤损七元,四百斤损 $7×4＝28$（元）,棉籽油每百斤益四元,七百斤益 $4×7＝28$（元）,损多少益多少,刚好两抵,完全符合要求。这是乘法的一个性质,叫作"交换律"。乘数和被乘数交换了,乘积并不改变。

假设用三种油——对了,这是一个新问题。因为别的都好说,但是混合比应当怎样求法呢? 谁跟谁颠倒啊?

我们可以拿一个例题做样子:假设一级菜籽油每百斤84元,二级菜籽油每百斤81元,棉籽油每百斤74元;混合平均价是每百斤78元。试求这三种油的混合比。

还是先照样画表,然后再照样填表。

最后这一栏是怎样得出来的呢? 首先我们要注意到这件事实,就是混合比恰好就是"损益两数之比"的反比。

最后的结果是:

平均价	原价	损益	混 合 比			
	一级菜籽油84元	-6元	2		2	1
78元	二级菜籽油81元	-3元		4	4	2
	棉籽油74元	+4元	3	3	6	3

一级菜籽油和棉籽油的损益数颠倒一下, 得到2:3; 二级菜籽油和棉籽油的损益数再颠倒一下, 得到4:3。因为一级菜籽油两份, 棉籽油三份, 损益刚好抵消。二级菜籽油四份, 棉籽油三份, 损益也刚好抵消。所以这三种油的混合比应该是2:4:6=1:2:3。这和两种油混合的时候完全一样, 只不过多了一个相加步骤。

究竟对不对呢? 只要看看损益一栏: 一级菜籽油每百斤损六元, 二级菜籽油每百斤损三元, 二百斤损六元, 共合十二元。棉籽油每百斤益四元, 三百斤益十二元。也恰好是十二元! 一方面损多少, 一方面益多少。两数相等, 当然没有错。

因此, 求混合比的算法非常简单。这只是一个填表的工作!

十二 评一评

——配分量的算法——

　　混合比例的算法应用很多,但是混合比求出来了,事实上问题还没有完全解决。我们找到混合比,这只是做了一个分析的工作。在实际的应用上,往往还需要确定各个部分的分配数量。因为比不过是一个抽象的比较,配分量才是具体的数字。

　　所以紧接着我们要谈一谈:如果总量知道了,怎样去评定每一部分的具体数量呢? 这也好办。这不过是先求出混合比来,然后再加上一个配分比例。这恰好把上面所讲到的都联系起来了。

　　首先我们算一个"鸡兔同笼"的题目:鸡兔一共十五只,四十八条腿。问鸡兔各有几只?

　　在四则里会遇到这一类的题目。现在我们也可以利用混合比例来评定一下。

先用十五去除四十八, 得3.2, 不管鸡和兔, 平均每只3.2条腿。这个数字在实际上当然讲不通, 我们姑且把它当作一个假想的事实好了。按照前面讲的先填表, 为了适合题意, 把每一栏的名称改一下:

平均数	原　数	比　较	混合比	
3.2	鸡2	+1.2	8	2
	兔4	−0.8	~~12~~	3

鸡、兔的数量之比是2:3。接着再配分:

$$2+3=5$$

$$5:2=15:?　　?=6（只）〔鸡〕$$

$$5:3=15:?　　?=9（只）〔兔〕$$

这个题目很简单。因为十五刚好是五的三倍, 所以不用计算, 一看就把答数写出来了。

对不对呢?

一只鸡两条腿, 六只十二条腿。一只兔子四条腿, 九只三十六条腿。十二加三十六, 一共四十八, 结果是一点也不错。这个例题告诉我们, 一道算题并不一定只有一种算法, 算法是可以创造的!

再算一个搭配人数的问题:

男工每餐吃六个馒头, 女工只吃五个。现在有男女工一百人, 每餐共吃五百四十个馒头。问男女工是怎样搭配的?

用一百去除五百四十,平均每人每餐吃5.4个馒头。然后:

平均数	原 数	比 较	混合比
5.4	男 6	-0.6	4　2
	女 5	+0.4	6　3

$$2+3=5$$

$$5:2=100:?\qquad ?=40(人)〔男工〕$$

$$5:3=100:?\qquad ?=60(人)〔女工〕$$

这个混合比,其实不约反倒更方便。因为六加四是十,一百又刚好是十的倍数。男女工既是4:6,当然男工是四十人,女工是六十人。

平常我们总以为,化简了就一定省事,其实不一定。譬如这个题目,如果把4:6变成40:60,岂不是一下子就把答数找到了吗?一个分数的分子、分母同用一数去除,叫作"约分";同用一数去乘,叫作"扩分",各有各的用处。比也是这样。我们可以把前项跟后项统统化简,或是统统扩大,这要看在什么场合,怎样方便怎样处理。

这个例题告诉我们,算法并不是死板的。

再算一个化学混合的题目:

假设有90%的酒精（就是十分之九是酒精，十分之一是水），总共四百公升；要想把它变成80%的酒精，应该加多少水？

原来的溶液里酒精占90%；添进去的水，根本没有酒精，也可以说酒精占百分之零，结果变成80%的酒精。我们利用这些百分数列成混合比，拿百分之八十做平均数。结果是：

平均数	原数	比　较	混合比
80%	原溶液90%	-10%	8
	添的水0%	+80%	1

$$8 : 1 = 400 : ? \qquad ? = 50（公升）$$

需要添50公升的水。

最后再验算一下，原来四百公升，含有90%的酒精，所以酒精实有：

$$400 \times \frac{90}{100} = 360 \quad（公升）$$

现在添上五十公升的水，一共四百五十公升。在四百五十公升里有三百六十公升是酒精，

$$360 \div 450 = \frac{4}{5} = 0.8 = 80\%$$

恰好是百分之八十。

再算一个跟这种事实刚刚相反的题目：

比方有一百斤盐水，里边只有2%的盐。要想变成5%的盐水，需要蒸发多少水？

蒸发跑了的水，里边根本没有盐；剩下的盐水是5%。还是以百分数作为计算的标准。

平均数	原数	比　较	混合比	
2%	剩下的盐水5%	−3%	2	40
	蒸发了的水0%	+2%	3	60

答案是需要蒸发六十斤水。

对不对呢？原来只有二斤盐，九十八斤水。现在变成三十八斤水，还是二斤盐。

$$38+2=40斤盐水　　2÷40=\frac{1}{20}=0.05=5\%$$

恰好是5%的盐水。

为什么在上一个例题里，把最后的百分数作为平均数，然而在这一个例题里却把原来的百分数作为平均数呢？这就是因为，在上一个例题里，加了水以后才是混合起来的；在这一个例题里，却是水没有蒸发以前是混合起来的，水蒸发以后反而不是了。所谓平均价是说的"混合"平均价，平均数也是指的"混合"平均数。不要忘掉了，我们现在讲的不就是"混合"比例算法吗？

十三　凑一凑

—配分量的算法二

现在要讨论到最后一个问题了。求到混合比以后，如果总量没有限制的话，只要确定了一部分数量，那么其余各部分的数量自然也就跟着都确定了。因此处理起来更简单。

譬如上边讲过的关于油的问题。

花生油每百斤八十五元，棉籽油每百斤七十四元，混合平均价每百斤七十八元。我们已经算过了，花生油和棉籽油的混合比应该是 $4:7$。如果花生油用四斤，棉籽油就得凑七斤；花生油用八斤，棉籽油凑十四斤；花生油用十二斤，棉籽油凑二十一斤。因为：

$$4:7=8:14=12:21$$

反过来说：棉籽油用二十八斤，花生油凑十六斤；棉籽油用三十五斤，花生油凑二十斤；棉籽油用四十二斤，花生油凑二十四斤。因为：

$$7:4=28:16=35:20=42:24$$

但是事实上哪有这么巧的时候？假设棉籽油是四十四斤八两，那么：

$$7:4=44.8:?$$

$$?=\frac{4\times44.8}{7}=25.6（斤）$$

花生油要用25.6斤。这个小数可以化成两，答数是25斤6两。

同样，关于搭配人数的那个题目：

男工每餐吃6个馒头，女工每餐吃5个，如果平均每人每餐吃5.4馒头，那么男工跟女工之比应该是2:3。

男工二人，女工三人；男工四人，女工六人；男工十人，女工十五人；男工四十人，女工六十人。因为这都是2:3。

这个题目倒是不能用小数，也不能用分数。理由很简单，是人就得算一个，零零星星的算个什么呢？这是由于条件的限制。

再说一个比较复杂的例。比方上边讲过三种油混合的问题：

一级菜籽油每百斤八十四元，二级菜籽油每百斤八十一元，棉籽油每百斤七十四元。如果混合平均价每百斤七十八元,那么这三种油的混合比应该是1:2:3。

如果总数共凑一百斤的话,用配分比例算法:

1+2+3＝6

6:1＝100:？　　？＝$16\frac{2}{3}$（斤）

6:2＝100:？　　？＝$33\frac{1}{3}$（斤）

6:3＝100:？　　？＝50（斤）

一级菜籽油是$16\frac{2}{3}$斤,二级菜籽油是$33\frac{1}{3}$斤,棉籽油50斤。这是知道了总量,再去分配各个部分的数量。

如果总数不计,一级菜籽油有十斤,二级菜籽油需要二十斤,棉籽油也需要三十斤;一级菜籽油有五斤,二级菜籽油需要十斤,棉籽油也需要十五斤。如果二级菜籽油有八斤,棉籽油凑十二斤,一级菜籽油凑四斤;如果棉籽油有三斤,二级菜籽油二斤,一级菜籽油凑一斤。因为这都是符合1:2:3的。这是知道了一部分数量,就可以确定其余各部分数量。

但是三种以上的物品混合的时候,问题就不简单了。上边说的只是答案的一种。此外还有许多种。

还是拿这个题目来说吧。原来填的表是:

平均数	原价	损益	混合比			
	一级菜籽油84元	−6元	2		2	1
78元	二级菜籽油81元	−3元		4	4	2
	棉籽油74元	+4元	3	3	6	3

一级菜籽油和棉籽油用2:3, 二级菜籽油和棉籽油用4:3, 因此混合比才是1:2:3。但是利用比的性质, 2:3也可以改成4:6。如果这样一改, 结果就变成4:4:9了。

假设一级菜籽油和棉籽油的比不动, 二级菜籽油和棉籽油的比原来是4:3, 现在改成8:6, 结果就又变成2:8:9了。

4:4:9的时候:

一级菜籽油损　　　6×4＝24(元)

二级菜籽油损　　　3×4＝12(元)

共损　　　　　　　36元

棉籽油益　　　　　4×9＝36(元)

2:8:9的时候:

一级菜籽油损　　　6×2＝12(元)

二级菜籽油损　　　3×8＝24(元)共损36元;

棉籽油益　　　　　4×9＝36(元)

因为都能符合题意, 所以都对! 按照这种想法, 那么这个题目究竟有多少答案呢?

要多少就有多少, 答数无限多! 你看, 这就不简单了。在数学里, 如果一个算题能够有无限多的答数的时候, 叫作"不定问题"。不定问题不是说题目不一定, 而是说答案非常之多, 不能够确定究竟是哪一个。

这和我们平常遇见的算题完全不一样了。如果按照我们的经验, 认为一个题目只能有一个答数, 那就错了。

经验是有用处的, 但是不要完全拘泥在经验上。因为不同的条件会有不同的结果, 不同的情况会有不同的事实, 新的经验和旧的经验可能不一样, 我们应当拿新的经验去补充旧的经验!

十四　变一变

——比例算法的技巧

　　上面已经把比例算法的各方面都说完了。但是最后还需要有些补充。

　　无论哪一本数学，讲算理的时候多半只能讲原则，选择例题的时候只能找典型。因为这样比较简单明了。但是我们应用起来的时候，事情绝对不会这样简单。因此在应用上还需要灵活。

　　就拿配分比例来说吧。就原则上讲，只要求出混合比来，当然就不成问题了。可是事实上也不一定。因为有时候求出来的混合比不见得能够马上解决问题。

　　我们曾经算过一个鸡兔同笼的题目，现在再算一个"百钱买百鸡"的问题：

　　公鸡一只值五个钱（钱是从前的一个货币单位），母鸡一只值三个钱，小鸡三只值一个钱。用一百个钱买了一百只鸡,问公鸡、母鸡、小鸡各几只?

用一百个钱买一百只鸡,平均一只一个钱。

按照混合比例算法:

平均价	原价	比 较	混 合 比		
1	公鸡5	-4	1		1
	母鸡3	-2		1	1
	小鸡$\frac{1}{3}$	$+\frac{2}{3}$	6	3	9

但是这个混合比不能用! 因为一加一加九是十一,十一不是一百的约数。如果用这个比的话,不是得分数就是得小数。

我们买的是活鸡,难道还能把它劈开吗?

那么怎么办呢? 想起来了,这是一个不定问题。我们可以把混合比变一变。比方1:6不动,把1:3变成2:6,3:9,4:12……或者1:3不动,把1:6变成2:12,3:18,4:24……或者两个都动,一齐改变。这样一来混合比就多了。然后再把它们整理一下,可以摆成:

平均价	原价	比 较	各种混合比						
1	公鸡5	-4	1	1	2	1	3	2	3
	母鸡3	-2	1	2	1	3	1	3	2……
	小鸡$\frac{1}{3}$	$+\frac{2}{3}$	9	12	15	15	21	21	24

现在再看究竟用哪一个。要想能用，必须三个数的和是一百的约数。这就好办了，我们选择3∶1∶21。

因为　　3+1+21＝25

$$25∶3＝100∶?　　　?＝12只（公鸡）$$

$$25∶1＝100∶?　　　?＝4只（母鸡）$$

$$25∶21＝100∶?　　?＝84只（小鸡）$$

恰好共计100只鸡。

只要混合比一变，我们的问题就能马上解决了。

这个例题告诉我们，在具体的应用上，我们的思想必须灵活。

但是接着一个新问题又来了。既然这是一个不定问题，那么答数究竟应该有多少呢?

要多少有多少，答数无限多! 这在上面已经讲过。不过实际上可能有变动，就拿现在这个例来说吧。如果把混合比继续写下去，还可以找到两个能用的:

一个是　　8∶11∶81

一个是　　2∶9∶39

因为:　　8+11+81＝100

2+9+39＝50

所以这个题目可以有三组答数:

	公鸡	母鸡	小鸡
第一组:	12	4	84
第二组:	8	11	81
第三组:	4	18	78

其实不找混合比也行，因为这里边有一个窍门，就是去掉四只公鸡，三只小鸡，换成七只母鸡，鸡数不变，钱数也不变。因为一只公鸡五个钱，四只二十个钱；三只小鸡一个钱，总共二十一个钱。然而一只母鸡三个钱，七只也刚好是二十一个钱。如果按照这种办法换一下，马上就计算完了。

而且同时还可以看出来，有且仅有这三组答案。如果再继续换的话，二十五只母鸡和七十五只小鸡也成；但是没有公鸡了。这是个特殊的情形，并不符合题意。

难道就是这三组答数吗? 是的，一点也不错。这也是因为受了条件的限制，答案必须是整数。原来的说法并不错，现在的情况也是实在的。

在这里恰好暴露了一件事实。你太相信书本了! 刚才我们说过，讲算理的时候多半只讲原则，那是属于一般的性质。到了实际应用的时候，随着具体的条件可能有出入。你忘记了吗?

书本上讲的是对的，但是如果拘泥在书本上，拿着书本当天书，到处应用，不顾实际，那就变成"教条主义"了，这也是要不得的。

最后我再声明一句：像"鸡兔同笼"或是"百钱买百鸡"的算题（此外还有"和尚吃馒头"那些题目），这都是中国的古算题。它一方面表现了中国古代对于数学研究的努力，同时也可以看出这种问题缺乏实际意义。我们应当面向实际，在实际生活中解决问题。这并不稀奇。我们不是说过，一切事物都是永远在变化吗？因此，我们的思想需要变一变了，我们研究的算题也需要变一变了！

怀念王峻岑先生

——代《比一比》重印后记

　　《比一比》这本讲比例的小册子将要重新排印，再度跟少年读者见面了。听到这个消息，我舒了一口气，心头稍稍轻松了一点儿。因为我老是觉得，作为一个编辑，我有负于这本小册子的作者——峻岑先生，我竟然会这样冷漠，使我自己都感到可怕。

　　抗日战争之前，我就读过峻岑先生的数学小品，算起来将近半个世纪了。那时候开明书店除了《中学生》，还有一种刊物叫《新少年》，是专给初中学生看的，由我父亲领衔编辑。我高中快毕业了，却很喜欢这份刊物，峻岑先生的数学小品我是每期必看的，他那清晰的思路和活泼的笔调，使我得到很大的乐趣。抗战爆发后，《新少年》停刊，一停就是八年，直到1945年七月，开明书店才有力量恢复，把名称改成了《开明少年》。而我呢，从读者变成了这份刊物的编辑，先做父亲的助手，不到一年就接替了父亲，好让他腾出手去做更重要的工作。就在一九四七年年底，我忽然接到峻岑先生给编辑部的一封信，是从济南的一所学校发出的。峻岑先生说他偶然买到一本《开明少年》，一看就知道它的前身是抗战前的《新少年》，因而像碰见了多年不见的老朋友一样高兴；还说他愿意继续给少年读者写些讲数学的小文章，信里就附着一篇稿子，题目是《大大小小》。我当时高兴的真是难以形容，马上给峻岑先生写了回信，说我正在为数学稿件的来源发愁，感谢他的关心，欢迎他的支持，请他为少年读者每个月写一篇数学小品，题目请他自己定；最好所写的各篇互相有点儿联系，或者都讲某一方面的问题，过了一年积攒下十来篇，就可以编成一本小册子了。文章刊登在刊物上，过了两三个月就没人看了，编成小册子出版便于长久保存。

　　跟峻岑先生头一回通信，我记得大体就是如此。向作者约稿，我难得出题目，总是问作者有什么可以跟少年读者随便谈谈的。峻岑先生是位教师，少年读者的知识程度、接受能力、阅读兴趣，他全都了解。人们说数学既抽象又刻板，让人无法捉摸，难以亲近，峻岑先生却能联系少年们的生活，运用他们亲身的感受来讲明白那些抽象的道理，还能随时把潜在的趣味发掘出来，呈现在少年读者面前。对这样的一位作者，还用得着我噜苏些什么呢？回想那个时候，我刚发出前一期的稿子，峻岑先生就把后一期用的稿子寄到了，配合之默契使我至今十分怀念。这种情况中断过不到两年，因为济南先解放，等到上海解放后不久，峻岑先生又把稿子寄来了。直到一九五一年《开明少年》停刊，峻岑先生在这份刊物上发表了近四十篇数学小品，经我的手先后编成了三本小册子，就是《大大小小》《数的惊异》和《图片展览》，都归入《开明少年丛书》。还有一本介绍微积分的基本概念的《数学列车》，是峻岑先生给高中学生写的，所以归入《开明青年丛书》。那套丛书另有人编，我却把《数学列车》揽了下来，一则是峻岑先生的笔调使我感到亲切，二则我好重温一下已经还给了老师的微积分初步。这种当第一读者的乐趣，只有做过编辑工作的人才有体验。

我跟峻岑先生只见过一面，记得在1950年夏天，他来北京开会，好像讨论高等学校的院系调整。有天下午，他特地抽空找到开明书店来看我，说通信已经好几年，实在想念得很，不能不来看一看。我激动得不知说什么好，可能只说了些感谢的话。他大我七八岁，我是估计到的，凭编辑对文字的语感；可是看面容，他比我想象的老得多，前额已经秃了，瘦削的脸庞，戴一副近视眼镜，跟他的作品的那种敏捷活跃的格调，似乎不相匹配。当教员真是辛苦，容易把人磨老，何况他不知餍足，不知疲倦，要通过他的文字，把所有的青年和少年都当成他的学生。我送峻岑先生出门之后，望着他远去的背影，我曾经这样想。

《开明少年》停刊以后，我跟峻岑先生的通信逐渐减少，不久就断了联系。先是大家都越来越忙。可是对编辑来说，忙不成为理由，跟作者保持密切的联系，正是编好书刊必不可少的一项工作，哪能用忙作为借口来推托呢？真正的原因是我对待作者的态度渐渐变得冷漠了，一个运动接着一个运动，使我感到跟作者的交往尽可能少一点儿好，免得给双方都造成不必要的麻烦。没有约稿的必要，我不主动给作者去信；如果有稿件寄来，我就稿论稿，不及其余。所以在十年浩劫中，倒没有人要我交代过峻岑先生的"材料"。我有时也想到他，想到他的日子也不会好过，都是臭知识分子嘛，他至少还得戴上一顶反动学术权威的帽子。直到拨乱反正，我才打听到峻岑先生因为有病，组织已决定让他退休了。不管怎么说吧，人还在就是幸运，但是去信祝贺到底不太相宜，我只是想应该把峻岑先生的著作选出几种重新排印出版，对他这样一位写作态度十分认真的作者来说，重印他的曾经遭到无理指摘的著作也是落实政策,而且比落实其他政策更为重要,更能使他安心。我跟几个出版社的负责人这样说过,都说应该考虑。可惜时间不等人,前年九月三十日,峻岑先生就永远离开我们了。讣告几经转辗到我手里,已经十月中旬,追悼会已经开过,我连打唁电也来不及了。

这本《比一比》出版,峻岑先生看不到了,真是非常可惜的事。但是对少年读者来说,他们读了这本小册子,还是可以得到峻岑先生的许多教益。至于我呢,想起曾经对作者如此冷漠,心里总感到内疚,这不是做人应有的态度,更不是当编辑的应有的态度。

1948年7月17日

谦德少年文库

QIANDE JUVENILE LIBRARY

给孩子的趣味数学书

王峻岑 著

整数运算

团结出版社

图书在版编目（CIP）数据

给孩子的趣味数学书. 整数运算 / 王峻岑著. -- 北京 : 团结出版社, 2022.1

　　ISBN 978-7-5126-9254-1

　　Ⅰ.①给… Ⅱ.①王… Ⅲ.①数学—儿童读物 Ⅳ.①O1-49

中国版本图书馆CIP数据核字(2021)第225982号

出版： 团结出版社

　（北京市东城区东皇城根南街84号 邮编：100006）

电话：（010）65228880　65244790（传真）

网址： www.tjpress.com

Email: zb65244790@vip.163.com

经销： 全国新华书店

印刷： 北京天宇万达印刷有限公司

开本： 145×210　1/32

印张： 28.25

字数： 500千字

版次： 2022年1月 第1版

印次： 2022年1月 第1次印刷

书号： 978-7-5126-9254-1

定价： 128.00元（全6册）

总　序

　　数学是重要的基础学科。这套《给孩子的趣味数学书》是一把开启数学知识与智慧之门的钥匙。这套书是由父亲王峻岑曾经出版过的数学科普著作《比一比》《大大小小》《数的惊异》《图片展览》《整数运算》和《数学列车》六本书重新汇编而成的。北京谦德文化发展有限公司的肖先生与我们联系，说：王峻岑先生的这些著作至今仍有学术价值，出版这些书是很有意义的。

　　记忆的闸门，突然打开。我们兄弟姊妹都曾是父亲著作中的主人公，父亲与我们一起把玩七巧板，一起做数学游戏，增长知识；每当收到刊登父亲著作的《开明少年》《中学生》，我们争先恐后地阅读，甚至多年后还要找出来阅读，真是其乐无穷。

父亲曾在全省唯一的国立高级中学——济南高中（现济南一中）上学。著名教育家季羡林先生《病榻杂记》中的《回忆济南高中》一文，记述了当年国文教师董秋芳[1]对其作文的批语："季羡林的作文，同理科一班王联榜（父亲当时的名字）的一样，大概是全班之冠，也可以说是全校之冠吧。"由此可见，中学时代父亲的文采就已初露锋芒。严薇青[2]先生回忆，董秋芳老师曾与当时学生文学社团趵突社的成员季羡林、王联榜、严薇青等，在原山东省图书馆（即大明湖遐园）假山上合影。高中毕业后，父亲考入北京大学数学系。

1934年父亲北京大学毕业后，曾在其母校山东省立第一中学等校任教，后长期就职于山东师范学院（今山东师范大学）数学系，并首任该系主任，是数学学科奠基人。

父亲在高校一直教微积分等高等数学课。高校院系调整后，他急教学所急，主动承担了不为人看重的新课——中学数学教学法，在没有任何参考资料的情况下克服重重困难自编教材，刻印讲义。1953年起陆续在全省专科、本科首开这门课以及教育实习。这在全国范围内也是较早的。每当学生毕业季，父亲与各中学联系实习一事，并认真听学生实习讲课，总结经验

---

1. 董秋芳（1898～1977），曾任教育部中学语文教材编辑组研究室主任等职。
2. 严薇青（1911～1997），山东师范大学教授，中文系主任，中国古典文学研究专家。

教训。这一做法,大大缩小了学生毕业与教学工作的心理差距,进一步适应了教学工作岗位。这项实习工作,获得了实习单位的学生和领导的好评。他认为:好的教师不应当仅仅讲明白了课本,同时还应当指示给学生一个进展的方向。只有这样,才能够使学生进一步开阔眼界,打开思路。父亲坚持因材施教的教育理念,治学严谨,育人育德,再加上张弛有度的授课手法和高超的教学水平,他和全系教职工一起为国家培养了大批合格的中学数学教师。

　　父亲对将要到普通中专任教的次子希亮语重心长地说:到专业学校当老师,不但要有真才实学,还要把握整个专业的发展方向;教给学生一滴水,自己要有一桶水才行;老师要心中时时装着学生,因材施教,让学生真正牢固掌握所学知识,做到学以致用;在传授知识时,不同的课程要用不同的教学方法,不能只照本宣科,要多动脑筋,多与实践相结合,才能够得到事半功倍的效果。在父亲潜移默化的影响下,我们六个子女,竟有四人从事过数学教育工作,并且工作严谨,成绩优异。1977年重阳节,父亲曾登上济南千佛山顶,赋诗一首:"生平从未登山顶,而今毅然攀高峰。路滑坡陡须持杖,年老气衰力不从。只缘欣闻重阳日,不到顶峰誓不停。"父亲为祖国的繁荣富强秉承着"老当益壮,不待扬鞭自奋蹄;鞠躬尽瘁,俯首甘为孺子牛"的精神,这激励着我们兄弟姊妹也在各自的岗位上奉献

自己的力量。为此,我们家被评为山东省优秀教育世家。(详见1999年9月11日《山东教育报》)

父亲一生教书育人,同时还潜心数学科普创作,先后出版了六本数学科普著作以及大量的短文。这些著作是父亲在工作之余进行的,如果写作灵感显现了,直到深夜他还在伏案忙碌。父亲在这些著作中,用通俗的语言、活泼的笔调讲解数学知识,还善于运用讲故事的方式,创设并讲解问题;在讲解中注重与实际生活的联系,采用大量生活实例,生动形象,深入浅出;还注重数学史的渗透,使学生在不知不觉中学到了知识,激发了学生学习数学知识的热情。当年,这些著作多次再版,印刷量大都在数万册。可见,读者对这些著作喜爱有加。

父亲的著作涉及小学和中学的数学内容,而且大多是从日常生活中加以提炼,以讲故事的形式来表现的。面对不同的读者对象,则是用不同的语言来叙述、讲解。在语言表达方面,父亲多采取趣味性的语言,往往一开始就深深吸引着读者。比如,在《比一比》中,第一篇引用了一个绕口令来作为开端。《图片展览》是介绍平面几何学的,一开始,他将我国古老的"七巧板"介绍给读者,逐渐深入浅出,引申下去。《数学列车》是介绍高等数学"微积分"的,大家一般认为微积分是深奥且难以理解的。而这本书讲了个"孙悟空坐火车"的故事,深深吸引住读者,并引导读者一步步深入下去,继续阅读。在《数的惊异》

的第一篇，我们这些子女成了父亲著作中的主人公，生活气息非常浓厚。

父亲是20世纪30年代起就活跃在我国数学科普园地的少数人之一。他25岁就开始创作数学科普作品，第一篇发表在《中学生》1936年第二期。当时，他与周振甫、顾均正、贾祖璋、刘薰宇等文艺界、生物界、数学界的知名人士都是开明书店出版的《中学生》《新少年》等刊物的主要和长期撰稿人。

曾任中国少儿出版社社长、总编辑的叶至善先生，在1985年重版《比一比》的后记《怀念王峻岑先生》一文中写到："抗日战争之前，我就读过峻岑先生的数学小品，《中学生》《新少年》是专给初中生看的，由我父亲(叶圣陶)领衔编辑。我高中快毕业了，却很喜欢这本刊物，峻岑先生的数学小品是我每期必看的，他那清晰的思路和活泼的笔调，使我得到很大的乐趣。……人们说数学既抽象又刻板，叫人无法捉摸，难以亲近，峻岑先生却能联系少年们的生活，运用他们亲身的感受，来讲明白那些抽象的道理，还能随时把潜在的趣味发掘出来，呈现在少年读者面前。"后来，叶先生继任《开明少年》编辑，向父亲约稿。叶先生曾说："回想那个时候，我刚发出前一期的稿子，峻岑先生就把后一期用的稿子寄到了。配合之默契使我至今怀念！""有人说，数学科普在我国并非是很强的，至今仍有很多尚待开拓的领域。王峻岑先生可以说是我国数学科普界

的一位开拓者。我国现在很多的数学家、科普作家在少年时期都曾拜读过他的作品。他不愧为我国现代数学科普创作的引路人。"叶先生与父亲只见过一面，那是1950年父亲到北京开会时特地去拜访的。叶先生说："我激动得不知说什么好，可能只说了些感激的话。他大我七八岁，这是我凭编辑对文字的语感估计到的；可是看面容，他比我想象的老得多，他的前额已经秃了，瘦削的脸庞，戴一副近视眼镜，跟他作品的那种敏捷活跃的格调，似乎不相匹配。当教员真是辛苦，容易把人磨老，何况他不知餍足，不知疲倦，还要通过他的文字，把所有的青年和少年都当作他的学生。我送峻岑先生出门之后，望着他远去的背影，我曾经这样想。"叶先生还讲到，不久我们便断了联系，他说："真正的原因是我对待作者的态度渐渐变得冷漠了，一个运动接着一个运动，使我感到跟作者的交往尽可能少一点儿好，免得给双方都造成不必要的麻烦。想起曾经对作者如此冷漠，心里总感到内疚，这不是做人应有的态度，更不是当编辑应有的态度。"文章至此戛然而止。叶先生在字里行间喧腾着的那火热的真情，以及严于解剖自己的博大胸怀，深深地感动了我们。父亲在天有知，当会与我们一起热泪泉涌，不忍掩卷。其实，1985年《比一比》重版，正是叶先生基于如下考虑而力主促成的："重印他的曾经遭到无理指责的著作也是落实政策，而且比落实其他政策更为重要，更能使他安心。"但是非常惋惜的

是,这本书重版时,父亲已去世三年;讣告几经辗转,到他手上时,追悼会早已开过,连唁电也来不及发了。

　　优秀而富有趣味的科普读物,会影响青少年的一生。父亲的《数学列车》以孙悟空乘坐火车为故事线索,运用通俗的语言,讲述数学较难懂的微积分知识,融科学性、知识性和趣味性为一体,深受知识界和广大学生的欢迎。中国科学院张景中院士说过,少年时代读过的几种优秀且饶有趣味的科普读物给他留下的印象很深,举例中就有父亲的《数学列车》。他说:"因为写得吸引人,我常常一本书看上几遍。懂了的,觉得有趣,不懂的,好奇心驱使我进一步思考与学习。这些书吊了我的胃口,总想再找类似的书来看。""比如《数学列车》,一开始是有趣的,但到后来,就再也看不懂了!不过,不明白也有不明白的好处,高中毕业时,我决心考数学系,原因之一就是想要把没弄明白的这些东西彻底弄个明白!"(见中国少儿出版社30周年纪念文集)。华东纺织工学院(现东华大学)的李绍宽教授是我国1980年建立学位制度以来的首批18位博士之一。他在1984年7月30日《中学生报》中的《我赶上了头班车》一文,回忆说:"我在初三,偶尔看了一本《数学列车》,是用故事的形式讲述微积分的基本思想。又有机会听到数学家谷超豪的一次数学报告,这两件事使我大开眼界,感到数学园地中还有许多未知数,从而激发了我读书的热情,由此奠定了从事数学研究的基础。"父亲的著作在读者心里生根发芽了。

由于父亲的这些作品是六七十年前写的，因此需要修改其中不符合今天阅读习惯和出版规范的部分，父亲的遗愿即将实现。在《给孩子的趣味数学书》即将付梓出版之际，感谢北京谦德文化发展有限公司为这套书的再版做出的所有工作，感谢肖先生为此做出的不懈努力，感谢团结出版社进行的各项工作。感谢广大读者的信任和支持。感谢古籍网起到穿针引线的作用。感恩大家!

王峻岑子女六人由王希亮执笔

2020/12/19　初稿

2021/3/31　终稿

目 录 *contents*

一 数是数出来的 ……………………… *1*

计 数 ……………………… *3*

自然数和自然数列 ……………………… *5*

顺序和大小 ……………………… *7*

一和零 ……………………… *9*

整 数 ……………………… *11*

二 给数起名字 ……………………… *13*

命 数 ……………………… *15*

大的数名 ……………………… *17*

记 数 ……………………… *19*

数位分等 ……………………… *21*

记数法里的零 ……………………… 23

大约数 ……………………………… 25

三　进位制不止一种 ……………… 29

十进位制 …………………………… 31

其他进位制 ………………………… 35

各种进位数 ………………………… 39

进位换算 …………………………… 45

四　加法——连续的计数 ………… 49

加法的意义………………………… 51

"和"的存在和唯一 ……………… 53

"和"的性质 ……………………… 55

相加的方法 ………………………… 57

零的加法 …………………………… 61

加法的演变 ………………………… 63

加法速算 …………………………… 65

加法的验算 ………………………… 69

练习一 ……………………………… 71

五　减法——加法的逆运算 ……… 73

减法的意义 ………………………… 75

减法的条件 ………………………… 77

零的减法 …………………………… 79

"差"的存在和唯一 ………………… 81

"差"的性质………………………… 83

加减关系 …………………………… 87

"和""差"变化……………………… 89

相减的方法 ………………………… 93

减法的演变 ………………………… 95

减法速算 …………………………… 97

加减法的验算 ……………………… 99

练习二 …………………………… 101

六　乘法——加法的速算法 ……… 103

乘法的意义 ………………………… 105

乘法也是计数 ……………………… 107

"积"的存在和唯一 ……………… 109

"积"的性质 ……………………… 111

一的乘法 ………………………… 115

零的乘法 ………………………… 117

相乘的方法 ……………………… 119

乘法的演变 ……………………… 121

乘法速算 ………………………… 123

特殊乘法 ………………………… 125

乘法的验算 ……………………… 129

练习三 ·············· *131*

七　除法——乘法的逆运算 ········ **133**

除法的意义 ················· *135*

除法也是计数 ·············· *137*

除法的条件 ················ *139*

一的除法 ·············· *141*

零的除法 ················· *143*

"商"的唯一 ············ *145*

"商"的性质 ············ *147*

乘除关系 ············· *151*

"积""商"变化 ·········· *153*

有余数的除法 ············ *157*

"商"和"余数"的存在和唯一 ··· *159*

相除的方法 ············· *161*

除法的演变 ············· *163*

除法速算 ············· *165*

乘除法的验算 ············ *169*

弃九验算 ············· *171*

练习四 ············· *177*

八　运算还要继续发展 ················ **179**

四种独立运算 ············ *181*

四则的相互关系 ····························· *183*

运算的再发展 ····························· *185*

数的再发展··································· *189*

一　数是数出来的

计　数

"计数"就是"数数"。

"数数"，这里有两个"数"字。前边一个是动词，是"数一数"的意思。后边一个是名词，是"数目"的意思。字同音不同，这正好说明，数（目）是（计）数出来的。

虽然"计数"这件事情很简单，然而它却正是数学的开始。

怎样去计数呢？计数有多种多样的方法。可以一个一个去数：一、二、三、四、五……；可以两个两个去数：一对、二对、三对、四对……；也可以五个五个去数：十个、十个地去数，甚至于用百、用千，或者用万去数。

人人都会计数，人人都有计数的经验。从计数的经验里，我们知道：

第一，先数哪些后数哪些，这倒没有关系。只要不重复，不遗漏，无论怎样数，不管谁去数，结果总是一样的。

　　第二，被计数的东西，可以拿别的东西去代替。只要一个换一个，计数的结果是不变的。比方说，在没有文字和数字的上古时代的人，就采用结绳的办法去表示事物的多少。一件事情打一个结。只要数一数绳子上有多少结，就晓得有多少件事情。

　　第三，不管被计数的东西有多少，只要有充分的时间，我们总可以一直数下去，因此，计数的工作是没有限制的。

　　这就是我们对于计数的认识，同时也是进行讨论的根据。

自然数和自然数列

　　这里放着一堆书，我们数一数有多少。书是用"一本"做单位的。我们数一本、两本、三本、四本、五本……

　　教室里有许多课桌，我们数一数有多少。课桌是用"一张"做单位的。我们数一张、两张、三张、四张、五张……

　　书也罢，课桌也罢，我们也可以不说"本"或"张"，只说：一、二、三、四、五……

　　像1、2、3、4、5……这样一些数，叫作"自然数"。

　　因此，什么是自然数呢？自然数是计数所得到的结果。反过来说，经过计数所得到的数就叫作自然数。

　　现在把这些自然数，按照它们的顺序一直排下去，排成一个数字的行列：

　　1, 2, 3, 4, 5, 6, 7, 8, 9, 10……

　　这个行列叫作"自然数列"。当然啦，第一，必须按照这样的顺序，不许乱；第二，必须包括自然数的全体，不许遗漏。如果不是这样，那就不能叫作自然数列。

在自然数列里，"一"是头一个数。"一"的后面是"二"，"二"的后面是"三"……一个跟着一个。从前面往后说，一个比一个"多一"。从后面往前说，一个比一个"少一"。

既然计数的工作没有限制，可以一直数下去，因此自然数列有头无尾，它是无限的。要多少有多少，永远没有完。

顺序和大小

计数的目的，本来是为了知道事物究竟有多少。但是，在计数的时候，我们顺便又给这些事物安排了一个先后的顺序。譬如上体育课的时候，排队要报数。报数以后，不但知道了人数，而且每个人都有了一个号数。同时整个队伍的顺序也就确定了。

因此，经过计数我们同时完成了两个任务：一方面确定了数量，一方面又进行了编号，确定了前后顺序。正因为这样，所以自然数有两种意义，两种用法。

一、二、三、四、五……它们表示一个、两个、三个、四个、五个……，同时又表示第一、第二、第三、第四、第五……

自然数用来表示多少的时候，叫作"基数"；用来表示顺序的时候，叫作"序数"。因为用法不一样，所以名字也就不同了。

　　事物讲究多少，数目讲究大小，顺序讲究先后。数的大小是按照顺序的先后规定的。在自然数列里，前边的数小，后边的数大。因为三在四的前面，所以三比四小，相反的，因为五在四的后面，所以五比四大。因为一是开头的一个数，所以在自然数列里，一是一个最小的数。

　　同时，前后是相对的，大小也是相对的。五在十的前面，反过来说，十在五的后面。因此五比十小，反过来说，十比五大。既然自然数列有头无尾，所以在自然数列里只有最小的数而没有最大的数。

一和零

上面曾经说过，数是数出来的，自然数是计数的结果。

现在让我们想一想：在什么情况下才用得着去计数呢？显然是东西多了才需要计数，东西少了就不必计数。比方说，只有一件东西的时候，还用得着去计数吗？当然用不着，一看就知道。

不过，这只是一个特殊的情况，因为事情太简单了。事实上，它还是"可以"计数的，不过只需要数"一"下就行。这个数就是"一"。

既然"一"也是计数的结果，所以"1"是自然数。

现在我们再来想一想：在什么情况下就用不着去计数呢？显然，没有东西就根本不必去计数。可是，在没有什么东西的时候，我们也可以说它有个数。这个数是"零"。

我们承认"零"是一个数。不过"零"是表示没有事物可以计数, 因此 "零" 就不是自然数了。

"零" 是一个新的数。它和自然数有什么关系呢? 譬如说, 如果把 "零" 跟自然数排在一起, 那么它应该放在什么位置呢?

这也简单, 因为 "零" 比 "一" 少一, "一" 比 "零" 多一, 所以 "零" 应该放在 "一" 的前面。这样一来, 我们就得到了一个 "扩大的自然数列":

0, 1, 2, 3, 4, 5, 6, 7, 8, 9, 10……

原来是从 "一" 开始, 现在是从 "零" 开始。

既然 "零" 在所有自然数的前面, 它是头一个, 所以 "零" 比任何自然数都小。

整　数

从自然数到零，我们对于数的认识扩大了。现在需要给它们起一个共同的名字。我们把扩大的自然数列里的数统统叫作"整数"。

因此，什么是整数呢? 整数就是自然数和零。它包括我们已经谈到的数的全体。

二　给数起名字

命 数

在计数的时候, 为了使这些数彼此有所区别, 我们必须给它们起些名字。事实上我们已经这样做了。一、二、三、四、五……就是自然数的名字。

但是, 计数是没有限制的, 数有无限多。我们能够对于每一个数都给它起一个特别的名字吗? 当然很困难。

给数起名字, 叫作"命数"。给数起名字的办法, 叫作"命数法"。

命数法的要求, 是要利用最少的名字来表示最多的数。事实上, 我们正是这样做的。中国的命数法比外国的命数法更好。

我们只要用"一"到"十"这十个字就能够表示从一到九十九的九十九个数。九十九以后, 才用得到"百"; 九百九十九以后, 才用得到"千"; 九千九百九十九以后, 才用得到"万"。这是大家都已经知道的。

　　因为任何数都可以看作是用一所组成的，二是两个一，三是三个一，十是十个一，百是一百个一，所以一叫作"基本单位"，其余的，十、百、千、万，叫作"辅助单位"。

　　万以上，当然也可以这样说：十万、百万、千万、万万、十万万、百万万、千万万、万万万。可是照这样下去，势必就要遇到万万万万、以及万万万万……万万。究竟是多少万呢? 反而不清楚了。我们还得另外想办法。

大的数名

实际上, 我们还有很多比万大的数名。

万以上, 是亿、兆、京、垓、秭、穰、沟、涧、正、载, 这些叫作"黄帝十等数", 据说是黄帝起的名字。这话虽然不一定可靠, 但是它们都是我国古代大数的名字, 却是没有问题的。

个、十、百、千、万, 都是十进。十个百是一千, 十个千是一万。但是从万到载却有好几种说法。按照原来的规定分上、中、下三等。

下等数是十进, 十万是亿, 十亿是兆, 十兆是京……

中等数是万万进, 万万是亿, 万万亿是兆, 万万兆是京……

至于上等数又不同了, 万万是亿, 亿亿是兆, 兆兆是京……这叫作倍进。

除此以外, 现在流行的一种用法是万进。那就是: 万万是亿，万亿是兆，万兆是京……

　　"黄帝十等数"的最大数名是载。比载更大的数名也还有。万万载叫作"极"，万万极叫作"恒河沙"，万万恒河沙叫作"阿僧祇"。这些奇怪的名字都是从印度传来的。恒河是印度的一条河，两岸都是沙。用"恒河沙"做数名，不过是表示很多很多的意思。"阿"的意思是"无"，"僧祇"的意思是"数"。阿僧祇并不是说没有数，而是说没有方法去计数的数。这是音译。还有按照字义译的，叫作"无央数"或是"无尽数"。另外还有"不可思议数""无量数"，都是表示那些数不清的大数。我们平常说的"无数"，也就是这个意思。

　　虽然大数的名字不少，但是实际的用处不多。所以现在说起来就很生疏了。不过我们从这里可以看出，古代人民对于大数想象的能力真是很惊人的。

记　数

数不但要有名字,而且还要有记号。有了名字才能够念,有了记号才能够写。

用记号表示数,叫作"记数"。规定用记号表示数的办法,叫作"记数法"。

命数跟记数,基本上都是由于计数所决定的。因为计数的时候,逢十进一,所以数的名字和数的记号也都要符合这一个事实。

我们不可能对于每一个数都给它起一个特别的名字,我们也不可能对于每一个数都给它规定一个特别的记号。那么应该怎样去处理呢?

我们利用"数字"[1]。数字也有多种多样。现在通用的是阿拉伯数字:1, 2, 3, 4, 5, 6, 7, 8, 9和0。只要有了这十个数字,无论什么数都可以表示出来。

1.数字:也叫数码,阿拉伯数字也叫阿拉伯数码。

　　原因是什么呢? 因为我们可以用"定位"的方法: 一个数字, 只要写在不同的位置, 就可以表示不同的数值。比方说, 同是一个5, 写在第一位上表示五, 写在第二位上表示五十, 写在第三位上表示五百。这样第一位就叫个位, 第二位就叫十位, 第三位就叫百位。因为数字所表示的数是要按照它所占据的位置去决定的, 这样就可以利用十个数字去表示任何一个数。这是一个很大的方便。

　　我们说第一位是个位, 第二位是十位, 第三位是百位, 所以数字也有顺序。这个顺序是"从右到左"的, 就是个位(第一位)写在最右, 十位(第二位)写在个位的左边, 百位(第三位)写在十位的左边。但是, 实际写的时候却是"从左到右"的, 先写几百, 再写几十, 最后再写几个。

　　为什么数的写法是从左到右呢? 这是因为, 在我们计数的时候, 总是先数好大数, 然后再去数零数。不但数的写法跟计数的顺序是一致的, 同时数的念法跟计数的顺序也是一致的。

数位分等

数大的时候，不但有数字，而且数字还要分等。等级的划分也是跟数的名字联系着的。

如果拿我们中国的数名做标准，应该是四位算一等。个位、十位、百位、千位是第一等，万位、十万位、百万位、千万位是第二等，亿位、十亿位、百亿位、千亿位是第三等。万是第二等的单位，亿是第三等的单位。这样念起来最方便。但是，按照国际上通用的习惯，却是三位算一等。个位、十位、百位是第一等，千位、万位、十万位是第二等，百万位、千万位、亿位是第三等。千是第二等的单位，百万是第三等的单位。

为了和国际上通用的习惯取得一致，所以我们也改成三位算一等。因此念起来就需要特别注意。

数字分等也叫分节，常常用"，"作为分节号，譬如

$$123, 456, 789$$

这一个数，3和6后面的 "," 就是分节号。

记数法里的零

一个数，不见得每一位都有数字。如果一个数的某一位上没有数字，就需要用"零"。零在计数时是表示没有事物可以计数，零在记数法里却是用来表示空位。空位本来可以不写，但是看起来不够明确，所以也用一个记号把它表示出来。

空位的记号，古代曾经用过点，以后才改成圈——0。

在记数法里，0跟其他的数字同样重要。

利用阿拉伯数字的记数法，实际上是古代印度所创造的。所谓阿拉伯数字，其实并不是阿拉伯的数字。

大约数

数是用来表示事物的多少的，因此要求精密正确。但是，数的认识需要经过计数，因此数的精确程度也是跟计数分不开的。比方说：一个数

$$987, 654, 321$$

用"一"去计数的时候，是九亿八千七百六十五万四千三百二十一；用"十"去计数的时候，如果略去十以下的零数，就变成九千八百七十六万五千四百三十二个"十"。

同样的，用"百"去计数的时候，是9, 876, 543个百，

用"千"去计数的时候，是987, 654个千，

用"万"去计数的时候，是98, 765个万，

用"百万"去计数的时候，是987个百万，

用"亿"去计数的时候，那就只有9个亿了。

一个数本来是987, 654, 321，如果把它改说成98, 765

万，也就是写成987, 650, 000，这只是一个大约的数。这个数虽然不够精确，但是对于某些很大的数，事实上往往不可能计数得非常精确，因此就只能采用大约的说法。譬如你能够数得清一麻袋小米的粒数吗？你能够数得清一棵大树上树叶的片数吗？显然是很困难的。

同时，对于一些很大的数，如果采用精确的说法，往往会觉得非常啰唆；如果采用大约的说法，反而觉得更加清楚。譬如：1天24小时，1小时60分，1分60秒，问365天一共有多少秒？精确的数是31, 536, 000秒，大约的数字是30, 000, 000秒。与其说三千一百五十三万六千秒，倒不如说大约三千万秒，反而更清楚些。

又如：中国的面积有多大呢？——一千万平方公里！

中国的人口有多少呢？——十三亿！

当然，这些都是大约的数，但是给我们的印象却是非常深刻的。

对于一个数，可以有许多不同的大约的说法。第一，既然是大约的数，那就也许比原来的数大，也许比原来的数小。比原数大的叫作"大约强数"，此原数小的叫作"大约弱数"。第二，还要看标准。如果标准不同，那么说法也就不同了。此方45, 678，

用万做标准的大约强数是五万，50, 000，

用万做标准的大约弱数是四万，40，000，

用千做标准的大约强数是四万六千，46，000，

用千做标准的大约弱数是四万五千，45，000。

只要是大约的数，无论强弱，统统叫作"大约数"。一般的，采取"四舍五入"的办法。用万做标准，3，053，721的大约数是三百零五万，3，050，000；3，058，457的大约数是三百零六万，3，060，000。

长江长大约五千（5000）公里，黄河长大约四千八百（4800）公里。在实际的生活里，大约数并不比正确的数用得少。

在大约数里，用作标准的那一位以下都是"0"，这些"0"并不是真正表示没有事物，也不是真正表示空位，而是表示这些位的数不精确。这些"0"和其余的数字不同。其余的数字都叫"有效数字"，这些"0"却不是有效数字。比方说，一个大约数3，060，000。在这里，306是有效数字，后面的四个"0"就不是有效数字了。

三　进位制不止一种

十进位制

我们曾经说过,计数的时候逢十进一。因此命数和记数都需要符合这一个事实。十个"一"是十,十个"十"是百,十个"百"是千,十个"千"是万。用数字表示出来的数,如果扩大到十倍,就要往前进一位;如果缩小到十分之一,就要往后退一位。

一个数2,500,往前进一位变成25,000,往后退一位变成250。

扩大←

25,000, 2,500, 250, 25

→缩小

这些数从右往左,一个比一个扩大到十倍;从左往右,一个比一个缩小到十分之一。

在这里会遇到一个问题:为什么必须"逢十进一"呢?其实这只是实际计数方法的一个规定,而不是什么理论问题。

　　人类在很早很早的时候，对于数的需要是很少的。最初的时候，甚至只知道"一"和"二"；此"二"再多，就认为是很多了。在中国也是这样。譬如"三"，不只是表示一二三的"三"，同时还有表示多的意思。我们说"再三"就是不止一次的意思。又如"群众"的"众"，古写是"眾"。这就是所谓"三人为众"，用三个人就表示很多的人。

　　那时候，不但知道的数少，而且只能认识一些具体的数，一个数的后面一定带着具体东西的名字。譬如说："一块石头、两块石头"，"一颗谷粒、两颗谷粒"；这就是说，当时还不认识抽象的数，一和二。从具体的数到抽象的数，在人类对于数的认识上是经过了一个很长的时期的。

　　我们知道，数是数出来的，要计数就离不开计数的工具。计数最方便的工具是我们的手。

　　用手去计数，也有不同的方法。如果用两个手指去计数，那就只能数到一、二。再多，就是很多了。如果利用一个手指的指节去计数，就能数出一、二、三。如果利用一只手的手指去计数，就可以从一数到五。如果利用两只手的手指去计数，就可以从一数到十。如果比十再多，那就只好暂且记一下，然后再一个一个去计数。这大概就是我们计数的规定——"逢十进一"的来源。"十"成了比"一"大的单位，

"百"成了比"十"大的单位。

正因为人人都有十个手指，而十个手指是计数最方便的工具，所以"逢十进一"就成了人类计数的最普遍的规定。

按照"逢十进一"的办法去进位，这就是"十进位制"。

其他进位制

既然进位的规定不是一个理论问题，当然也可以不采用十进位制，事实上，除去十进位制以外，确实还有别的进位制。

前面我们已经提到，十进位制是用两只手的手指去计数的结果。当然，如果我们用一只手的手指去计数，就可以有"五进位制"，逢五进一。事实上罗马数字就是五进位制。罗马数字的一是 I，五是 V，十是 X，其余的数字都是根据这几个数字引申出来的。例如，四就是在 V 的左边写上一个 I，"IV"；六就是在 V 的右边写上一个 I，"VI"，同样，在 X 的左边写上一个 I，"IX"，就是九；在 X 的右边写上一个 I，"XI"，就是十一。在罗马数字里再大的数是拿五十（L）、一百（C）、五百（D）、一千（M）做单位，做标准的。这就是五进位制的遗迹。又如，平常我们常用的计数方法：一五、一十、十五、二十……也正是和五进位制有关的。

如果不只用手，而且还利用脚去计数，那当然就有"二十进位制"了。在非洲，有些地方，五叫作"一手手指"，十叫作"两手手指"，二十叫作"手脚全指"。在南美洲，有的就干脆把五叫作"手"，六叫作"手一"，七叫作"手二"。在格陵兰岛，二十叫作"一个人"，四十叫作"两个人"。从这些事实，我们就可以看出二十进制的来源。

当然，只要会用一只手，就很容易去用两只手。手脚一齐用，究竟是不方便的。因此，用五进位制比用十进位制少，用二十进位制就更少了。

除去这些进位制以外，还有"二进位制"。最早的叙利亚数字的写法，一是" 一 "，二是" Z "，三是" Z̄ "，四是" Z̿ "。把二做一个单位。也有"四进位制"。据说南美洲有人数数，是一、二、三、四、四一、四二……

至于在我们平常的语言里，筷子论"双"，茶碗论"对"，对联论"副"，这都是表示"二进"的。此外，还有三个月是一季，可以看作是"三进"；一小时有四刻，一年有四季，一个圆周有四个象限，可以看作是"四进"；七天是一星期，是"七进"；冬至以后，九天一"九"，是"九进"；在非洲，偶尔也有"六进"。

十二进制是常用的一种进位制。这种进位制不但用得很早，而且在测量上用得很广。因为十二有一个很好的条件,它能被二、三、四、六所除尽。古代的罗马人采用过"十二进位制",现在的西洋人有时候也利用它。比方十二个叫作"一打",十二英寸是一英尺,十二个先令是一磅。过去我们曾经把一天一夜分作十二个时辰,叫作子、丑、寅、卯、辰、巳、午、未、申、酉、戌、亥。至于一年十二个月,那就更普遍了。

十二以上是十六进制,十六两是一斤。

一天二十四小时,是二十四进位;一个月三十天,是三十进制。

六十进位制是一种很早采用过的进位制,三千年前巴比伦人的币制和重量,都是六十进制。现在我们也有用六十进制的:角度一度六十分,一分六十秒;时间一小时六十分,一分六十秒。

此外,90° 一个直角,180° 一个平角,是九十进制。论面积,有一百进位;论体积,有一千进位。一百年叫作一世纪,一百亩叫作一顷。在记数法里,三位一等是千进。按照我们的数名,四位一等,那就是万进。

实际上,除去1,采取任何数进位都行。因此进位制也是无限的。

各种进位数

不同的进位制有不同的数名,也有不同的写法。

按照十进位制,数字的单位是一(个),十,百,千,万……百是 10×10,千是 $10 \times 10 \times 10$,万是 $10 \times 10 \times 10 \times 10$。……现在采取一个记号:两个10相乘写作 10^2,三个10相乘写作 10^3。写在一个数的右肩上的数,叫作"指数",它表示相乘的次数。因此,在十进位制里,一个数34, 567(3万4千5百6十7)就可以写成:

$$3 \times 10^4 + 4 \times 10^3 + 5 \times 10^2 + 6 \times 10 + 7$$

为了写起来方便,当然也可以把它们的顺序倒过来:

$$34, 567 = 7 + 6 \times 10 + 5 \times 10^2 + 4 \times 10^3 + 3 \times 10^4$$

在位制里需要用十个数字:0, 1, 2, 3, 4, 5, 6, 7, 8, 9,才能把所有的数表示出来。而在二进位制里,就只要用两个数字:0, 1。因为逢二进一,所以二就是第二位的单位,应该写成10。三是二加一,所以三应该写成11。四是两个二, 既然逢二进一, 那就要从第二位进到第三位。所以四就是第三位的单位, 应该写成100。如果把自然数用二进位制表示出来, 结果就是:

　　1, 　10, 　11, 　100, 　101, 　110, 111, 1000, 1001,

1010……

　　(一)(二)(三)(四)(五)(六)(七)(八)(九)(十)

　　一个数, 从右到左, 各位的单位是: 1, 2, 2^2 (四), 2^3 (八), 2^4 (十六)……

　　在三进位制里是逢三进一, 就要用三个数字: 0, 1, 2, 才能表示所有的数。如果把自然数用三进位制表示出来, 结果是:

　　1, 　2, 　10, 11, 12, 20, 21, 22, 100, 101……

　　(一)(二)(三)(四)(五)(六)(七)(八)(九)(十)

　　一个数, 从右到左, 各位的单位是: 1, 3, 3^2 (九), 3^3 (二十七), 3^4 (八十一)……

　　在四进位制里是逢四进一, 就要用四个数字: 0, 1, 2, 3, 才能表示所有的数。如果把自然数用四进位制表示出来, 结果是:

　　1, 　2, 　3, 　10, 　11, 　12, 　13, 　20, 　21,

　　　　　　　　　　22……

　　(一)(二)(三)(四)(五)(六)(七)(八)(九)(十)

一个数,从右到左,各位的单位是:1, 4, 4^2(十六), 4^3(六十四), 4^4(二百五十六),……

假设进位的标准比"十"大,譬如十二进位制,数满十二才进位,这时候就需要用十二个数字,从零到十一。而"十"和"十一"都要写成一位数字,所以必须采用新的记号。至于用什么样的记号,那倒可以随便。比方说,用a表示"十",用b表示"十一"。从十起的自然数用十二进位制写出来,那就是:

a,	b,	10,	11,	12,	13,	14,	15,
(十)	(十一)	(十二)	(十三)	(十四)	(十五)	(十六)	(十七)

16,	17,	18,	19,	1a,	1b,	20……
(十八)	(十九)	(二十)	(二十一)	(二十二)	(二十三)	(二十四)

一个数,从右到左,各位的单位是1,12,12^2(一百四十四),12^3(一千七百二十八)……比方说,$3a2b1$,如果用十进制制表示,就是$1+11\times12+2\times12^2+10\times12^3+3\times12^4=79,909$。

因此,一个数究竟表示多少,是要看这个数的进位制来决定的。例如4321:

在五进位制里,相当于十进位制的

$1+2\times5+3\times5^2+4\times5^3=586$,五百八十六;

在七进位制里,相当于十进位制的

$1+2\times7+3\times7^2+4\times7^3=1,534$，一千五百三十四；

在九进位制里，相当于十进位制的

$1+2\times9+3\times9^2+4\times9^3=3,178$，三千一百七十八；

在十二进位制里，相当于十进位制的

$1+2\times12+3\times12^2+4\times12^3=7,369$，七千三百六十九。

这种演算可以用下面的算式：

4321	4321	4321	4321
$\times\ 5$	$\times\ 7$	$\times\ 9$	$\times12$
20	28	36	48
$+\ 3$	$+\ 3$	$+\ 3$	$+\ 3$
23	31	39	51
$\times\ \ 5$	$\times\ \ 7$	$\times\ \ 9$	$\times\ \ 12$
115	217	351	612
$+\ \ 2$	$+\ \ 2$	$+\ \ 2$	$+\ \ 2$
117	219	353	614
$\times\ \ 5$	$\times\ \ 7$	$\times\ \ 9$	$\times\ \ 12$
585	1533	3177	7368
$+\ \ 1$	$+\ \ 1$	$+\ \ 1$	$+\ \ 1$
586	1,534	3,178	7,369

因此，在一个数里，一个数字究竟表示什么数值，不但要看它的位置是在哪一位，而且还要看这个数是什么进位制。譬如说同是一个2，在十进位制里，放在第二位是二十，放在第三位是二百；在五进位制里，放在第二位相当于十

进位制的$2 \times 5 = 10$，放在第三位相当于$2 \times 5^2 = 50$；在三进位制里，放在第二位相当于十进位制的$2 \times 3 = 6$，放在第三位相当于十进位制的$2 \times 3^2 = 18$。所以进位制不同，数字所表示的数值也就不同了。

进位换算

　　根据上面的办法，我们可以把不是十进制的数换算成十进制的数。反过来说，一个十进制的数怎样换算成不是十进制的数呢？

　　这也好办。譬如要把十进制的数3,434用五进位表示出来。因为五进位制是逢五进一，所以需要求出在3,434里有多少个"五"，这可以用下面的算法：

5⌐3434	3434里有多少个"五"呢？用5去除 3,434，知道有686个"五"，下剩一个4，
5⌐686　余4	这个4就是进位以后剩下来的零数，也
5⌐137　余1	就是第一位数字。
5⌐27　余2	686还可以进位。686里有多少个
5⌐5　余2	"五"呢？再用5去除，知道686里有137个
1　余0	"五"，下剩一个1，这个1就是第二次进

位以后剩下来的零数，也就是第二位数字。

同样，137还可以进位。再用5去除，知道137里有27个"五"，下剩一个2。这个2是第三次进位以后剩下来的零数，也就是第三位数字。

同样，27还可以进位。再用5去除，知道27里有5个"五"，还剩一个2，这个2是第四次进位以后剩下的零数，也就是第四位数字。

最后，5还可以进位。再用5去除，得到商数是1，余数是零。这就是说，第五次进位以后没有零数，所以第五位数字是0，而第六位数字是1，已经不能再进位了。

所以，把十进制数换算成五进位数，就用5去除，如果商数大于5，还要继续进位，就是再用5去除。如果除下来有余数，这个余数就是五进位数的一个数字。如果除下来没有余数，表示都进位了，五进位数的这一位是空位，应该写零。用5去除，一直除到商数小于5的时候，它不能再进位了，就直接把这个商数写到前一位。

像上面这个例子，十进制数3，434换算成五进位数的结果是102214。

十进制的数可以换算成不是十进制的数，不是十进制的数也可以换算成十进制的数。可是，一个不是十进制的数能不能换算成另外一个不是十进制的数呢？

这也有办法。比方要把六进位的数5，432换算成七进

位的数, 那就应该先把它换算成十进制的数:

$$2+3×6+4×6^2+5×6^3=1,244$$

然后再换算成七进位的数:

```
7 │ 1 2 4 4
  7 │ 1 7 7      余5 (第一位数字)
    7 │ 2 5      余2 (第二位数字)
        3        余4 (第三位数字)
                 (第四位数字)
```

照这样换算两次, 问题就解决了。结果是3,425。

如果这个七进位数再用十进位制表示出来:

$$5+2×7+4×7^2+3×7^3=1,244$$

这就验证了答案是正确的。

四　加法——连续的计数

加法的意义

如果计数的事物只有一组，当然是最简单的。因为一组事物只要数一次，两组事物就要数两次。假设要把两组事物合并成一组，我们还得再去数一次。

比方说，先数第一组：1, 2, 3, 4, 5，第一组有五个。

再数第二组：1, 2, 3，第二组有三个。

合并数一次：1, 2, 3, 4, 5, 6, 7, 8，一共有八个。

先数的数叫作"被加数"，后数的数叫作"加数"，最后数到的数叫作两个数的"和"。这样计数的步骤叫作相加。用算式表示出来：

$$5+3=8$$

被加数+加数=和

因此，什么是加法呢？我们说，把两组事物按照自然数列的顺序数下去，再数下去，这就是加法。

"和"的存在和唯一

任何两个数相加,是不是"一定"有"和"呢?"一定"有。因为自然数列有首无尾,要多少有多少,所以无论什么数相加,我们总可以数下去,一直数到要数的数。因此不必去算就能断定:任何两个数相加的"和"一定是存在的。

任何两个数的"和"是存在的,但是究竟有几个呢?经验告诉我们:"只有"一个。因为无论哪一个自然数的后面都只有"一个"自然数紧跟着,所以不论怎样数下去就只能数到"一个"固定的数。因此不必去算也能断定:任何两个数相加的"和"只有一个,也就是说"和"是唯一的。

"和"的性质

在加法的实际运算里，我们可以发现"和"的三个性质：

（1）任何两个数相加，哪一个是"被加数"，哪一个是"加数"，都没有关系，它们的"和"总是相同的。例如2＋3和3＋2都得5，5＋8和8＋5都得13。这是"和"的第一个性质。这个关系叫作加法交换律：

$$a+b=b+a$$

在这里，a、b表示任何两个数。因此，如果不需要区别"被加数"和"加数"，我们可以把两个相加的数统统叫作"加数"。

（2）任何三个数相加，不管先加哪两个后加哪一个，它们的"和"也总是相同的。例如：

$$(2+3)+5=5+5=10 \qquad 2+(3+5)=2+8=10$$

所以 $\qquad (2+3)+5=2+(3+5)$

$$(5+6)+7=11+7=18 \qquad 5+(6+7)=5+13=18$$

所以 $$(5+6)+7=5+(6+7)$$

这是"和"的第二个性质。这个关系叫作加法结合律:

$$(a+b)+c=a+(b+c)$$

在这里,a,b,c 表示任何三个数,括号是用来表示运算先后顺序的。

　　有了以上这两个性质,在实际相加的时候,可以不论先后,无论顺序,因此加法就非常方便了。

　　(3)因为"和"是"被加数"和"加数"相加的结果,是最后数到的数,所以它比"被加数""加数"都大。这是"和"的第三个性质:和大于任何一个加数。

　　不但两、三个数相加的"和"有这些性质,许多数相加的"和"也有这些性质。

相加的方法

根据相加的意义以及"和"的性质，我们很容易找到关于相加的方法。

首先是一位数加一位数，根据计数的结果列成加法表：

+	1	2	3	4	5	6	7	8	9
1	2	3	4	5	6	7	8	9	10
2	3	4	5	6	7	8	9	10	11
3	4	5	6	7	3	9	10	11	12
4	5	6	7	8	9	10	11	12	13
5	6	7	3	9	10	11	12	13	14
6	7	3	9	10	11	12	13	14	16
7	8	9	10	11	12	13	14	15	16
8	9	10	11	12	13	14	15	16	17
9	10	11	12	13	14	16	16	17	18

表里竖着的第一行是被加数，横着的第一列是加数。中间行列交叉的数是它们的"和"。其实既然有了交换律，

也可以第一列是被加数而第一行是加数，所以这个表只要列出一半就够用了。

　　其次是多位数加多位数。因为任何一个多位数都可以写成许多数的"和"的形式，例如：

$$5,678=5千+6百+7十+8$$

$$1,234=1千+2百+3十+4$$

所以

$$5,678+1,234=(5+1)千+(6+2)百+(7+3)十+(8+4)$$

$$=6千+8百+10十+12$$

$$=6千+9百+1十+2$$

$$=6,912$$

因此，两位数加一位数的加法，如68+5就可以写成：

$$68+5=(60+8)+5=60+(8+5)=60+13$$

$$=60+(10+3)=(60+10)+3=70+3=73$$

两位数加两位数的加法，如98+75就可以写成：

$$98+75=(90+8)+(70+5)=(90+70)+(8+5)$$

$$=160+13=(100+60)+(10+3)$$

$$=100+(60+10)+3=100+70+3=173$$

加法的实际运算就正是这样进行的：各位相加，同时又逢十进一。

　　这些算法的根据, 不是交换律就是结合律。因此"和"的性质就是加法的基础。根据"和"的性质, 也还可以得出下面的一些算法:

　　一个数加许多数的"和", 可以把这些数一个一个地加上去, 例如:

$$35+(20+43+12)=55+(43+12)=98+12=110$$

反过来, 许多数的和加一个数, 可以把这一个数加到任何一个加数上去, 而其余的数不变。例如:

$$(20+43+12)+35=(20+35)+43+12$$
$$=20+(43+35)+12$$
$$=20+43+(12+35)$$

因为它们的和都等于110。

零的加法

我们曾经说过，零在计数的时候是表示没有事物可以计数，而在记数法里是表示空位。零虽然不是自然数，但是也可以承认它是数。实际上，在加法的运算里，就是把零当作一个数来运算的。例如：

因为任何数和零相加都跟没有加一样，所以对于任何数a，都是：

$$a+0=a$$

$$或者0+a=a$$

任何数和零相加的"和"还是原数，零在加法里根本不起作用。

（2）既然任何数加零都等于原数，所以：

$$0+0=0$$

加法的演变

按照我们现在的习惯, 加法的运算是从右到左的: 先加个位数, 再加十位数……但是古代印度的加法恰好相反, 是从左到右的。

例如: 254+669。先算2加6是8, 5加6是11, 所以8改成9。然后4加9是13, 所以1又改成2。最后的结果是923。

```
    2 5 4
  + 6 6 9
  ─────────
    8
    9 1
      2 3
```

这种算法虽然不很方便, 但是, 只有两个数相加的时候, 假若我们利用心算, 并且同时照顾到进位的话, 那么采取这种办法倒比用普通方法简便得多, 往往可以直接把答数算出来, 所以这种算法可以看成加法的一种速算法。

加法速算

　　我们掌握了运算的规律，就可以找到一些简便的算法。譬如说：一个小的数加上一个大的数，算起来不方便。但是知道了加法的交换律，我们就可以把它们颠倒过来。当然，其他的性质也是同样可以利用的。下面是关于加法的速算法：

　　（1）几个两位数的加法，可以利用心算，一个一个加上去，先加前一位数，再加后一位数。按照这样的顺序一直到全部相加完了，就可以把答数直接写出来。三位数的加法也可以这样做。

　　例如：

```
    3 4
    5 6
    8 3
 +  2 5
 ───────
    1 9 8
```

三十四；八十四，九十；

一百七十，一百七十三；

一百九十三，一百九十八。

$$\begin{array}{r} 3\ 2\ 5 \\ 4\ 1\ 6 \\ +\ 7\ 5\ 1 \\ \hline 1,4\ 9\ 2 \end{array}$$

三百二十五；七百二十五，七百三十五，七百四十一；一千四百四十一，一千四百九十一，一千四百九十二。

这就是因为，任何一个数都可以写成"和"的形式，然后一个一个地相加。

34＋56＋83＋25＝34＋50＋6＋80＋3＋20＋5

325＋416＋751＝325＋400＋10＋6＋700＋50＋1

实际上，像上面的算题也可以这样做：

第一题，先凑10，4＋6＝10，个位的和是18。个位写8。8＋2＝10，十位的和是18。18＋1＝19，因此得到198。

当然，也可以先凑相同的数，利用乘法。4＋5＝9，6＋3＝9，二九18。个位写8。3＋5＝8，二八16，加2再加1是19。因此得到198。

同样的，第二题，5＋1＝6，二六12，个位写2，1（进位的数）＋1＝2，二二得4，4＋5＝9，十位写9。3＋4＝7，二七14，因此得到1，492。

（2）先把能够凑成十、百、千、万的数加起来，然后再加其余的数。

例1. 　3＋5＋6＋4＋7＋5＋8

　　　　＝（3＋7）＋（5＋5）＋（6＋4）＋8＝38

例2. 　96＋8＋2＋28＋72＋4＋9＋6

$$= (96+4)+(8+2)+(23+72)+9+6=225$$

这就是因为, 不但加数可以交换, 而且还可以结合。

（3）如果加数和十、百、千、万或是它们的倍数相接近, 可以利用这些近似数, 然后再进行适当的增减。

例3. $173+59=173+60-1=233-1=232$

例4. $599+395+6,999+106$

$$=600+400+7,000+100-1-5-1+6$$

$$=8100-1=8,099。$$

这是因为, 一个数用跟它相等的数去代替, 结果是不变的。

（4）如果所有加数都和一个数相接近, 可以按照这一个大约数做标准, 利用乘法, 然后再进行适当的增减。

例5. $83+78+85+81=80×4+3-2+5+1$

$$=320+7=327$$

例6. $99+98+105+100+95=100×5-1-2+5-5$

$$=500-3=497$$

（5）如果所有加数, 按照大小顺序排列起来, 相邻两个数的差都相同, 可能有两种情况：假设加数（包括被加数）的个数是单数, 那就拿中间的一个数做标准, 用数字的个数去乘；假设加数（包括被加数）的个数是双数, 那就拿中间的两个数或是两头的两个数做标准, 用数字个数的一半去乘这两个数的"和"。

例7. $81+83+85+87+89=85\times5=425$

因为 $83+87=85\times2$ $81+89=85\times2$

例8. $61+62+63+64=125\times2=250$

因为 $62+63=61+64=125$

加法的验算

运算不但要快，而且还要正确。究竟是不是正确呢？应该进行验算。

如果只有两个数相加，我们可以把它们颠倒过来再加一下，如果许多数相加，我们可以把它们相加的顺序改变了再加一下。根据"和"的性质，这样颠倒或者改变顺序相加，结果都应该一致。假设不一致，就知道运算有了错误。

当然，这并不是验算加法的唯一方法。其余的方法以后还要谈到。

练习一

采用各种最合理的办法计算下列各题：

1+2+3+4+5+6+7+8+9＝

1+2+3+4+96+97+98+99＝

597+598+599+901+902+903＝

599,999+59,999+5,999+599+59＝

789+784+783+788+785+782+785+781+786+787＝

五 减法——加法的逆运算

减法的意义

上面已经讲过，只要有两个数，应用加法总可以找到它们的"和"。现在反过来问一下：如果知道了两个数的"和"，而且知道了两个数当中的一个，我们能不能求出另外一个呢？

能。因为既然"和"是两个数相加的结果，那么从"和"里去掉一个数，就一定会得到另外一个数。这样的问题就是要从一个数里去掉另一个数，这时候要用减法。

例如，所谓5－3，就是找一个加3能够等于5的数。

所谓8－5，就是找一个加5能够等于8的数。

前边的数叫作"被减数"，后边的数叫作"减数"，找到的结果叫作"差"。

被减数－减数＝差，"差"的条件是：差＋减数＝被减数。

$$c-b=a时，a+b=c$$

求两个数的"差"的运算叫作减法。

减法也是计数

5—3的"差"是多少呢? 是2。因为2+3=5。

8—5的"差"是多少呢? 是3。因为3+5=8。

从计数这方面说: 在自然数列里,

先从1数到5: 1, 2, 3, 4, 5。

再从1数到3: 1, 2, 3。

数到3以后再数几下才到5呢? 1, 2。

数两下, 所以5—3=2。

先从1数到8: 1, 2, 3, 4, 5, 6, 7, 8。

再从1数到5: 1, 2, 3, 4, 5。

数到5以后再数到8: 1, 2, 3。

数三下, 所以 8—5=3。

一般地说, 所谓$c-b$, 就是在自然数列里, 先从1数到c, 再从1数到b, 然后看一看, 数到b以后还要数几下才可以数到c, 因此减法也是一种计数。

同时, 在这种计数的过程里, 也可以看出来: 5—3=2, 就是因为2+3=5; 8—5=3, 就是因为3+5=8。这跟上边的说法是完全一致的。

减法的条件

在加法里，任何两个数都可以相加，"加数"是什么数都行。但是在减法里却有一定的限制。

从计数方面来说，在自然数列里，被减数必须在减数的后边，才能相减。同时，既然差＋减数＝被减数。

"被减数"是"差"和"减数"的"和"，所以"被减数"必须比"减数"大。

假设"被减数"和"减数"相等怎样呢？例如3－3＝0，因为0＋3＝3；5－5＝0，因为0＋5＝5。一般的，对于任何数 a，总是

$$a-a=0，因为，0+a=a$$

因此，如果把零也考虑进去，减法的条件应该是："被减数"不能比"减数"小，就是"被减数"可以和"减数"相等，也可以比"减数"大。

零的减法

（1）任何数减零等于原数，$a-0=a$，因为$a+0=a$。

（2）零减零还是零，$0-0=0$，因为$0+0=0$。

（3）如果减数是自然数的时候，零不能做被减数。因为在整数里，零是最小的一个数。

"差"的存在和唯一

任何两个数相减，是不是"一定"有它们的"差"呢？只要被减数比减数大，我们总可以找到它们的"差"。根据减法的计数可以相信这一个事实。如果"被减数"等于"减数"，上面已经说过，它们的"差"是零。因此可以断定：只要被减数不比减数小，两个数的"差"一定是存在的。

进一步问：任何两个数的"差"，是存在的，是不是"只有"一个呢？"只有"一个。

因为，假设"差"有两个，比方说：$5-3=a$，同时$5-3=b$。那么，根据"差"的条件就有$a+3=5$，同时$b+3=5$。一个是，从a往后数3个，数到5；一个是，从b往后数3个，也是数到5。如果a、b不相等，是根本不可能的。就好像两个人，原来是一前一后。现在要求他们向同一个方向跨同样大小的3步，结果达到同一地点，会有这种事实吗？显然不会有。

因此可以断定：如果两个数能够相减，那么它们的"差"只有一个，就是说"差"是唯一的。

"差"的性质

（1）根据减法的意义以及"差"的条件，一个数减去另一数，再加上这一个数，结果还是原数。反过来，一个数加上另一数，再减去这一个数，结果也是原数。例如：

$$5-3=2, 2+3=5, 所以 (5-3)+3=5$$

$$8+4=12, 12-4=8, 所以 (8+4)-4=8$$

这一个性质表明加减两种运算恰好相反，可以互相还原。因此我们说，加法和减法彼此是"逆运算"。

（2）一个数加上两个数的"差"，可以先加上"被减数"，再减去"减数"。一个数减去两个数的"差"，可以先加上"减数"，再减去"被减数"。例如：

$$9+(6-2)=9+4=13 \qquad (9+6)-2=15-2=13$$

所以 $\qquad 9+(6-2)=(9+6)-2$

$$9-(6-2)=9-4=5 \qquad (9+2)-6=11-6=5$$

所以 $\qquad 9-(6-2)=(9+2)-6$

（3）一个数减去许多数的"和"，可以把这些数一个一个地减了去。例如：

$$90-(30+20)=90-50=40$$

$$90-30-20=60-20=40$$

所以　　　　$90-(30+20)=90-30-20$

$$876-(300+20+5)=876-325=551$$

$$876-300-20-5=576-20-5=556-5=551$$

所以　　　　$876-(300+20+5)=876-300-20-5$

反过来说，许多数的"和"减去一个数，可以把这一个数从任何一个"加数"里减了去（如果够减的话），而其余的数不变。例如：

$$(50+30)-20=80-20=60$$

$$(50-20)+30=30+30=60$$

$$50+(30-20)=50+10=60$$

所以　　　　$(50+30)-20=(50-20)+30=50+(30-20)$

$$(46+54+189)-89=289-89=200$$

$$46+54+(189-89)=100+100=200$$

所以　　　　$(46+54+189)-89=46+54+(189-89)$

（46不能减89，54不能减89）

结果都是相等的。

（4）"和"的"差"可以变成"差"的"和"（如果够减的话）。

例如：

$$（150+30）-（50+20）=180-70=110$$

$$（150-50）+（30-20）=100+10=110$$

所以 $（150+30）-（50+20）=（150-50）+（30-20）$

$$（800+70+6）-（300+20+5）=876-325=551$$

$$（800-300）+（70-20）+（6-5）=500+50+1=551$$

所以 $（800+70+6）-（300+20+5）$

$$=（800-300）+（70-20）+（6-5）$$

这正好指出多位数减去多位数的运算方法。

从上面的性质，又可以推出下面的结果：

$$5+3-2=5-2+3 \qquad 125+87-25=125-25+87$$

$$8-3-2=8-2-3 \qquad 175-86-75=175-75-86$$

第一个数不动，后面的"加数"或"减数"可以掉换运算的顺序，并不影响结果（当然，掉换的结果不能有不够减的情况）。这样一来，加减的运算就更方便了。

其次，根据

$$5+（3+2）=5+3+2 \qquad 5+（3-2）=5+3-2$$

$$5-（3+2）=5-3-2 \qquad 5-（3-2）=5-3+2$$

可以看出来：在一个算式里如果光有加减，要添上括号或者去掉括号，都要注意到括号前的符号。如果括号前面是"＋"号，那么无论添上或去掉括号，括号里边的运算符号都不变，"＋"号还是"＋"号，"－"号还是"－"号；如果括号前面是"－"号，那么不论添上或去掉括号，括号里边的运算符号就都要改变，"＋"号变成"－"号，"－"号变成"＋"号。

加减关系

上面已经说过：加法和减法彼此是逆运算，并且可以互相还原，但是具体的情况还是有所不同。

在加法里，　　被加数+加数=和，

　　　　　　　　和-加数=被加数，

　　　　　　　　和-被加数=加数。

只要知道两个数的"和"，无论求"被加数"或是求"加数"，统统用减法。

在减法里，　　被减数-减数=差，

　　　　　　　　差+减数=被减数。

但是，正因为　　差+减数=被减数，

所以　　　　　　被减数-差=减数。

因此，我们知道两个数的"差"，求"被减数"时用加法，求"减数"时却仍然用减法。例如：

　　　　　3+2=5时，5-2=3，5-3=2，

8－5＝3时, 3＋5＝8, 8－3＝5。

为什么加法的还原只有一种算法, 而减法的还原却有两种算法呢? 这就是因为: 两个数的"和"的性质有交换律, "被加数"和"加数"可以交换; 而两个数的"差"的性质却没有交换律, "被减数"和"减数"不能交换, 因此情况也就不同了。

例如:　　　5＋3＝3＋5, 5－3≠3－5

同时, 在这里3－5是不可能的, 因为3比5小。

"和""差"变化

既然"和"是几个数相加的结果,所以无论哪一个加数变大或者变小,它们的和也要随着变大或变小。

（1）任何一个"加数"增加多少,而其余的"加数"不变,那么它们的"和"也要增加多少。

例如:5+8=13

$$（5+4）+8=5+（8+4）=13+4$$

在加法的速算里曾经说过,如果有十、百、千、万的近似数,可以利用这些近似数,然后再适当地增减。比方:

$$173+59=173+60-1=233-1=232$$

既然59变成60,增加了一个1,因此"和"也要增加一个1。为了等于原来的"和",所以后面还要再减去一个1。

（2）任何一个"加数"减少多少,而其余的"加数"不变,那么它们的"和"也要减少多少。

例如:5+8=13　（5-2）+8=5+（8-2）=13-2

在加法的速算里,曾经说过,先把能够凑成十、百、千、万的数加起来,然后再加其余的数。

例如:$25+28+72=(28+72)+25=100+25=125$。

如果原来的"加数"没有这种条件的时候,我们也可以把原来的数拆开,让它适合于这样的条件。比方前边那个算题$173+59$,也可以这样做:

$$173+59=173+27+32=200+32=232$$

结果是一样的。我们的想法是:既然59变成27,减少了32,因此"和"也要减少32。为了等于原来的"和",所以后面还要再加32。

当然,也可以这样做:$173+59=172+60=232$

(3)任何一个"加数"增加多少,而另外一个数减少多少,那么它们的"和"就不变。

例如:$5+8=13$

$(5+3)+(8-3)=(5-3)+(8+3)=13$。

由于上面所说的变化,这是一个当然的结果。

以上是"和"的变化;下面是"差"的变化。情况也有些类似。

(1)如果"被减数"增加多少而"减数"不变,或者"减数"减少多少而"被减数"不变,那么它们的"差"都要增加多少。

例如：　18－12＝6　　　（18＋2）－12＝6＋2

18－（12－2）＝6＋2

比方说原来有18元，用去12元，还有6元。如果增加2元，结果是8元；如果少用2元，结果也是8元。

（2）如果"被减数"减少多少而"减数"不变，或者"减数"增加多少而"被减数"不变，那么它们的"差"都要减少多少。

例如：　　　18－12＝6　　（18－2）－12＝6－2

18－（12＋2）＝6－2

比方原来打算收入18元，支出12元，结存6元。如果收入减少2元，就只能结存4元；如果支出增加2元，也只能结存4元。

（3）如果"被减数"和"减数"同时增加多少，或者同时减少多少，那么它们的"差"就不变。

例如：　　　18－12＝6　　（18＋2）－（12＋2）＝6

（18－2）－（12－2）＝6

由于上面两种变化，这是一个当然的结果。

所有这些变化，不必经过计算，都可以根据"和""差"的性质加以断定。

相减的方法

一位数减去一位数，根据"差"的条件，可以利用加法表。

多位数减去多位数，可以把"和"的"差"变成"差"的"和"。上面已经说过，例如：

$$876-325=(800+70+6)-(300+20+5)$$
$$=(800-300)+(70-20)+(6-5)$$
$$=500+50+1=551$$

百位数减百位数，十位数减十位数，个位数减个位数。

当然，有时候会碰到"被减数"的某一位数比"减数"的同一位数小，因此不够减，这时候"被减数"的这一位数就要从前一位数去借1，才能进行演算。比方：43－18，"被减数"的个位是3，"减数"的个位是8，不够减，"被减数"就要从十位借1，变成13，13－8＝5，所以43－18的"差"个位是5。又因为"被减数"十位数被个位借去了1，所以还剩3，这个十位数3减去"减数"的十位数1，还剩2，所以43—18的"差"十位数是2。这样就得出43—18的"差"是25。这就是因为，一个数不但可以写成"和"的形式，而且还可以写成各种不同的"和"的形式。

$$43$$
$$\underline{-18}$$
$$25$$

$$43=40+3=30+13=20+23=10+33$$

在十进位制里，每一位的数字最大不能超过9，所以两数相减，如果不够减的话，只要从前一位借1就行了。

实际的减法，正是按照上面这些办法运算的。

减法的演变

古代的减法有两种方式。例如：821−348。

一种办法是：个位，11减8是3；十位，11（原来是12，借去1）减4是7；百位，7（原来是8，借去1）减3是4。所以"差"是473。

$$
\begin{array}{r}
821 \\
-348 \\
\hline
473
\end{array}
$$

另一种办法是：11减8是3，12减5（原来是4，加上借去的1）是7，8减4（原来是3，加上借去的1）是4。所以"差"是473。

前一种是"预借预支"，后一种"边支边结"，算法很别致。不过因为既要减又要加，做起来不免有些麻烦。

加法可以从左到右，减法也可以这样，只要预先照顾到借位就行。比方上面的例子，821−348。百位数相减，注意到借位，改成7减3是4。十位数相减，注意到借位，改成11减4是7。然后11减8是3。结果也是473。

因为数的大小一看就知道，要不要借位很容易断定，所以这也可以看作减法的一种速算法。

减法速算

利用"差"的性质和"差"的变化, 我们可以找到关于减法的速算法。

（1）如果"减数"是一位数, 先把它拆开, 让它有一个数和"被减数"的末一位相同, 然后再减。如果"减数"是两位数, 先把它拆开, 让它有一个数和"被减数"的末两位相同, 然后再减。

例1. $33-8=33-3-5=30-5=25$

例2. $243-60=243-43-17=200-17=183$

（2）如果"减数"很多, 可以先把所有的"减数"加起来, 然后一次减了去。

例3. $85-6-4-85-(6+4)=85-10=75$

例4. $356-24-28=356-(24+28)=356-52=304$

（3）如果"减数"和十、百、千、万或是它们的倍数相接近, 可以利用这些大约数, 然后再适当地增减。

例5. $369-196=369-200+4=169+4=173$

例6. $583-85=583-80-5=503-5=503-3-2$

$=500-2=498$

当然也可以这样做：$583-85=583-83-2=500-2=$ 498。

（4）也可以把"减数"凑成十、百、千、万或是它们的倍数，然后把"被减数"同样地增减再去运算。

例7. $369-196=(369+4)-(196+4)$

$=373-200=173$

例8. $583-85=(583+5)-(85+5)$

$=588-90=498$

加减法的验算

利用加减的关系，可以找到加减验算的方法。

加法的验算不只可以利用交换律、结合律，而且还可以利用减法。只要"和"减去一个"加数"等于另外一个"加数"，那就对了。

减法的验算也可以利用加法。如果"差"加上"减数"等于"被减数"，或者"被减数"减去"差"等于"减数"，那就对了。

练习二

采用各种最合理的办法计算下列各题:

1. $798-(98+65)=?$

2. $8,543-(789-456)=?$

3. $3,360-(2+4+6+8+10)=?$

4. $5,155-82-23-18-20-7=?$

5. $12,345,678-3,456,789=?$

六　乘法——加法的速算法

乘法的意义

上面曾经说过，计数的时候，如果事物的组数少些还比较简单，如果组数多了就很麻烦。但是，当每组事物都是一般多的时候，我们又可以找到一个比较简便的办法，那就是乘法。

比方每组事物的数都是5。一五得五，二五一十。只要记得这样一些结果，就能够直接写出答数来。

例如六个五，五六三十。写成算式：

$$5×6=30$$

写在前边的表示相加的数，叫作"被乘数"。写在后边的表示相加的个数，叫作"乘数"。这样一些数相加的结果叫作"积"。求两个数相乘积的运算叫作乘法。

$$被乘数×乘数=积$$

因此，乘法就是加法。当加数都相同的时候，加法就变成了乘法。

乘法也是计数

既然乘法就是加法，加法是计数，所以乘法也是计数。

比方说，先数：　　　1, 2; 1, 2; 1, 2

再数：　　　　　　　　1, 2, 3

然后数：　　　　1, 2, 3, 4, 5, 6

所以　　　　　　　　2×3＝6

先数：　　　1, 2, 3; 1, 2, 3; 1, 2, 3; 1, 2, 3

再数：　　　　　　1, 2, 3, 4

然后数：　　1, 2, 3, 4, 5, 6, 7, 8, 9, 10, 11, 12

所以　　　　　　　　3×4＝12

先一组一组地去数，然后整个地去数，这就是乘法。显然，"积"就是相同的"加数"的"和"。

"积"的存在和唯一

这更简单。既然积是相同的"加数"的"和"，因为"和"是存在的，所以"积"也是存在的。因为"和"是唯一的，所以"积"也是唯一的。

这就是说：任何两个数相乘，一定找得到它们的"积"，而且只有一个"积"。

"积"的性质

在乘法的实际运算里，我们可以发现"积"的三个性质：

（1）任何两个数相乘，哪一个是"被乘数"，哪一个是"乘数"，都没有关系，它们的"积"总是相同的。$2×3$和$3×2$都得6，$5×8$和$8×5$都得40，跟加法一样，我们把这个关系叫作乘法交换律：

$$a×b=b×a$$

因此，如果不需要区别"被乘数"和"乘数"，我们可以把两个相乘的数统统叫作"乘数"。有时候也把它们叫作"因子"。

（2）任何三个数相乘，不管先乘哪两个后乘哪一个，它们的"积"总是相同的。例如：

$$（2×3）×5=6×5=30 \qquad 2×（3×5）=2×15=30$$

所以　　$（2×3）×5=2×（3×5）$

$$(5\times6)\times7=30\times7=210 \quad 5\times(6\times7)=5\times42=210$$

所以　　$(5\times6)\times7=5\times(6\times7)$

跟加法一样,我们把这个关系叫作乘法结合律:

$$(a\times b)\times c=a\times(b\times c)$$

（3）一个数和两个数的"和"相乘,可以先分别相乘,然后再去求它们的"和",结果是一样的。例如:

$$(3+2)\times5=5\times5=25 \quad 3\times5+2\times5=15+10=25$$

所以　$(3+2)\times5=3\times5+2\times5$

$$(5+6)\times7=11\times7=77 \quad 5\times7+6\times7=35+42=77$$

所以　$(5+6)\times7=5\times7+6\times7$

这是"积"的第三个性质,叫作乘法分配律:

$$(a+b)\times c=a\times c+b\times c$$

当然,它也适合交换律:

$$c\times(a+b)=c\times a+c\times b$$

同时,由于加减的相互关系,对于两个数的"差"也有一个类似的性质。$(8-3)\times5=8\times5-3\times5$,$(9-2)\times7=9\times7-2\times7$。一般的,$(a-b)\times c=a\times c-b\times c$。

因为任何数都可以看作许多1相加的结果,所以

行　行　行　行　行　行　行　行
列 1, 1, 1, 1, 1, 1, 1, 1,
列 1, 1, 1, 1, 1, 1, 1, 1,
列 1, 1, 1, 1, 1, 1, 1, 1,　}5个
列 1, 1, 1, 1, 1, 1, 1, 1,
列 1, 1, 1, 1, 1, 1, 1, 1。

8个

上面这些性质又可以根据下面的事实加以说明。

例如把许多1排成一个方阵。横着去数,每一列是8个,竖着去数,每一行是5个。现在求这些1相加的"和"。很明显的,每行相加都是5,每列相加都是8。因此,全体总数,一方面是8个5的"和",同时又是5个8的"和"。所以$5×8＝8×5$,这就是交换律。

假设把许多5排成一个方阵。每一列有6个5,每一行有7个5。把每一列的数加起来是$5×6$。一共7列,所以总数是$(5×6)×7$。同时,又可以看做作$6×7$个5相加的和。所以$(5×6)×7＝5×(6×7)$。这就是结合律。

```
5, 5, 5, 5, 5, 5,
5, 5, 5, 5, 5, 5,
5, 5, 5, 5, 5, 5,     ⎫
5, 5, 5, 5, 5, 5,     ⎬ 7个
5, 5, 5, 5, 5, 5,     ⎭
5, 5, 5, 5, 5, 5,
5, 5, 5, 5, 5, 5。
     └─────┘
       6个
```

至于分配律,那也很明显。

例如:这里有两个用1排成的方阵。左边一个,是3行5列;右边一个,是4行5列。

```
1, 1, 1,   1, 1, 1, 1,
1, 1, 1,   1, 1, 1, 1,
1, 1, 1,   1, 1, 1, 1,   ⎫
1, 1, 1,   1, 1, 1, 1,   ⎬ 5个
1, 1, 1,   1, 1, 1, 1。  ⎭
└───┘      └────┘
 3个         4个
```

分别加起来,左边是5个3,右边是5个4。合并加起来,每一列都是$3＋4$,一共有5列,所以$(3＋4)×5＝3×5＋4×5$。

当然，上面这些性质也可以推广，不限于两个数，也不限于三个数。

此外，一个数用许多数的"积"去乘，可以用这些数一个一个地去乘。例如：

$$2 \times (3 \times 4 \times 5) = 2 \times 3 \times 4 \times 5 = 6 \times 4 \times 5 = 24 \times 5 = 120$$

反过来，许多数的"积"用一个数去乘，可以用这一个数去乘任何一个数，而其余的数不变，例如：

$$(25 \times 8 \times 6) \times 4 = (25 \times 4) \times 8 \times 5 = 25 \times (8 \times 4) \times 5$$

$$= 25 \times 8 \times (5 \times 4)$$

因为它们的"积"都等于4000。

一的乘法

因为两个1相加是2，三个1相加是3，所以$1×2=2$，$1×3=3$。一般的，无论a是什么数，a个1相加总是a，所以$1×a=a$。

颠倒过来，$a×1$本来是没有意义的。我们能够说一个a相加吗？这当然讲不通。但是我们可以把它当作a。这样一来，两种情况就统一了。例如：

$2×1=2$，$3×1=3$。一般的，$a×1=a$。

因此，任何数和1相乘的结果都是原数，而且适合于交换律：$a×1=1×a$。

同样的，1乘1还是1，$1×1=1$。

零的乘法

$0 \times 2 = 0$，因为$0 + 0 = 0$，$0 \times 3 = 0$，因为$0 + 0 + 0 = 0$。既然不论多少零相加都是零，所以不论a是什么数，总是$0 \times a = 0$。

颠倒过来，$a \times 0$本来是没有意义的，因为我们不能说零个a相加；但是我们可以把它当作零。这样一来，两种情况又统一了，$a \times 0 = 0$。

因此，任何数和零相乘的结果都是零，而且适合于交换律：

$$a \times 0 = 0 \times a$$

同样的，零乘零还是零，$0 \times 0 = 0$。

反过来说，如果两个数相乘的"积"是零，那么"乘数"至少有一个是零。许多数相乘当然也是这样。

相乘的方法

一位数乘一位数利用乘法表：

×	1	2	3	4	5	6	7	8	9
1	1	2	3	4	5	6	7	8	9
2	2	4	6	8	10	12	14	16	18
3	3	6	9	12	15	18	21	24	97
4	4	8	12	16	20	24	28	32	36
5	5	10	15	20	25	30	35	40	45
6	6	12	18	24	30	36	42	48	54
7	7	14	21	28	35	42	49	56	63
8	8	16	24	32	40	48	66	64	72
9	9	18	27	36	45	64	63	72	81

乘法表的用法跟加法表一样。

一个数用10、100、1,000、10,000去乘最简单，只要在"被乘数"的后面照数写零。$856×10=8,560，856×100=$

85, 600, 856×1000＝856, 000。这是因为一个数, 每逢扩大10倍就要往前进一位的缘故。

如果乘数不是10、100、1, 000、10, 000, 而是一个数字的后面带有许多零, 这时候可以利用结合律。例如:

$$8×300＝8×(3×100)＝(8×3)×100＝2, 400$$

$$8, 000×300＝(8×1, 000)×(3×100)$$

$$＝(8×3)×(1000×100)$$

$$＝2, 400, 000$$

一位数去乘多位数, 利用分配律。例如:

$$8, 564×5＝(8, 000+500+60+4)×5$$

$$＝8, 000×5+500×5+60×5+4×5$$

$$＝40, 000+2, 500+300+20$$

$$＝42, 820$$

多位数去乘多位数也是同样的情形。例如:

$$8, 564×125＝8, 564×(100+20+5)$$

$$＝8, 564×100+8, 564×20+8, 564×5$$

$$＝856, 400+171, 280+42, 820$$

$$＝1, 070, 500$$

实际的乘法正是按照上面这些办法运算的。

乘法的演变

加法和减法的运算可以从左到右地进行, 乘法的运算也可以这样。古代的乘法就有这么一种。

例如: 265×265。我们可以先用200去乘, 再用60去乘, 然后用5去乘, 最后再把所得的九个数加起来, 就得到它们的"积"。这种办法显然是很不方便的。

$$\begin{array}{r} 265 \\ 265 \\ \hline 40{,}000, \ 12{,}000, \ 1{,}000 \\ 12{,}000, \ \ 3{,}600, \ \ \ 300 \\ 1{,}000, \ \ \ \ 300, \ \ \ \ \ 25 \\ \hline 70{,}225 \end{array}$$

但是另外一种办法却是非常整齐的。例如735×12, 或是24×3, 547。我们先画好几个正方形, 然后再画斜线, 把"被乘数"放在上边横着写, 把"乘数"放在右边竖着写。然后分别相乘, 把"积"写在方格里。个位数写在斜线的下边, 十位数写在斜线的上边。乘完以

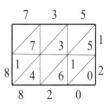

后,再把方格里的数,斜着一行、一行地加起来(同时也可以进位),写在下边和左边,这就是它们的"积"。我们曾经把这种写法叫作"铺地锦"。很明显的,这些办法都不如现在的办法好。

乘法速算

利用"积"的性质和乘法的实际经验,我们可以找到关于乘法的速算法。

（1）先把能够凑成十、百、千、万的数乘起来,然后再乘其余的数。

例1. $25 \times 34 \times 4 = (25 \times 4) \times 34 = 3,400$

例2. $8 \times 25 \times 2 \times 4 \times 5 \times 7 = (25 \times 4) \times (2 \times 5) \times (7 \times 8)$

$$= 56,000$$

（2）如果"乘数"是5,可以先用10去乘,再用2去除。如果"乘数"是25,可以先用100去乘,再用4去除。

例3. $438 \times 5 = 4,380 \div 2 = 2,190$

例4. $285 \times 25 = 28,500 \div 4 = 7,125$（3）如果"乘数"比较大,可以分成许多小的数去乘。

例5. $125 \times 16 = 125 \times 8 \times 2 = 1,000 \times 2 = 2,000$

例6. $28 \times 27 = 28 \times 3 \times 3 \times 3 = 84 \times 3 \times 3 = 252 \times 3 = 756$

（4）如果"乘数"和十、百、千、万或是它们的倍数相接近，可以利用"积"的性质，分别相乘然后再加减。

例7. $327 \times 98 = 327 \times (100-2) = 32,700-654$

$= 32,046$

例8. $327 \times 205 = 327 \times (200+5) = 65,400+1,635$

$= 67,035$（5）如果"乘数"的数字里，一部分是另外一部分的倍数，在实际相乘的时候可以利用那一部分的积。

例9.

327	
×205	
1 635	=327×5
65 40	=1635×4
67,035	（因为20=5×4）

205	
×327	
61 5	=205×3
5 535	=615×9
67,035	（因为27=3×9）

例10.

456	
×824	
364 8	=456×8
10 944	=3648×3
375,744	（因为24=8×3）

456	
×824	
9 12	=456×2
1 824	=912×2 （因为4=2×2）
364 8	=1824×2 （因为8=4×2）
375,744	

特殊乘法

（1）如果"被乘数"只有两位数，"乘数"是11，可以把"被乘数"拆开，中间填上首尾两数的"和"。如果这个"和"是两位数，当然要进位。

例1． $42×11=4626=4+2$

例2． $45×11=4959=4+5$

为了说明这种办法，采用一个记号：$\overline{abc}$ 表示一个数，百位是a，十位是b，个位是c，$\overline{4(4+2)2}$ 就是462，$\overline{4(4+5)5}$ 就是495。

例3． $65×11=\overline{6(6+5)5}=715$ $6+5=11$ $6+1=7$

（2）如果两个"乘数"的十位数都是1，那么"积"的百位是1，十位是两个个位数的"和"，个位是两个个位数的"积"。如果"和"和"积"是两位数，当然也要进位。

例4． $14×12=\overline{1(4+2)(4×2)}=168$

例5.　$14 \times 13 = \overline{1(4+3)(4 \times 3)} = 182$

例6.　$14 \times 16 = \overline{1(4+6)(4 \times 6)} = 224$

（3）如果两个"乘数"的十位数都是9，那么"积"的千位和百位是"被乘数"减去"乘数"个位数的"补数"[1]。然后再写上两个个位数的补数的"积"，就是要找的答案。采取这样一个记号 $\overline{(a-b)(c \times d)}$ 表示头两位是$a-b$的"差"，后两位是$c \times d$的"积"。

例7.　$97 \times 96 = \overline{(97-4)(3 \times 4)} = 9,312$ ，6的补数是4，7的补码是3。

例8.　$92 \times 98 = \overline{(92-2)(8 \times 4)} = 9,016$ ，8的补数是2，2的补数是8。

例9.　$94 \times 93 = \overline{(94-7)(6 \times 7)} = 8,742$ ，3的补数是7，4的补码数是6。

（4）如果两个"乘数"开头的几位数都一样，而且两个个位数的"和"都是10，那么"积"的开头的几位数就是

---

1. 一个数的"补数"，就是从 10 减去这个数的"差"。例如 1 的补数码 9，2 的补数是 8，3 的补数是 7。当然，一个数是另外一个数的补数时，另外一个数也是这个数的补数。3 的补数是 7，7 的补数是 3。4 的补数是 6，6 的补数码是 4。5 的补数码还是 5。

这一个相同数字和它"继数"[1]的"积"。然后再写上两个个位数字的"积"，就是要找的答数。采取这样一个记号 $\overline{(a \times b)(c \times d)}$ 表示前几位是$a \times b$的"积"，后边两位是$c \times d$的"积"。

例10. $68 \times 62 = \overline{(6 \times 7)(8 \times 2)} = 4,216$，6的继数是7。

例11. $114 \times 116 = \overline{(11 \times 12)(4 \times 6)} = 13,224$，11的继数是12。

例12. $9,997 \times 9,993 = \overline{(999 \times 1000)(7 \times 3)} = 99,900,021$，999的继数是1,000。

不过要注意：即便开头的几位数都一样，但是两个个位数字的"和"不是10，那就不能这样去做。可以跟前面的几个例题比较一下。例6跟例8都可以利用这一个办法，而且比原来的办法好；但是例4、例5、例7、例9就不能应用这个办法了。因为条件不同，所以不能用。

---

1. 在自然数列里,任何相邻的两个数,后边一个是前边一个的"继数"。1的继数是2,2的继数是3,3的继数是4。当然,一个数的继数就是原数加1的"和"。

乘法的验算

　　乘法的验算跟加法一样。两个数相乘可以利用交换律，许多数相乘可以利用结合律。

　　当然，这也并不是唯一的办法。其余的办法以后还要讲。

练习三

采用各种最合理的办法计算下列各题：

1.2,468×5=?　　　　　　2.2,468×25=?

3.625×87×25×4×16=?　　4.2,525×98=?

5.2,525×101=?　　　　　6.427×36=?

7.28,714×126=?　　　　8.11×72=?

9.78×11=?　　　　　　10.98×11=?

11.15×13=?　　　　　　12.15×14=?

13.15×15=?　　　　　　14.98×91=?

15.98×92=?　　　　　　16.98×93=?

17.53×57=?　　　　　　18.65×65=?

19.78×72=?　　　　　　20.993×997=?

21.9,994×9,996=?　　　22.99,998×99,992=?

23.114×116=?　　　　　24.117×113=?

25.122×128=?

七 除法——乘法的逆运算

除法的意义

在加法里，两个数相加得到"和"。有了"和"，原来的两个数，随便知道一个就可以求出另外一个。因此有了减法。

在乘法里，两个数相乘得到"积"。有了"积"，原来的两个数，随便知道一个也可以求出另外一个。这时候要用除法。

例如，所谓6÷2，就是找一个乘2能够等于6的数。

所谓12÷3，就是找一个乘3能够等于12的数。

前边的数叫作"被除数"，后边的数叫作"除数"，找到的结果叫作"商"。

被除数÷除数＝商，商的条件是：商×除数＝被除数。

$$c \div b = a \text{时} \quad a \times b = c$$

求两个数的"商"的运算叫作除法。

除法也是计数

6÷2是什么呢? 是3。因为3×2＝6。

12÷3是什么呢? 是4。因为4×3＝12。

从计数的一方面说, 所谓$c \div b$就是在自然数列里, 先从1数到c, 再从1数到b。一个b, 两个b, 看看一共数了几个b才数到c。比方说:

先数到　　6: 1, 2, 3, 4, 5, 6

再去数　　　3: 1, 2, 3; 1, 2, 3

然后再数:　　　　　1, 2

所以　　　　　　　6÷3＝2

先数到12: 1, 2, 3, 4, 5, 6, 7, 8, 9, 10, 11, 12。

再去数3: 1, 2, 3; 1, 2, 3; 1, 2, 3; 1, 2, 3。

然后再数:　　　　1, 2, 3, 4

所以　　　　　　　12÷3＝4

实际上, 从计数的过程里也可以看出来: 6÷3＝2, 就是

因为 $3 \times 2 = 6$；$12 \div 3 = 4$，就是因为 $4 \times 3 = 12$。因此这两种解释也是一致的。

除法的条件

在乘法里，任何两个数都可以相乘，"乘数"是什么数都行。但是在除法里，"被除数""除数"之间的关系却是有限制的，而且比减法里的"被减数""减数"之间的关系限制的还多。

从计数这方面来说，在自然数列里，"除数"必须在"被除数"的前面才有除的可能。同时，

被除数÷除数＝商, 除数×商＝被除数。

从这里也可以看出来，"被除数"不能比"除数"小。

但是，即便这样也不一定能够除。

5÷2，能够找得到一个数，乘2等于5吗？

12÷5，能够找得到一个数，乘5等于12吗？

显然都不能。

一个数用另外一个数去乘的"积"，叫作原来那个数的倍数。2的倍数是0, 2, 4, 6, 8, 10……; 5的倍数是0, 5,

10, 15, 20, 25, 30······因此, 只有被除数是除数的倍数时才能够除。所以说, 除法的限制比减法还多。

一的除法

　　根据除法的条件,1不能做被除数。因为它比其余的自然数小。反过来,1却可以做任何数的除数,因为任何数被1去除都等于原数。例如:2÷1=2,因为2×1=2。3÷1=3,因为3×1=3。一般地说,不论a是什么数,

$$a÷1=a,因为a×1=a$$

　　同时,任何相同的数相除都等于1。例如:5÷5=1,因为1×5=5。7÷7=1,因为1×7=7。一般地说,

$$a÷a=1,因为1×a=a$$

零的除法

零能够被其余的数去除吗？能。$0 \div 2 = 0$，因为 $0 \times 2 = 0$。$0 \div 3 = 0$，因为 $0 \times 3 = 0$。因此：

（1）零被任何数去除都是零。$0 \div a = 0$。

但是，零除零却不一定是零。因为 $1 \times 0 = 0$，所以有 $0 \div 0 = 1$；因为 $2 \times 0 = 0$，所以有 $0 \div 0 = 2$；因为 $3 \times 0 = 0$，所以有 $0 \div 0 = 3$……既然任何数乘零都是零，所以零除零可以等于任何数，也就是它的商有无限多。$0 \div 0 =$ 任何数。

然而，我们却不能用零去除任何数。因为假设 $a \div 0$ 能等于一个数，那么用这个数去乘零就应该等于 a，但是事实上任何数乘零都是零，不能不等于零，所以 $c \div 0$ 等于什么数都不行。用零做除数是没有意义的。由于这些原因，我们得出一条限制：

（2）零不得做除数。用零做除数的除法不讨论。

"商"的唯一

两个数如果能除的话，它们的"商"是不是"只有"一个呢？

我们可以这样想：假设"商"有两个，比方说 $6 \div 2 = a$，同时 $6 \div 2 = b$，那么根据"商"的条件，就有 $a \times 2 = 6$，同时 $b \times 2 = 6$。一方面两个 a 的"和"是6，一方面，两个 b 的"和"也是6。如果 a 跟 b 不一样，那是不可能的。

因此可以断定：只要两个数能除，那么它们的"商"只有一个，就是说"商"是唯一的。

"商"的性质

(1)根据除法的意义以及"商"的条件,一个数用另外一个数去乘,再用同一个数去除,结果还是原数;反过来,一个数用另外一个数去除,再用同一个数去乘,结果也是原数。例如:

$$6÷2=3, 3×2=6, 所以(6÷2)×2=6$$

$$8×3=24, 24÷3=8, 所以(8×3)÷3=8$$

这一个性质表明乘除两种运算恰好相反,可以互相还原。因此我们说,乘法和除法彼此是"逆运算"。

(2)两个数的"和"用一个数去除,可以先分别去除(如果能除的话),然后再求它们的"和",结果是一样的。例如:

$$(36+12)÷6=48÷6=8 \quad 36÷6+12÷6=6+2=8$$

所以 $(36+12)÷6=36÷6+12÷6$

$$(800+60+4)÷2=864÷2=432$$

$$800÷2+60÷2+4÷2=400+30+2=432$$

所以　　　　$(800+60+4)÷2=800÷2+60÷2+4÷2$

这一个性质跟乘法的分配律相似，并且指出一位数去除多位数的运算方法。

同时，由于加减的相互关系，从这一个性质又可以推出来：两个数的"差"用一个数去除也可以先分别去除（如果能除的话），然后再求它们的"差"。例如：

$$(36-12)÷6=36÷2-12÷6$$

（3）一个数用两个数的"商"去乘，可以先用"被除数"去乘，再用"除数"去除。一个数用两个数的"商"去除，可以先用"除数"去乘，再用"被除数"去除。例如：

$$36×(18÷2)=36×9=324$$

$$(36×18)÷2=648÷2=324$$

所以　　　　　　$36×(18÷2)=(36×18)÷2$

$36÷(18÷2)=36÷9=4$　　$(36×2)÷18=72÷18=4$

所以　　　　　　$36÷(18÷2)=(36×2)÷18$

（4）一个数用许多数的"积"去除，可以用这些数一个一个地去除。例如：

$$180÷(15×4)=180÷60=3$$

$$180÷15÷4=12÷4=3$$

所以　　　　　　$180÷(15×4)=180÷15÷4$

$$1,080 \div (2 \times 5 \times 9) = 1,080 \div 90 = 12$$

$$1,080 \div 2 \div 5 \div 9 = 540 \div 5 \div 9 = 108 \div 9 = 12$$

所以　　　$1,080 \div (2 \times 5 \times 9) = 1,080 \div 2 \div 5 \div 9$

反过来说，许多数的"积"用一个数去除，可以用这一个数去除任何一个"乘数"（如果能除的话），而其余的数不变。例如：

$$(30 \times 20) \div 10 = 600 \div 10 = 60$$

$$(30 \div 10) \times 20 = 3 \times 20 = 60$$

$$30 \times (20 \div 10) = 30 \times 2 = 60$$

所以　　　　　$(30 \times 20) \div 10 = (30 \div 10) \times 20 = 30 \times$
$(20 \div 10)$

$$(24 \times 625 \times 7) \div 25 = 105,000 \div 25 = 4200$$

$$24 \times (625 \div 25) \times 7 = 24 \times 25 \times 7 = 4200$$

所以　　　$(24 \times 625 \times 7) \div 25 = 24 \times (625 \div 25) \times 7$

（24不能被25除，7不能被25除）

结果都是相等的。

从上面的性质又可以推出下面的结果：

$$8 \times 3 \div 2 = 8 \div 2 \times 3$$

$$36 \times 5 \div 12 = 36 \div 12 \times 5$$

$$12 \div 3 \div 2 = 12 \div 2 \div 3$$

$$187 \times 23 \div 17 = 187 \div 17 \times 23$$

第一个数不动, 后面"乘数"或"除数"的顺序可以掉换(当然, 掉换的结果不能有不能除的情况)。这样一来, 乘除的运算就更方便了。

其次, 根据

$$160 \times (20 \times 4) = 160 \times 20 \times 4$$

$$160 \times (20 \div 4) = 160 \times 20 \div 4$$

$$160 \div (20 \times 4) = 160 \div 20 \div 4$$

$$160 \div (20 \div 4) = 160 \div 20 \times 4$$

可以看出来: 在一个算式里, 如果光有乘除, 要添上括号或者去掉括号, 都要注意到括号前的符号。如果括号前面是"×"号, 那么无论添上或去掉括号, 括号里边的运算符号都不变, "×"号还是"×"号, "÷"号还是"÷"号; 如果括号前面是"÷"号, 那么不论添上或去掉括号, 括号里边的运算符号就都要改变, "×"号变成"÷"号, "÷"号变成"×"号。

乘除开系

"商"的性质跟"差"的性质有些相似。乘除的关系和加减的关系完全一样。

上面曾经说过：乘法和除法彼此是逆运算，并且可以互相还原。但是具体的情况还是有所不同。

在乘法里，　　被乘数×乘数＝积，

积÷乘数＝被乘数，

积÷被乘数＝乘数。

只要知道两个数的"积"，无论求"被乘数"或是求"乘数"，统统用除法。

在除法里，　　被除数÷除数＝商，

商×除数＝被除数。

但是，正因为　　商×除数＝被除数，

所以　　　　　　被除数÷商＝除数。

因此我们知道两个数的"商"，求"被除数"时用乘法，求

"除数"时却仍然用除法。例如:

$$3 \times 2 = 6时, \quad 6 \div 2 = 3, \quad 6 \div 3 = 2。$$

$$24 \div 8 = 3时, \quad 3 \times 8 = 24, \quad 24 \div 3 = 8。$$

为什么乘法的还原只有一种算法,而除法的还原却有两种算法呢?这跟加减的情况一样。两个数的"积"的性质有交换律,"被乘数"和"乘数"可以交换;而两个数的"商"的性质却没有交换律,"被除数"和"除数"不能交换,因此情况也就不同了,例如:

$$6 \times 3 = 3 \times 6, 6 \div 3 \neq 3 \div 6$$

同时,在这里3不能被6除,因为3比6小。

"积""商"变化

既然"积"是几个数相乘的结果，所以无论哪一个乘数变大或者变小，它们的积也要随着变大或变小。

（1）任何一个"乘数"扩大到多少倍，而其余的"乘数"不变，那么它们的"积"也要扩大到多少倍。反过来，任何一个"乘数"缩小到多少分之一，而其余的"乘数"不变，那么它们的"积"也要缩小到多少分之一。

例如：　　　$18 \times 12 = 216$

$$(18 \times 3) \times 12 = 18 \times (12 \times 3) = 216 \times 3$$

$$(18 \div 6) \times 12 = 18 \times (12 \div 6) = 216 \div 6$$

在乘法的速算里曾经说过，如果一个数用5、25去乘的时候，可以分别用10、100去乘，然后再分别用2、4去除。比方：

$$438 \times 5 = 438 \times 10 \div 2 = 4,380 \div 2 = 2,190$$

既然5变成10，扩大到两倍，因此"积"也要扩大到两倍。为了等于原来的"积",所以后面还要再用2去除。

同时,如果"乘数"比较大,可以分成许多小的数去乘。比方:

$$125 \times 16 = 125 \times 8 \times 2 = 1000 \times 2 = 2000$$

这一个办法也可以这样说明:既然16变成8,缩小到二分之一,因此"积"也要缩小到二分之一。为了等于原来的"积",所以后面还要再用2去乘。

(2)任何一个"乘数"扩大到多少倍,而另外一个"乘数"缩小到多少分之一,那么它们的"积"就不变。

例如:$18 \times 12 = 216$

$$(18 \times 3) \times (12 \div 3) = (18 \div 3) \times (12 \times 3) = 216$$

由于上面所说的变化,这是一个当然的结果。

以上是"积"的变化;下面是"商"的变化。情况也有些类似。

(1)如果"被除数"扩大到多少倍而"除数"不变,或者"除数"缩小到多少分之一而"被除数"不变,那么它们的"商"都要扩大到多少倍。

例如:$18 \div 6 = 3$ $(18 \times 2) \div 6 = 3 \times 2$

$$18 \div (6 \div 2) = 3 \times 2$$

比方一件工程:一个人去做需要18天,六个人去做需要3天。假设工程扩大到2倍,人数不变,当然天数也要扩大到

2倍。假设工程不变,人数缩小到二分之一,当然天数也要扩大到2倍。

（2）如果"被除数"缩小到多少分之一而"除数"不变,或者除数扩大到多少倍而"被除数"不变,那么它们的"商"都要缩小到多少分之一。

例如：$18 \div 3 = 6$　　$(18 \div 2) \div 3 = 6 \div 2$

$$18 \div (3 \times 2) = 6 \div 2$$

比方一项工程：一个人去做需要18天,要想3天完成,需要6个人。假设工程缩小到二分之一,还要3天完成,那么人数就要缩小到二分之一。假设工程不变,天数扩大到2倍,那么人数也要缩小到二分之一。

（3）如果"被除数"和"除数"同时扩大到多少倍,或者同时缩小到多少分之一,那么它们的"商"就不变。

例如：$18 \div 6 = 3$　　$(18 \times 2) \div (6 \times 2) = 3$

$$(18 \div 2) \div (6 \div 2) = 3$$

由于上面两种变化,这也是一个当然的结果。

所有这些变化,不必经过计算,都可以根据"积""商"的性质加以断定。

有余数的除法

既然 被除数÷除数=商, 商×除数=被除数,

所以 被除数—商×除数=0。

根据这样的关系, 除法的意义也就是: 看看"被除数"里"最多"能够减去几个"除数"。这样一来, 我们就可以讨论那些"被除数"虽然大于"除数"然而不能除的问题。

5÷2就是看看5最多能够减去几个2。因为最多只能减去两个2, 还剩下一个1, 所以5÷2=2, 余1。

12÷5就是看看12最多能够减去几个5。因为最多只能减去两个5, 还剩下一个2, 所以12÷5=2, 余2。

一般的, $c÷a$就是看看c最多能够减去几个a, 如果最多能够减去q个a, 那么q就是商; 还剩下一个r比a小, r叫作"余数"。这是"有余数的除法"。

也就是说: 在有余数的除法里,

被除数÷除数=商, 还有余数,

那么　　　　　除数×商＋余数＝被除数，

或者　　　　　被除数－除数×商＝余数。

"余数"必须比"除数"小。

这样一来，除法又可以看作减法。当减数相同的时候，减法就变成了除法。

当然，有余数的除法也是计数。例如：

先数到14：　　1, 2, 3, 4, 5, 6, 7, 8, 9, 10, 11, 12, 13, 14

再去数4：　　1, 2, 3, 4; 1, 2, 3, 4; 1, 2, 3, 4; 1, 2

然后再数：　　1, 2, 3

因此　　　　　$14 \div 4 = 3$，余2。

"商"和"余数"的存在和唯一

当c被a除的时候，如果c能被a除，我们已经说过，"商"是存在的，而且只有一个。如果c不能被a除，那么"商"和"余数"是不是也都只有一个呢？这也很容易想。

因为c被a除，c一定比a大，我们总可以从c减去几个a。既然c是一个固定的数，那么能从c减去a的个数必然有限制。能够减去的个数一定有一个最大的数q。这就是c被a除的"商"。比方从14减去4，能够减去1个，2个，3个。3是能够减去的最大的个数，3就是$14\div4$的"商"。

因此，两数相除的"商"一定有，而且只有一个。"商"是存在的，同时又是唯一的。因为被除数—除数×商＝余数，所以"余数"是相减的"差"。"差"既然是存在的，而且是唯一的，所以"余数"也是存在的，而且是唯一的。

同时，当c被a除没有"余数"的时候，我们也可以把它看作是有"余数"的，只不过"余数"是零。因此有"余数"

的除法也可以包括没有"余数"的除法。反过来说，没有"余数"的除法是有"余数"除法的一个特殊情况。

c比a小的时候，本来不能除；但是我们也可以把它看作能够除。只不过"商"是零，"余数"就是原数。比方说：

$3 \div 5 = 0$，余3；因为$5 \times 0 + 3 = 3$，或者$3 - 5 \times 0 = 3$。

$2 \div 7 = 0$，余2；因为$7 \times 0 + 2 = 2$，或者$2 - 7 \times 0 = 2$。

一般的，c比a小时，$c \div a = 0$，余c；因为$a \times 0 + c = c$，或者$c - a \times 0 = c$。

这样一来，只要除数不是零，任何两个数就都能够相除了。"商"和"余数"，不但都是存在的，而且都只有一个。这就是说，只要a不等于零，$c \div a$时，总有唯一的"一对"整数q和r适合于"商"和"余数"的条件，

除数×商＋余数＝被除数。

相除的方法

一位数去除一位数, 根据"商"和"余数"的条件, 可以利用乘法表和加法表。

一位数去除多位数可以用"试除法"。先去除百位, 再去除十位, 然后去除个位。比方574÷2, 先用2去除5百, 商是2百, 余1百。再用2去除17个十, 商是8十, 余1十。再用2去除14, 商是7, 余0。结果是2百8十7, 287。

这个方法其实是把"被除数"先化成"和"的形式, 然后用"除数"去除每一个"加数", 如下式:

$$
\begin{array}{r}
287 \\
2{\overline{\smash{\big)}\,574}} \\
4 \\
\hline
17 \\
16 \\
\hline
14 \\
14 \\
\hline
0
\end{array}
$$

$$574÷2=(500+70+4)÷2$$
$$=(400+160+14)÷2$$
$$=400÷2+160÷2+14÷2$$
$$=200+80+7=287$$

多位数去除多位数, 也是同样的办法, 同样的要求, 格式一样步骤也一样。

除法的演变

　　正因为除法比较麻烦，所以关于相除的方法曾经经过了很大的改变。现在且不谈以往的除法，单就现在的除法说，仍然是可以化简的，当"除数"是一位数的时候，"商"和"除数"的"积"可以省略，直接写出"被除数"减去它的差。比方上面那个例题574÷2，就可以采取下面的写法。至于"除数"是两位数的时候，也可以这样做。"除数"的位数再多，当然就麻烦了。

$$
\begin{array}{r}
287 \\
2\overline{)574} \\
\underline{17} \\
\underline{14} \\
0 \\
\underline{574} \\
287
\end{array}
$$

　　其实，"除数"是一位数的时候，不但"商"和"除数"的"积"可以省略，而且相减的"差"也可以省略，这样就更简单。当然这里省略的只是笔算，心算还是必要的。

除法速算

利用"商"的性质和"商"的变化，我们可以找到关于除法的速算法。

（1）如果"除数"是5，可以先用2去乘"被除数"，再用10去除；如果"除数"是25，可以先用4去乘"被除数"，再用100去除。

例1. $735 \div 5 = 735 \times 2 \div 10 = 1470 \div 10 = 147$。

例2. $8,025 \div 25 = 8,025 \times 4 \div 100$

$$= 32,100 \div 100 = 321$$

（2）如果"除数"比较大，可以分成许多小的数去除。反过来，如果"除数"很多，也可以先把所有的"除数"乘起来，然后一次去除。

例3. $8,025 \div 25 = 8,025 \div 5 \div 5 = 1,605 \div 5 = 321$

或是 $8,025 \div 5 \div 5 = 8,025 \div 25 = 321$

例4. $2,688 \div 42 = 2,688 \div 6 \div 7 = 448 \div 7 = 64$

或是$2,688÷6÷7=2,688÷42=64$

(3) 如果"被除数"的头几位和"除数"有些近似,可以先变成一样的,并且适当地增减,然后再去除(如果能除的话)。

例5. $5,508÷54=(5,400+108)÷54=100+2=102$

例6. $5,488÷56=(5,600-112)÷56=100-2=98$

(4) 也可以把"被除数"和"除数"用同一个数分别去除,逐渐化简。不过必须能够除才能化简,不然就不行。

例7. $5,488÷56=(5,488÷8)÷(56÷8)$

$$=686÷7=98$$

例8. $5,508÷54=(5,508÷9)÷(54÷9)$

$$=612÷6=102$$

如果除法遇到有"余数"的时候,使用第二种方法要注意。

例1. $8027÷25=321$,余2。

$$
\begin{array}{r}
5\,\big|\,8027 \\
\hline
5\,\big|\,1605 \quad\text{余2,余数正确。} \\
\hline
321
\end{array}
$$

例2. $2,709÷56=48$,余21。

```
7│2709              8│2709

   8│387               7│338      余5

      48      余3         48      余2
```

这两种算法的"余数"都不对, 是怎么一回事呢?

应该注意到: 第一种算法, 用8去除虽然是余3, 但是这一个3是从原数被7除之后的"商"里余下来的, 所以原数应该余3×7＝21。

同样的, 第二种算法, 用7去除虽然是余2, 但是这一个2是从原数被8除之后的"商"里余下来的, 所以应该余2×8＝16, 再加上原来余的5, 16＋5＝21, 这才是原数的余数。为什么5不再用什么数去乘呢? 因为, 这一个5是直接从原数余下来的。凡是从"原数"余下来的数, 就不用再乘; 凡不是从原数余下来的, 就必须用"除数"去乘, 等到都变成原数的余数时, 当然还要加起来, 因为这是总共的余数。

乘除法的验算

利用乘除的关系，可以找到乘除验算的方法。

乘法的验算不只可以利用交换律、结合律，而且还可以利用除法。只要"积"用一个"乘数"去除等于另外一个乘数，那就对了。

除法的验算也可以利用乘法。只要"商"用"除数"去乘等于"被除数"，或者"被除数"用"商"去除等于"除数"，那就对了。

有"余数"的除法也是这样。只要"商"用"除数"去乘再加上"余数"能够等于"被除数"，那就对了。或者"被除数"减去"余数"之后，再用"商"去除，如果能够等于"除数"，那也就对了。

弃九验算

要知道运算是否正确,需要验算。关于验算的方法,上面已经讲过一些。但是无论哪一种验算方法都还不是很简单的,特别是多位数乘除法的验算,更加麻烦。现在再介绍一种比较简便的验算方法,叫作"弃九法"。

(1)加法的弃九验算法:

先把每一个"加数"的各位数字分别加起来。如果这些结果还是多位数,就继续把这些结果的各位数字再分别加起来。按照这样做法,总会把每个加数都变成一个一位数。然后把这些一位数再加起来。如果所得的"和"是一个多位数,再把它的各位数字加起来,结果就会得出一个一位数。另一方面把原来各个"加数"的"和"的各位数字加起来,照上面方法求出一个一位数。把两次得到的一位数比较一下:如果相同,运算大概是正确的;如果不同,运算一定是错误的。

例1:823+795=1618分别求"加数"和"和"的各位数

字的"和"：

$$
\left. \begin{array}{l}
823: \quad 8+2+3=13 \quad 1+3=4 \\
795: \quad 7+9+5=21 \quad 2+1=3
\end{array} \right\} 4+3=7
$$

1618: $1+6+1+8=16$ $1+6=7$

结果相同，所以答数大概是正确的。

例2.　789+224=1013

分别求"加数"和"和"的各位数字的"和"：

$$
\left. \begin{array}{l}
7+8+9=24 \quad 2+4=6 \\
2+2+4=8
\end{array} \right\} 6+8=14 \quad 1+4=5
$$

$$
1+0+1+3=5
$$

结果相同，所以答数大概是正确的。

理由是什么呢？因为按照这种办法所找出来的数，是各个"加数"和"和"用9去除的余数。例如：

$823=8×100+2×10+3=8×（99+1）+2×（9+1）+3$

$\quad =8×99+2×9+8+2+3=9$的倍数$+8+2+3$

$\quad =9$的倍数$+13=9$的倍数$+1×（9+1）+3$

$\quad =9$的倍数$+1×9+1+3=9$的倍数$+4$

我们是利用用9去除的余数来验算的。

同时，根据这个事实，当各位数字相加的时候，我们可以见9就去掉，这样更简便一些。例如，

$$823 : 8 + 2 = 10 \quad 去9还有11 + 3 = 4$$
$$795 : 去掉9 \quad 7 + 5 = 12 \quad 再去9还有3 \Big\} 4 + 3 = 7$$

1, 618 : 1+8=9, 去掉9。1+6=7

结果跟上边一样。正是因为这样, 所以叫作"弃九验算"。

(2)减法的弃九验算法:

不但加法可以这样验算, 减法也可以这样验算, 不过在减法里, 如果"被减数"各位数字的"和"比"减数"各位数字的"和"小, 不够减的, 我们可以把"被减数"各位数字的"和"加9, 然后再去减, 这样就够减的了。

7, 820−375=7, 445

分别求"被减数""减数""差"的各位数字的"和":

$$7,820 : 8 + 2 = 10 \quad 去9还有11 + 7 = 8$$
$$375 : 3 + 7 = 10 \quad 去9还有11 + 5 = 6 \Big\} 8 - 6 = 2$$

7, 445 : 4+5=9, 去9; 7+4=11, 去9还有2。

结果相同, 所以答数大概是正确的。

7, 445−375=7, 070。

分别求"被减数""减数""差"的各位数字的"和":

$$\left. \begin{array}{l} 7,445 : \quad 4 + 5 = 9 \quad 去9 \\ \qquad 7 + 4 = 11 \quad 去9还有2 \\ 375 : \quad 3 + 7 = 10 \quad 去9还有1 \\ \qquad 1 + 5 = 6 \end{array} \right\} 2 + 9 - 6 = 5$$

7, 070： 7＋7＝141＋4＝5

结果相同, 所以答数大概是正确的。

（3）乘法的弃九验算法:

先分别求出各个"乘数"的每位数字的"和", 求得一位数为止。再把这些一位数乘起来, 如果所得的"积"是一个多位数, 再把它的各位数字加起来, 结果求得一个一位数。另一方面把原来各个"乘数"的"积"的各位数字加起来, 也求得一个一位数。把两次得到的一位数比较一下: 如果相同, 运算大概是正确的; 如果不同, 运算一定是错误的。

例1. 7, 445×375＝2, 791, 875

分别求各个"乘数"和"积"的各位数字的"和":

7, 445： 4＋5＝9, 去9, 7＋4＝11, 去9还有2。

375：3＋7＝10, 去9还有1, 1＋5＝6。

2, 791, 875：2＋7＝9, 去9, 1＋8＝9, 去9;

 7＋5＝12, 去9还有3。

因为: 2×6＝12, 1＋2＝3。

结果相同, 所以答案大概是正确的。

（4）除法的弃九验算法:

除法不能直接应用弃九法验算, 只有根据"被除数""除数""商"和"余数"的关系, 化成乘法后再用弃九法验算。

例如：　$59 \div 3 = 19$ 余2

变成乘法 $3 \times 19 + 2 = 59$

分别求各数的各位数字的"和"：

3: 3。　19: 去9还有1。　$3 \times 1 = 3$, 加"余数", $3 + 2 = 5$。

59: 去9, 还有5。

结果相同, 所以答案大概是正确的。

为什么说每一种运算的弃九验算, 如果结果相同, 答案是大概正确而不是一定正确的呢? 这是因为一个数的某两位数字如果前后颠倒了, 用9去除所得到的余数仍然是不变的。例如: 83写成38。

$83 \div 9 = 9$, 余2。　$38 \div 9 = 4$, 余2。

$8 + 3 = 3 + 8 = 11$　$1 + 1 = 2$。

这样就检查不出错误来。不过这种错误是比较少的。因此, 弃九验算虽然不能保证答数绝对正确, 但是可以认为是相当可靠的。

练习四

采用各种最合理的办法计算下列各题：

1. $43,825 \div 5 =$ 　　2. $43,825 \div 25 =$

3. $78,900,000 \div 125 \div 4 \div 8 \div 25 =$ 　4. $12,525 \div 5 =$

5. $12,525 \div 25 =$ 　　6. $5,508 \div 54 =$

7. $15,624 \div 24 =$ 　　8. $999 \div 27 =$

9. $77,770 \div 35 =$ 　　10. $3,210,000 \div 125 =$

八 运算还要继续发展

四种独立运算

加、减、乘、除叫作"算术运算"，简称"四则"。在这四种运算里，加法是基础。

本来减法也可以用加法去计算，比方$5-3$：

因为$3+1=4$，$3+2=5$，所以$5-3=2$。

但是这样太麻烦。因此需要研究减法的规律和"差"的性质，把减法当作一种独立运算。

本来乘法就是加法，当然更可以用加法去计算。比方5×3：

因为$5+5+5=15$，所以$5\times3=15$。

但是这样太麻烦。因此需要研究乘法的规律和"积"的性质，把乘法也当作一种独立运算。

至于除法，也可以用加法去计算。比方$6\div2$或是$16\div5$，

因为$2+2=4$，$2+2+2=6$，所以$6\div2=3$。

因为5+5=10, 5+5+5=15, 15+1=16,

所以16÷5=3, 余1。

也可以用减法去计算,

因为6-2=4, 6-2-2=2, 6-2-2-2=0,

所以6÷2=3。

因为16-5=11, 16-5-5=6, 16-5-5-5=1,

所以16÷5-3, 余1。

也可以用乘法去计算,

因为2×2=4, 2×3=6, 所以6÷2=3。

因为5×2=10, 5×3=15, 16-15=1,

所以16÷5=3, 余1。

但是这些办法都很麻烦。因此需要研究除法的规律和"商"的性质, 把除法也当作一种独立运算。

我们知道, 除法有两种。一种是有"余数"的除法, 一种是没有"余数"的除法。是不是也应该当作两种不同的独立运算呢?

不需要。因为, 如果拿没有"余数"的除法做标准, 那么有"余数"的除法就是它的推广。如果拿有"余数"的除法做标准, 那么没有"余数"的除法不过是它的特例。而且这两种运算的方法是完全一致的, 所以把它们当作"一种"独立运算。等到有了分数, 那时候, 就没有有"余数"的除法了。

四则的相互关系

　　加、减、乘、除虽然是四种独立运算，但是彼此之间的关系却是非常密切的。加法是基本运算。减法是加法的逆运算。乘法是加法的速算法。除法又是乘法的逆运算。

　　在加法里，当"加数"相同的时候，加法就变成乘法。例如：

　　$5+5+5+5+5+5=5×6=30$

　　同时，在减法里，当"减数"相同的时候，减法就变成除法。例如：

　　40能减去几个8呢？$40-8-8-8-8-8=0$所以$40÷8=5$。

　　50能减去几个8呢？$50-8-8-8-8-8-8=2$，

　　所以 $50÷8=6$，余2。

　　因此，除法又可以看作减法的速算法。根据这样的看法，也可以说，乘法是从加法发展出来的，除法是从减法发展出来的。

假设我们用←→表示彼此是逆运算，用→表示发展的结果，那么四则的相互关系可以用下面的图形表示出来。

$$(+) \longleftrightarrow (\times)$$
$$\updownarrow \qquad\qquad \updownarrow$$
$$(-) \longleftrightarrow (\div)$$

既然乘除是从加减发展出来的，所以加减是低级运算，乘除是高级运算。在一个算式里，如果没有括号，那就先乘除后加减，先做高级运算后做低级运算。

运算的再发展

在加法里, 如果"加数"相同的时候, 加法的速算是乘法。在乘法里, 如果"乘数"都相同的时候, 乘法有没有速算法呢? 有。

我们把5+5+5+5+5+5写成5×6, 这是乘法;

我们把5×5×5×5×5×5写成5^6, 这是"乘方"。

在5的后边添上×6, 表示6个5相加。在5的右肩上写个6, 表示6个5相乘。同样的,

$$5^2=5\times5=25$$

$$5^3=5\times5\times5=125$$

$$5^4=5\times5\times5\times5=625$$

$$10^2=10\times10=100,\ 10^3=10\times10\times10=1,000$$

$$10^4=10\times10\times10\times10=10,000$$

这就是说, 在乘法里, 乘数相同的时候, 乘法变成乘方。

乘方也是一种运算。乘方和乘法的关系跟乘法和加法的关系一样。这是第五种运算。

加法有它的逆运算，是减法。乘法有它的逆运算，是除法。乘方有没有它的逆运算呢？也有。

$3^2=3×3=9$，知道了9和2求3，是"开方"。写成$\sqrt[2]{9}=3$。

同样的，因为$4^2=16$，所以$\sqrt[2]{16}=4$；因为$4^3=64$，所以$\sqrt[3]{64}=4$。

因为$5^2=25$，所以$\sqrt[2]{25}=5$；因为$5^3=125$，所以$\sqrt[3]{125}=5$。

$\sqrt{}$ 是开方的运算符号。外边写个2是开二方，写个3是开三方。一个数开二方，是找一个数，自己乘自己等于原当选。一个数开三方，是找一个数，自己乘自己再乘自己等于原数。例如：

$\sqrt[2]{36}=6$，因为$6^2=6×6=36$。

$\sqrt[3]{512}=8$，因为$8^3=8×8×8=512$。

开方也是一种运算。开方和乘方的关系，就好像除法和乘法的关系一样。当然，也跟减法和加法的关系一样，这是第六种运算。

开方不但是乘方的逆运算，同时也可以看作除法的速算法。开方和除法的关系也跟除法和减法的关系有些相似。

例如：

因为$20-5-5-5-5=0$, $20=5+5+5+5=5×4$,

所以$20÷5=4$。

因为$16÷2÷2÷2÷2=1$, $16=2×2×2×2=2^4$,

所以$\sqrt[4]{16}=2$。

这也就是说：在减法里，"减数"相同的时候，减法变成除法；

在除法里，"除数"相同的时候，除法变成开方。

当然，除法有不能整除的情形，开方也有开不尽的情形。

从加、减、乘、除到乘方、开方，四则变成了六则。六则的相互关系如图。加减是第一级运算，乘除是第二级运算，

$$(+) \longleftrightarrow (×) \longleftrightarrow (乘方)$$
$$\updownarrow \qquad \updownarrow \qquad \updownarrow$$
$$(-) \longleftrightarrow (÷) \longleftrightarrow (开方)$$

乘方、开方是第三级运算。

在一个算式里，如果没有括号，那就先乘方、开方，然后乘除，最后加减。还是先做高级运算后做低级运算。

但是，乘方的运算性质变了。第一，乘方没有交换律。

$a+b=b+a$, $a×b=b×a$, 一般的, $a^b≠b^a$

例如： $2^3=2×2×2=8$, $3^2=3×3=9$, $∴2^3≠3^2$

第二，乘方没有结合律。

$(a+b)+c=a+(b+c)$, $(a×b)×c=a×(b×c)$, 一般的, $(a^b)^c≠a^{(b^c)}$。

例如：

$$(5^3)^2=5^3\times5^3=5\times5\times5\times5\times5\times5=15,625,$$

$$5(3^2)=5^9=5\times5\times5\times5\times5\times5\times5\times5\times5=1,953,125。$$

数的再发展

在整数里，任何两数都能相加和相乘，而且结果一定是整数。但是减法就不行，被减数不能比减数小；除法也不行，整数除整数不一定还是整数。

要想任何两数都能除（当然零不得做除数），那就得用"分数"。有了分数，就没有有"余数"的除法了。除得尽的商是整数；除不尽的商是分数。

同样的，要想任何两数都能减，那就得用"负数"。负数是和"正数"相反的。所谓正数包括原来的整数和分数（不过零要除外，因为它没有正负）。大数减小数得正数，小数减大数得负数。运算发展了，数也发展了。数学的内容也就越来越丰富了。

谦德少年文库

QIANDE JUVENILE LIBRARY

给孩子的趣味数学书

王峻岑 著

数的惊异

团结出版社

图书在版编目（CIP）数据

给孩子的趣味数学书. 数的惊异 / 王峻岑著. –– 北

京 : 团结出版社, 2022.1

ISBN 978-7-5126-9254-1

Ⅰ. ①给… Ⅱ. ①王… Ⅲ. ①数学—儿童读物 Ⅳ.

①O1–49

中国版本图书馆CIP数据核字(2021)第223956号

出版: 团结出版社

　（北京市东城区东皇城根南街84号 邮编: 100006）

电话:（010）65228880　65244790 (传真)

网址: www.tjpress.com

Email: zb65244790@vip.163.com

经销: 全国新华书店

印刷: 北京天宇万达印刷有限公司

开本: 145×210　1/32

印张: 28.25

字数: 500千字

版次: 2022年1月 第1版

印次: 2022年1月 第1次印刷

书号: 978-7-5126-9254-1

定价: 128.00元（全6册）

总　序

　　数学是重要的基础学科。这套《给孩子的趣味数学书》是一把开启数学知识与智慧之门的钥匙。这套书是由父亲王峻岑曾经出版过的数学科普著作《比一比》《大大小小》《数的惊异》《图片展览》《整数运算》和《数学列车》六本书重新汇编而成的。北京谦德文化发展有限公司的肖先生与我们联系，说：王峻岑先生的这些著作至今仍有学术价值，出版这些书是很有意义的。

　　记忆的闸门，突然打开。我们兄弟姊妹都曾是父亲著作中的主人公，父亲与我们一起把玩七巧板，一起做数学游戏，增长知识；每当收到刊登父亲著作的《开明少年》《中学生》，我们争先恐后地阅读，甚至多年后还要找出来阅读，真是其乐无穷。

父亲曾在全省唯一的国立高级中学——济南高中（现济南一中）上学。著名教育家季羡林先生《病榻杂记》中的《回忆济南高中》一文，记述了当年国文教师董秋芳[1]对其作文的批语："季羡林的作文，同理科一班王联榜（父亲当时的名字）的一样，大概是全班之冠，也可以说是全校之冠吧。"由此可见，中学时代父亲的文采就已初露锋芒。严薇青[2]先生回忆，董秋芳老师曾与当时学生文学社团昀突社的成员季羡林、王联榜、严薇青等，在原山东省图书馆（即大明湖遐园）假山上合影。高中毕业后，父亲考入北京大学数学系。

1934年父亲北京大学毕业后，曾在其母校山东省立第一中学等校任教，后长期就职于山东师范学院（今山东师范大学）数学系，并首任该系主任，是数学学科奠基人。

父亲在高校一直教微积分等高等数学课。高校院系调整后，他急教学所急，主动承担了不为人看重的新课——中学数学教学法，在没有任何参考资料的情况下克服重重困难自编教材，刻印讲义。1953年起陆续在全省专科、本科首开这门课以及教育实习。这在全国范围内也是较早的。每当学生毕业季，父亲与各中学联系实习一事，并认真听学生实习讲课，总结经验

---

1. 董秋芳（1898～1977），曾任教育部中学语文教材编辑组研究室主任等职。
2. 严薇青（1911～1997），山东师范大学教授，中文系主任，中国古典文学研究专家。

教训。这一做法，大大缩小了学生毕业与教学工作的心理差距，进一步适应了教学工作岗位。这项实习工作，获得了实习单位的学生和领导的好评。他认为：好的教师不应当仅仅讲明白了课本，同时还应当指示给学生一个进展的方向。只有这样，才能够使学生进一步开阔眼界，打开思路。父亲坚持因材施教的教育理念，治学严谨，育人育德，再加上张弛有度的授课手法和高超的教学水平，他和全系教职工一起为国家培养了大批合格的中学数学教师。

父亲对将要到普通中专任教的次子希亮语重心长地说：到专业学校当老师，不但要有真才实学，还要把握整个专业的发展方向；教给学生一滴水，自己要有一桶水才行；老师要心中时时装着学生，因材施教，让学生真正牢固掌握所学知识，做到学以致用；在传授知识时，不同的课程要用不同的教学方法，不能只照本宣科，要多动脑筋，多与实践相结合，才能够得到事半功倍的效果。在父亲潜移默化的影响下，我们六个子女，竟有四人从事过数学教育工作，并且工作严谨，成绩优异。1977年重阳节，父亲曾登上济南千佛山顶，赋诗一首："生平从未登山顶，而今毅然攀高峰。路滑坡陡须持杖，年老气衰力不从。只缘欣闻重阳日，不到顶峰誓不停。"父亲为祖国的繁荣富强秉承着"老当益壮，不待扬鞭自奋蹄；鞠躬尽瘁，俯首甘为孺子牛"的精神，这激励着我们兄弟姊妹也在各自的岗位上奉献

自己的力量。为此，我们家被评为山东省优秀教育世家。（详见1999年9月11日《山东教育报》）

父亲一生教书育人，同时还潜心数学科普创作，先后出版了六本数学科普著作以及大量的短文。这些著作是父亲在工作之余进行的，如果写作灵感显现了，直到深夜他还在伏案忙碌。父亲在这些著作中，用通俗的语言、活泼的笔调讲解数学知识，还善于运用讲故事的方式，创设并讲解问题；在讲解中注重与实际生活的联系，采用大量生活实例，生动形象，深入浅出；还注重数学史的渗透，使学生在不知不觉中学到了知识，激发了学生学习数学知识的热情。当年，这些著作多次再版，印刷量大都在数万册。可见，读者对这些著作喜爱有加。

父亲的著作涉及小学和中学的数学内容，而且大多是从日常生活中加以提炼，以讲故事的形式来表现的。面对不同的读者对象，则是用不同的语言来叙述、讲解。在语言表达方面，父亲多采取趣味性的语言，往往一开始就深深吸引着读者。比如，在《比一比》中，第一篇引用了一个绕口令来作为开端。《图片展览》是介绍平面几何学的，一开始，他将我国古老的"七巧板"介绍给读者，逐渐深入浅出，引申下去。《数学列车》是介绍高等数学"微积分"的，大家一般认为微积分是深奥且难以理解的。而这本书讲了个"孙悟空坐火车"的故事，深深吸引住读者，并引导读者一步步深入下去，继续阅读。在《数的惊异》

的第一篇,我们这些子女成了父亲著作中的主人公,生活气息非常浓厚。

父亲是20世纪30年代起就活跃在我国数学科普园地的少数人之一。他25岁就开始创作数学科普作品,第一篇发表在《中学生》1936年第二期。当时,他与周振甫、顾均正、贾祖璋、刘薰宇等文艺界、生物界、数学界的知名人士都是开明书店出版的《中学生》《新少年》等刊物的主要和长期撰稿人。

曾任中国少儿出版社社长、总编辑的叶至善先生,在1985年重版《比一比》的后记《怀念王峻岑先生》一文中写到:"抗日战争之前,我就读过峻岑先生的数学小品,《中学生》《新少年》是专给初中生看的,由我父亲(叶圣陶)领衔编辑。我高中快毕业了,却很喜欢这本刊物,峻岑先生的数学小品是我每期必看的,他那清晰的思路和活泼的笔调,使我得到很大的乐趣。……人们说数学既抽象又刻板,叫人无法捉摸,难以亲近,峻岑先生却能联系少年们的生活,运用他们亲身的感受,来讲明白那些抽象的道理,还能随时把潜在的趣味发掘出来,呈现在少年读者面前。"后来,叶先生继任《开明少年》编辑,向父亲约稿。叶先生曾说:"回想那个时候,我刚发出前一期的稿子,峻岑先生就把后一期用的稿子寄到了。配合之默契使我至今怀念!""有人说,数学科普在我国并非是很强的,至今仍有很多尚待开拓的领域。王峻岑先生可以说是我国数学科普界

的一位开拓者。我国现在很多的数学家、科普作家在少年时期都曾拜读过他的作品。他不愧为我国现代数学科普创作的引路人。"叶先生与父亲只见过一面，那是1950年父亲到北京开会时特地去拜访的。叶先生说："我激动得不知说什么好，可能只说了些感激的话。他大我七八岁，这是我凭编辑对文字的语感估计到的；可是看面容，他比我想象的老得多，他的前额已经秃了，瘦削的脸庞，戴一副近视眼镜，跟他作品的那种敏捷活跃的格调，似乎不相匹配。当教员真是辛苦，容易把人磨老，何况他不知餍足，不知疲倦，还要通过他的文字，把所有的青年和少年都当作他的学生。我送峻岑先生出门之后，望着他远去的背影，我曾经这样想。"叶先生还讲到，不久我们便断了联系，他说："真正的原因是我对待作者的态度渐渐变得冷漠了，一个运动接着一个运动，使我感到跟作者的交往尽可能少一点儿好，免得给双方都造成不必要的麻烦。想起曾经对作者如此冷漠，心里总感到内疚，这不是做人应有的态度，更不是当编辑应有的态度。"文章至此戛然而止。叶先生在字里行间喧腾着的那火热的真情，以及严于解剖自己的博大胸怀，深深地感动了我们。父亲在天有知，当会与我们一起热泪泉涌，不忍掩卷。其实，1985年《比一比》重版，正是叶先生基于如下考虑而力主促成的："重印他的曾经遭到无理指责的著作也是落实政策，而且比落实其他政策更为重要，更能使他安心。"但是非常惋惜的

是，这本书重版时，父亲已去世三年；讣告几经辗转，到他手上时，追悼会早已开过，连唁电也来不及发了。

优秀而富有趣味的科普读物，会影响青少年的一生。父亲的《数学列车》以孙悟空乘坐火车为故事线索，运用通俗的语言，讲述数学较难懂的微积分知识，融科学性、知识性和趣味性为一体，深受知识界和广大学生的欢迎。中国科学院张景中院士说过，少年时代读过的几种优秀且饶有趣味的科普读物给他留下的印象很深，举例中就有父亲的《数学列车》。他说："因为写得吸引人，我常常一本书看上几遍。懂了的，觉得有趣，不懂的，好奇心驱使我进一步思考与学习。这些书吊了我的胃口，总想再找类似的书来看。""比如《数学列车》，一开始是有趣的，但到后来，就再也看不懂了！不过，不明白也有不明白的好处，高中毕业时，我决心考数学系，原因之一就是想要把没弄明白的这些东西彻底弄个明白！"（见中国少儿出版社30周年纪念文集）。华东纺织工学院（现东华大学）的李绍宽教授是我国1980年建立学位制度以来的首批18位博士之一。他在1984年7月30日《中学生报》中的《我赶上了头班车》一文，回忆说："我在初三，偶尔看了一本《数学列车》，是用故事的形式讲述微积分的基本思想。又有机会听到数学家谷超豪的一次数学报告，这两件事使我大开眼界，感到数学园地中还有许多未知数，从而激发了我读书的热情，由此奠定了从事数学研究的基

础。"父亲的著作在读者心里生根发芽了。

由于父亲的这些作品是六七十年前写的，因此需要修改其中不符合今天阅读习惯和出版规范的部分，父亲的遗愿即将实现。在《给孩子的趣味数学书》即将付梓出版之际，感谢北京谦德文化发展有限公司为这套书的再版做出的所有工作，感谢肖先生为此做出的不懈努力，感谢团结出版社进行的各项工作。感谢广大读者的信任和支持。感谢古籍网起到穿针引线的作用。感恩大家！

王峻岑子女六人由王希亮执笔

2020/12/19　初稿

2021/3/31　终稿

自　序

在这一本书里，汇集了十二篇关于数学的小故事。

除去《测量距离》一篇是抗战以前的旧稿，余下的都是最近一年写的。大部分已经在《开明少年》发表过，但是也有几篇是还没有发表的。

写这些故事的目的，我在另外一本名叫《大大小小》的数学小册子里边也已提到，所以现在不想再说什么了。

在这几篇故事里，有的仅是为了增加学习的兴趣，譬如《横看成岭侧成峰》《运动会上的数字表演》，有的也谈到一点小小的算理，譬如《闰年和闰月》《随机应变的算法》，大部分还是从生活中找到和数学的联系，以及从思想上加强对于数学的认识。所以，不但同学们可以以此作为课外补充读物，对于担任数学教学的教师同仁们，也许也可以作为参考。因此我把它们汇成了这个小册子。

1948年10月

目录 *contents*

一 横看成岭侧成峰……………… 1

二 闰年和闰月 ……………… 9

三 演算的次序 ……………… 19

四 随机应变的算法 ……………… 27

五 一加一不等于二 ……………… 39

六 数的惊异……………… 47

七 没有数的数 ……………… 57

八 测量距离……………… 65

九 简单的讨论……………… 73

十 运动场上的静的算学……………… 85

十一 运动场上的动的算学 ……………… 95

十二 运动会上的数字表演 ……… 105

一　横看成岭侧成峰

我的名字叫小五,,有一个弟弟叫小六,有两个妹妹,一个叫小燕,一个叫小娣。今天妈妈回来给我们买了一副算学棋盘,棋子是圆的,每一个棋子上都刻着一个数字,从1到20。妈妈把它给了我们之后便去做饭了,并没有告诉我们怎样玩。

我们四个虽然对于这一套玩具觉得很新奇,可是谁也没有想出什么花样来。

突然小燕发言了,她说:"我有个新发现。"

"什么?"小娣问。

"你看,如果把这些数字一个一个地排起来,刚好是一个红的,一个绿的。"

"是吗?让我摆摆看。"小六就抢着摆。

果然不错,结果是:

红的:1、3、5、7、9……

绿的: 2、4、6、8、10……

"我知道," 小娣说, "红的是单的, 单数; 绿的是双的, 双数。"

"我也知道," 小燕也抢着说, "单数就是奇数, 双数就是偶数, 对不对, 哥哥?"

我点点头, 没有说话, 因为我正在想办法找出一个玩的方法。

正在这个时候, 爸爸回来了。

"爸爸," 小六嚷着说, "你看, 妈妈给我们买了一副棋, 你教给我们玩, 好吗?"

今天爸爸似乎很高兴, 他先脱去了大衣, 说: "让我坐下想想看。"

我想不出爸爸会玩出什么花样来。

他坐下, 先把棋子大略地看了一下。

"这些棋子里边没有零。" 他说完了, 仿佛心里在想什么。

我们都在期待着。然后看见他先把1到9九个棋子挑出来, 然后在桌面上摆来摆去。

小燕悄悄地跟小娣说: "你看, 爸爸倒像个摆算卦摊的。" 说得大家都笑了。

可是这时候,爸爸把这九个棋子摆成了一个图形。

他抬起头来问我们:"你们能够看出来,这种摆法有什么意思吗?"

"这里面有什么意思呢?"我想。

"小娣,你说说看。"爸爸说。

小娣的脸一红,笑了笑说:"我不知道。"

"你呢,小燕!"

她想了一会儿说:"中间排成十字形的五个数都是奇数,四角的四个数都是偶数。"

爸爸点了点头。

"我知道,"小六抢着说,"这是个正方形,每边都是三个,三三得九,一共九个数。"

爸爸笑着说:"对对对,小六说得很对。"

"可是这个正方形还有什么性质呢?你们加一加看!"

"原来还有这么一个特点。"我心里想。

这次倒是小娣抢着说了:"横着加,每一行都是十五。"

小燕也抢着说:"是吗?我是竖着加的,每一行也是十五。"

"你呢,小五?"爸爸问我。

"她们都说完了。"我说。

"不！"忽然我又看出来一些东西，"斜着加，8加5加2，是十五；6加5加4，也是十五。"

大家都觉得很奇怪。

"爸爸，你怎么想出来的呢？"小燕问，"这倒是一个问题。"

爸爸说："这不是我想出来的。"

"在我国上古，据说是大禹治水的时候，曾经在洛水里发现了一只神龟，在那个神龟的背上，有这样的数字图形，以后我们就把它叫作'洛书'。不过原来那个图形和现在的这一个不完全相同，它是这种样子的。圈代表奇数，点代表偶数。"他嘴里说着，就摸过一支铅笔，在纸上画了一个图形。

"并且，"爸爸继续说，"这个算法也叫作'九宫'算法。在一本叫作《数术记遗》的古算书里说：'九宫者，即二四为肩，六八为足，左三右七，戴九履一，五居中央。'其实和刚才排的那个也没有多大差别，只是1从下面开始。"

"而且，"爸爸又接着说，"这个图形还可以换个方式排一下，譬如把1排在左边或是右边的中间，然后依次再移动其余的数。"

"还有，每一个图形排定之后，中间一行不动，把两边的两行对调一下，又是两个不同的图形。所以，总共能有八个花样。你们可以自己摆摆看。"

这倒是一个有趣味的问题。

"可是这到底是怎么一回事呢？"小燕又插嘴说，"为什么会这么巧呢？"

"不错，"爸爸说，"这件事情相当奇怪，这是数字的奇怪性质。在西洋上古也有同样的发现，他们最早用了十六个数。"

说着，他把1到16十六个棋子都找出来，又排成了一个新图形："这样一来，无论怎样相加，四个数的和都是三十四。"

"而且，"爸爸又继续说道，"在西洋上古的时候，认为这是一个神秘的不可思议的事，所以他们有人把它画好了贴在门上，认为可以辟邪。

```
(16)  (3)   (2)   (13)
(5)   (10)  (11)  (8)
(9)   (6)   (7)   (12)
(4)   (15)  (14)  (1)
```

"其实，这是一个算学的问题，我们叫作'幻方'。每边三个数的叫作三次幻方，每边四个数的叫作四次幻方。美国的富兰克林（Benjamin Franklin）曾经想出一个十六次的幻方。"

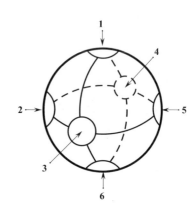

"幻方?"小娣调皮的说,"幻方,还有幻圆吗?"

"幻圆?"爸爸笑着说,"你想得不错!还有幻圆。譬如说,你们没有见过骰子吗?骨头的骰子。"

"我知道,"小六抢着说,"幺二三,四五六。"

"对啦,幺六相对,二五相对,三四相对。"

"相加都是七。"小娣也抢着说。

"现在我们把它画在纸上,"爸爸说完在纸上面了一个图,"这就叫作幻圆。"

"爸爸,"小六说,"你把骰子改成一个小皮球了。"

"什么小皮球?"妈妈走进来说,"让我看一看!"

于是我们都抢着告诉妈妈,这是幻方,那是幻圆,是爸爸告诉我们的。

妈妈也觉得很有趣。

吃饭的时候,妈妈也发表了一个意见,她说:"刚才你们谈的幻方、幻圆,我倒想起了一首诗,是苏轼的《咏庐山》:

横看成岭侧成峰,

远近高低各不同，

不识庐山真面目，

只缘身在此山中。

如果拿着这首诗的第一句话来形容这个幻方、幻圆，那倒是再恰当不过了！"

"这倒是很有意思。"我说。

"因为妈妈是个诗人，所以有诗人的想法。"

二　闰年和闰月

哥哥上高中，弟弟上五年级，我上初一。

星期六的晚上，我们三个一块儿在屋子里玩。突然弟弟告诉哥哥说："哥哥，我知道。年有闰年，也有不闰的年。一九四八年，就是一个闰年。"

"闰年？"哥哥说，"为什么一九四八年是闰年呢？"

弟弟说："一九四八是4的倍数。凡年份是4的倍数的都是闰年，老师今天告诉我们的。"

哥哥点点头。接着他又问："一九四八是什么意思呢？"

"公历纪元的年数！"

"那么，闰年是什么意思呢？"

"闰年，就是二月里多过一天。原来是二十八天，闰年的时候，就变成二十九天了。"

哥哥笑着说："不错！你们的老师教得很好，可以给八十分。"

"什么，八十分？"弟弟提出了疑问，"为什么不给一百分呢？"

"别慌，我还要考考你。从一九四八年算起，以后的闰年是哪几年呢？"

"哪几年？让我算算看。

"一九四八年再过四年，是一九五二；再四年，一九五六；一九六〇，一九六四，一九六八，一九——七二……"

这时候我也忍不住了，我们两个一起说："一九七六，一九八〇——八四，八八，九二，九六，一百！"

"错啦，"哥哥说，"什么一百？"

弟弟也笑了："一千九再加一百是纪元两千年！"

"好啦。我还要考考你！纪元三千年的时候，是不是闰年呢？"

"是！"弟弟说。

哥哥问我："对不对？"我想了想说："不对！"

"为什么不对呢？三千不也是4的倍数吗？"弟弟有点不服气。

哥哥让我解释。我告诉他："虽然闰年的年数是4的倍数，可是4的倍数却不一定是闰年。假设年数是一百的倍数,然而不是四百的倍数,那就不是闰年了。"

弟弟撅起嘴来说:"我不明白!"

我笑了:"所以你的老师只能得八十分。"

"不,你欺负我。"显然弟弟有点不高兴了。

哥哥对我说:"你好好地告诉他。"

"你来看啊!"我用笔一面算,一面说,"一年本来是365天48分46秒,要是换算成天,应当是365.2422天。

一年少0.2422天,四年少0.2422×4=0.9688天,差不多就是一天。所以四年一闰。"

"可是加上这一天就又多了!"弟弟说。

"不错。一年少0.2422天,要是四百年呢?总共少0.2422×400=96.88天,差不多是97天。

"所以四百年里应当有97个闰年。可是,如果按照四年一闰,四百年里应当有一百个闰年。因此,一百年的时候,二百年的时候,三百年的时候都不闰,这就减少了三天。所以,凡是一百的倍数而不是四百的倍数这一年,就不闰。"

"让我想想看。"弟弟想了一会儿,接着他又问,"把96.88改成97,这不是又多了吗?"

我没有马上回答出来。

哥哥接着说:"你想得不错!不过,四百年只多了0.12

天, 要是经过十个四百年, 这才多了0.12×10＝1.2天, 那就是经过四千年才多了一天多。我们可以叫第四千年的时候不闰, 结果就只多0.2天了。

一天是二十四小时, 0.2天合四时四十八分, 比起那四千年来, 这点差数就不算什么了。"

接着我替自己也找出了一个辩护的理由, 我说: "刚才你说的这些, 书本里并没有讲过。"

"是的。"哥哥说, "书本着重数学在日常的应用, 四千年的时间, 平常已经是不大容易遇到的了。"

忽然我又想起了一个问题: "哥哥, 你说阴历也有闰年吗? "

"有的。不过那个闰年, 实际是闰月。因为一闰就是一个月。"

"为什么闰月呢? "弟弟也接着问。

"这是因为两种历法的标准不同。阳历, 就是太阳历。地球围着太阳转一圈, 叫作一年。阴历也叫作太阴历, 太阴就是月亮。"

"对了, "我说, "月亮围着地球转一圈, 叫作一个月。"

"不。"哥哥摇摇头说, "阴历一个月, 并不是月亮围着地球转一圈的天数! 这是大家最容易弄错的一个地方。"

这倒使我有点惊讶："为什么呢？"

"月亮围着地球转一圈,大约只有二十七天多(27.32166)。可是阴历一个月不止二十七天。不是二十九天,便是三十天。"

"这是怎么一回事呢?"我问。

"这是按照月亮的明暗计算的。月亮发黑的时候叫作朔;月亮圆的时候叫作望。朔就是初一,望就是十五。月望的时候也叫作月盈,月朔的时候也叫作月虚。月亮的盈虚是有周期的,平均是29.53059天,然而:

$$29.53059 \times 12 = 354.36708天$$

所以阴历一年,不是三百五十四天,就是三百五十五天,大月和小月的数目并不相等。"

弟弟问："为什么月亮围着地球转一圈是二十七天,现在却是二十九天半呢?"

"因为不但月亮围着地球转,地球还围着太阳转。地球在中间的时候,太阳的光线照着月亮,月亮就圆了。月亮在中间的时候,月亮背着太阳的光,月亮就黑了。"接着,哥哥画了一个图。

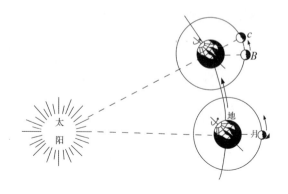

"本来月亮围着地球转一圈的时候，应当是从 A 到 A。可是地球往前移动了。这时候，月亮转一圈，是彼 A 到 B。可是等到地球还是在中间的时候，月亮必须从 B 再到 C。这就是需要再多两天半的原因。

"同时，我们也可以想到，月亮实际走的道路并不是圆的，那是一条螺旋线。"

"哥哥，"我忽然看出了一个问题，"按照你画的这个图形，地球在太阳和月亮中间的时候，不就成了月食了吗？"

"不，"哥哥说，"这个图当然不大正确。如果太阳、月亮和地球真正在一条直线的时候，当然是月食。可是平常月亮围着地球转的时候，它的轨道并不在这张纸上，那个圈和这张纸错开，相交的角度是 5°9′。因此，日食和月食，只是一个特殊的情形。那就是它们三个，赶巧了，真正在一条直线上的时候。"

"大哥哥，你还没有讲到闰月呢。"弟弟提醒了他。

"是的，"哥哥说，"现在让我们来算算。阴历三十七个月应当是多少天？"

我说："我来算。"

29.53059×37＝1092.63183天。"再算，阳历三年应当是多少天呢？"

弟弟说："我来算。"

365.2422×3＝1095.7266天

"好啦，这两个天数差不多。所以阳历三年合阴历三十七个月。三十七个月正好是三年零一个月，所以阴历在三个年头里应当闰一个月。这叫作三年一闰。"

"可是这样算起来，结果还是少。"我说。

"是的，然后再算五年是个什么情形。"这一次却是哥哥算的：

365.2422×5＝1826.211天

29.53059×62＝1830.89658天

"这两个数又是差不多。但是六十二个月合五年零两个月。所以我们说，五年几闰呢？"

"五年两闰！"我俩同时说出来。

"对了。同样地，我们可以算出来，八年三闰，十年四闰,十四年五闰。但是这些还不大正确。实际说起来,应当是十九年七闰。这在中国春秋的时候就已经知道了!因为一年十二个月,十九年是二百二十八个月,再加七,一共二百三十五个月。现在再比一比这两个天数。还是你们两个算,一个算阴历,一个算阳历。"

我算出来的是: $29.53059 \times 235 = 6939.68865$ 天

弟弟算出来的是: $365.2422 \times 19 = 6939.6018$ 天。

"这两个答数相差不到百分之九,约合二时九分三秒,比上边那些说法都精确得多了!"

"可是这多么麻烦啊!"弟弟说。

"这是没有法子的事情。

"我们不能够变更地球或是月亮的速度,它们不听我们的支配。可是我们能够算,能够修正。

"譬如阴历一个月,如果整好是二十九天半,那么:

$29.5 \times 12 = 354$,一年整好三百五十四天。

可是实际上每一个月还多了 0.03059 天,如果经过三十三个月,就要差:

$$0.03059 \times 33 = 1.00947$$

那就得加上一天了。把它加到小月里,变成大月,结果再修正过来。历法的规定都是这种情形!"

"所以,"哥哥接着伸出一只手来说,"只要它们的运动是有规律的, 就不会跑出我们的手掌!"

　　"是吗?"弟弟说, 突然他一巴掌打下去, "啪"的一声! 可是, 手却让哥哥握住了。哥哥说: "你看跑得出去跑不出去?"

　　哥哥笑了, 弟弟也笑了。

　　接着我又想起了几个问题: "为什么有阳历又有阴历呢?"

　　"采用阴历的原因, 是因为月亮的盈虚容易使我们注意。可是阳历实在比阴历计算起来还要简单方便, 所以现在大半都用阳历了。"

　　"然而一般人却以为用阴历方便。有人说, 一用阳历, 节气就乱了!"

　　"其实这是一个错误!"哥哥说, "中国的旧历并不是纯粹阴历。譬如一年二十四个节气, 实际是以太阳为标准而规定的。所以中国的旧历应当叫作阴阳历, 这是一种阴阳混合的历法。"

　　"是吗? 还有, 闰年这个名词也有点太含糊。"

　　"是的。阴历的闰年是闰月, 阳历的闰年却是闰日, 因为只多加了一天。"

　　"闰日?"弟弟说, "这倒好玩! 有闰年, 闰月, 还有闰日。假使来个闰星期天好不好呢?"

　　我笑着说:"如果赶巧了,一个纪念日是星期天,学校里出布告,星期一补假一天,这不就等于一个闰星期天吗?"

　　接着哥哥却郑重其事地告诉我们:"同时,还有真正的闰年,一闰一年。你们知道吗?"

　　"那是怎么一回事呢?"我俩一齐问。

　　"假如你不用功,光好玩,结果留级降班,一年就得从头再来。这时候,一闰就是一整年,绝不客气。不过这个闰年可不大好,要想不闰,就应当好好地用功。"想不到,哥哥最后却是给了我们一个忠告。

三 演算的次序

宿舍里的灯亮了，老于和他的两个舍友一块从操场上走回来。好唱京剧的老包，嘴里唱着："一马离了……"

老于走到门口一推："咦? 奇怪! 谁把门锁了? "王更说："大概是老李又在屋子里睡觉。"接着老包用手敲门，嘴里念叨着："老李，开门来! "

锁一响，门开了。老李马上又回到自己的座位上，却没有说一句话。

"老李，干什么呢? "王更大声说道。

老于跑过去："噢，算题。像这样的算题还有什么问题吗? "

老包用手把他们两个一分："待老夫瞧一瞧。"这个题目不过是：

$$25+3×46-126÷2＝?$$

老包咬着字说："原来是一个小小的算题，真叫人好笑啊! 哈哈哈哈!"

老李却郑重其事地问王更:"你说怎么算?"

老于抢过来, 写的是:

$$25+3\times46-126\div2=25+138-63=163-63=100$$

$$
\begin{array}{r}
25 \\
+3 \\
\hline
28 \\
\times 46 \\
\hline
168 \\
112 \\
\hline
1288 \\
-126 \\
\hline
\end{array}
$$

$2\overline{)1162}$

581

王更说:"是啊! 你怎么连这样的题也不会算了?"

老李一歪头, 笑了。接着他用铅笔画出来, 却变成了左边的竖式:

"这是怎么一回事?"老于说,"简直是胡诌扯也!"

老李问:"你是怎么算的?"

"先乘除, 后加减。"

"我是怎么算的? 我是按照运算符号先后的次序计算的。"

老包说:"先生, 我看你是越老越糊涂啊!"

"为什么先乘除后加减呢?"

"书本上说的, 老师教的。"老于理直气壮地说。

"可是平常我们写算式, 不都是自左而右吗? 为什么这个算法不能够自左而右呢?"

老于没有马上回答出来。老包把手放在头顶上, 然后慢慢地说:"这个……待我慢慢地想来。"接着, 就在屋子里踱来踱去地转圈。

稍微停了一会儿，王更说："如果按照你的说法，那就非用括号不可。"他把算式写出来：

$$[(25+3)\times46-126]\div2=581$$

老李说："这还是一个规定，不是理由！在一个算式里，如果有加减乘除的时候，演算的次序为什么不能自左而右呢？"

"这真是别扭人心，自找苦恼。"老于说。

"是啊，"老包说，"你真是一个大大的傻瓜！"

"得啦，得啦！"王更说，"你不唱行不行？不过，这倒是一个问题。"

为什么要这样规定呢？这里面应当有个理由！让我们想想看。

老于说："其实根本不用想，规定就是规定。这是我们让它这样的！譬如以前大家见了面，要作揖，要瞌头；现在大家见了面，要握手，要鞠躬。你能说哪个有理哪个没有理？"

"规定就是规定，规定可以不必有理由。大家一习惯，这就做下去了。既然大家都这样做，我们也就只好跟着这样做！"

"照啊！"老包说。

老李没有理他。王更却又摇起头来，他自言自语地说："不错，这倒有点奇怪！"

老包笑着说："莫非书呆子也会传染吗？"

王更也没有理他，接着又点点头，自言自语地说："是的，这里面是有理由的。假如运算的次序自左而右，那么这些算式都要变样了。譬如，按照我们的规定：

$18×6+18×4＝108+72－180$，这个写法简单。如果算法的表示是自左而右，那么这个题目就应当写成：

$$(18×6)+(18×4)＝108+72＝180$$

"这时候非用括号不可。这倒是自找麻烦！

"照这样想，我以为：先乘除后加减，这是为了让算式写起来简便。"

老包连忙说："有理啊，有理！"然而老李却又不置可否。他拿起笔来在纸上画了画，接着说："这个理由还是不对！写起算式来，不晓得有多少。你不能一个一个地比。譬如三加二，加起来再乘五，乘完了再减一。如果算法是自左而右的，那就是：

$$3+2×5-1$$

但是按照现在我们的写法却是：

$$(3+2)×5-1$$

你能说现在的写法比较简便吗？"

老包伸过头来一看："啊? 啊? 不错! 不错! "

老于说："这就又奇怪了。"

王更说："再想! 我想一定有一个理由。

"为什么在一个算式里, 两个数相乘不必用括号呢?"

"不,"老于说,"两个数相除也是不用括号啊! "

"是的, 大概乘除一定有个相似之处。"

老包说："老夫是决定不想了! "接着他躺到自己的床上去。可是, 突然他又站起来, 他说："我想起来了。"这一次他倒没有再唱戏,"两个数相除不必用括号, 因为可以写成一个分数。譬如五加十六的一半, 可以写成

$$5 + 16 \div 2 = 5 + \frac{16}{2}$$

"对不对呢? 诸位先生? "

老于说："这算什么理由啊! "

老李看了一眼王更, 然后慢慢地说："这倒给了我一个提示。

"十六用二除, 是表示十六的一半。十六是个主体。和五相加的, 虽然不是十六, 只是它的一半, 可是相加的对象, 还是以十六为主体。至于2, 却不是相加的对象。所以刚才这个算式, 看起来是三个数, 实际讨论的却只有两个数。

这个想法一点也不错！"老李觉得很高兴。

"这倒还像是一个理由！"老于说。

停了一会儿，王更也高兴地说："对了！相乘也是这种情形。五加十六乘二，

$$5+16\times2$$

"这不就是五加十六的两倍吗？"

"不错，不错，果然不错！"

"对了，"老于确定地说，"相乘，相除，实际是一样的情形，都用不着括号。"

老李笑着在纸上又画了许多算式，他说："让我们解释解释，看看通不通？"

$$1+2\times3$$

"这就是一加二的三倍。"王更说。

$$6+15\times8\div3$$

"这就是六加十五的八倍的三分之一！"老于说。

老李又写　　　　　$50\times6-75\div5$

老包说："这就是五十的六倍减七十五的五分之一。"

可是老李又接着写下去：

$$-5\times18\div5\div2$$

老包连忙说："再减五的十八倍的五分之一的一半。"

老李又接着写：

+73×4−84÷6

老包说：“再加七十三的四倍，再减八十四的六分之一。”

老李还要写，可是这一次却叫老包把铅笔夺去了。他说：“你是诚心？还是有意？什么七十三、八十四的，老是写不完？”

老李笑了，大家都笑了。

接着王更又说：“这样看起来，四则的算式实际是以加减为主体，我们计算的只是许多数相加或是相减。乘，不过是表示某一个数的倍数；除，不过是表示某一个数的一部分。”

老于也发表了意见：“而且按照这个办法，用一个数去乘许多数的和或差，或是去除许多数的和或差，那些被乘数或是被除数，就非用括号不可。因为我们要算的，是那些数的全体的倍数，或是全体的一部分。”

“对了，”老于说，“这倒是一个必然的结果。而且反过来说，用许多数的和或差去乘一个数，或是去除一个数，这些乘数或是除数，也非用括号不可。现在我们总算是通过自己思考解决了一个问题。”

突然听到老包一声叫好：“好啊！”这一次他没有唱戏，却变成了一个疯狂的观众。

四　随机应变的算法

　　一个人，关在屋子里闷想，思路总是越想越窄。假设跑到外面，看看辽远的天空，无边的旷野，那么心胸就会开阔起来，思想也就活跃起来。

　　唐僧带着他的三个徒弟去取经，走了不少的道路，开了许多的眼界，结果他的心情有点变了。他的心里想："就算把经取了回来，也不一定能够解决人生问题。可是一个人如果不能了解环境，支配环境，那么就没法活下去。闲着的时候，还是研究些自然科学吧。而且，这三个徒弟，根基太差，先应当教给他们学点计算。"于是唐僧开始给他们讲算术。

　　有一天，刚刚学完了循环小数。孙悟空觉得这种小数有点好玩。他想，应当找个机会，表现一下自己。于是他向猪八戒挑战，他说：

　　"老猪，往日念书，你总是瞧不起我。这一次，我却要和你比一比。咱们一同做几个题,看看谁做得快!"

"什么,你要和我挑战?"猪八戒张了大嘴说,"好的!好的!咱们去找老沙。"

猪八戒的心里想:"平常自己总比老孙用功,这是你提议的,乐得让你丢人。"

沙僧当然高兴得了不得,马上就找到一个题目,然后对他们两个说:"不许舞弊,不许夹带,不许乱嚷,都听我的!听见了没有?"俨然他就是唐僧,可是却比唐僧的火气大。

老孙笑着说:"有你的!少说废话,说考就考。假若你有半点私心,评判不公,小心老孙的拳头。"

沙僧没有理他,接着题目出来了。黑板上写的是:

$$13.\dot{5}\dot{7} + 2.\dot{4}6\dot{8} = ?$$

猪八戒按照书上讲的,先把它们化成分数,加起来,然后再除:

$$13.\dot{5}\dot{7} + 2.\dot{4}6\dot{8} = 13\frac{57}{99} + 2\frac{468}{999}$$

$$= 15\frac{57}{99} + \frac{468}{999} = 15\frac{19}{33} + \frac{52}{111}$$

$$= 15\frac{703}{1221} + \frac{572}{1221} = 15\frac{1275}{1221} = 16\frac{54}{1221} = 16\frac{18}{407}$$

越算越麻烦。他喘了一口粗气说:"这是多么讨厌啊!"

可是接着就看见孙悟空举手了。

"算完了吗？"沙僧问。

"算完了！"

"答数是什么？"

"十六点循环零四四二二六。"

"老猪呢？"

"不行！"猪八戒提出了抗议，"老孙的答数不一定对。我还没有除哩，他就算完了吗？"

孙悟空说："有演草为凭！"

"让我看看！"

"那不行！你要抄。老孙不上你的当！"

"得啦，得啦。"沙僧说，"演草给我，老猪，你算你的。"

老孙说："好！咱们看着他算。"

于是猪八戒，除呀，除呀……再除，再除，除出来了，可不是吗？

$$16.0\dot{4}422\dot{6}$$

然后大家打开悟空的演草一看，

$$13.\dot{5}7575\dot{7}$$
$$+2.\dot{4}6846\dot{8}$$
$$\overline{16.04422\dot{5}}$$
$$6$$

答案是一点也不错!

"咦,"老猪说,"这是怎么弄的? 噢,我明白了。你们两个沟通一气,事前早算好了。老猪算是上了你们的当! "

"别乱说啦,"沙僧说,"这个算法,连我也不懂。"

"不懂? 你不懂是不是? "老孙笑着说,"早就知道你不懂! 你们坐下,让我教教你们这两个笨虫。"

老孙上台了,他说:"要想应用一个东西,必须先要知道它的脾气。一个循环小数,就好比我那个金箍棒,要它变大就变大,要它变小就变小。譬如: 小数点循环五七,原来是: 0.5757575757575757……

变小,就是0.5̇7̇

变大,就是0.5̇75̇7

再大,就是0.5̇7575̇7

再大,又变成0.5̇757575̇7

"其实,这只是'一个'循环小数,就是上面写的那一个。

"所有循环小数都可以这样办,把循环节延长。不过,一延长必须是一个整循环节，或是几个整循环节。如果把小数点循环五七，变成小数点循环五七五，这就错了！因为：

$$0.\dot{5}\dot{7}=0.575757575757\cdots$$

$$0.\dot{5}7\dot{5}=0.575575575575\cdots$$

"这两个小数并不一样。这是第一个性质。

"其次，表示循环节的那两个点，可以同时往后跳；不过原来离多远，结果还要离多远。譬如：

$$0.\dot{1}234\dot{5}=0.1\dot{2}345\dot{1}=1\dot{2}345\dot{1}2=0.12345\dot{1}2\dot{3}$$

$$=0.123\dot{4}5123\dot{4}=0.1234\dot{5}1234\dot{5}=0.12345\dot{1}2345\dot{1}\cdots$$

猪八戒说："这倒好玩，好像弹琴的那两只手，要动一起动。"

"对了，老孙喜欢的就是能够活动！只要知道了这些性质，我们马上可以找出几个简便的算法。譬如两个循环小数相加，或是相减：第一，我们先把两个循环节变得一般长。如果一个是两位数循环，一个是三位数循环，那么都应当变成……"

"六位数循环！"沙僧接着说。

"如果一个是四位数循环，一个是六位数循环。那么应当变成几位数循环呢？"

"十二位数循环！"

"老猪你明白了吗?"

猪八戒摇摇头。

"傻子! 告诉你吧。把每一个循环节的位数, 都变成原来的位数的最小公倍数。听明白了没有? 然后再按照普通的算法, 加的相加, 减的相减。譬如:

$$0.\overset{..}{23} = 0.232323 \quad 232323 \quad 232323\cdots\cdots$$
$$+ \; 0.\overset{.}{4}5\overset{.}{6} = 0.456456 \quad 456456 \quad 456456\cdots\cdots$$
$$\overline{0.688779 \quad 688779 \quad 688779\cdots\cdots}$$

所以 $0.\overset{..}{23} + 0.\overset{.}{4}5\overset{.}{6} = 0.688\overset{.}{7}7\overset{.}{9}$

这就是

$$0.\overset{..}{232323}$$
$$+ \; 0.\overset{..}{456456}$$
$$\overline{0.688779}$$

"不过有一点你要留心。循环节的第一位数相加, 如果有进位, 那么末位的和也要加上同一数。就好像刚才我们算的那个题, 循环节的第一位相加, 进了一个1, 所以末位也要加1, 5就变成6。"

"要是第一位进2呢? "猪八戒问。

"那么末位就要加2! 第一位进多少, 末一位加多少。你简直是一个笨虫!

"因为循环小数的每一个循环节, 都是完全一样的,前面进上去,后面也要进上来。在减法里,如果第一位数相减不够减,要从前面借个1,那么末了一位,减完了,也应该再减1。听明白了没有?"

"明白了!"老猪说,"让我试试看。"

孙悟空出了个题目:

$1.\overset{\cdot}{1}\overset{\cdot}{3}-0.\overset{\cdot}{2}4\overset{\cdot}{6}=$

猪八戒算出来的是:

$$\overset{\cdot}{1}.1\overset{\cdot}{3}1\overset{\cdot}{3}1\overset{\cdot}{3}$$
$$-0.\overset{\cdot}{2}4\overset{\cdot}{6}2\overset{\cdot}{4}6$$
$$\overline{0.885067}$$
$$6$$

"好!孺子可教也!"孙悟空说,"假设是混循环小数,那么第一步,先要第一个循环点上下看齐;然后第二步,再变成同样的循环节;第三步,再按照刚才的办法算加减。譬如:

(1) $1.3\overset{\cdot}{5}7\overset{\cdot}{9}+2.4\overset{\cdot}{6}8\overset{\cdot}{0}=?$

$$1.3\overset{\cdot}{5}7\overset{\cdot}{9}=1.3\overset{\cdot}{5}79\overset{\cdot}{5}=1.3\overset{\cdot}{5}795\overset{\cdot}{7}95$$
$$+2.4\overset{\cdot}{6}8\overset{\cdot}{0}=2.4\overset{\cdot}{6}8\overset{\cdot}{0}\ =2.4\overset{\cdot}{6}808\overset{\cdot}{0}80$$
$$\overline{3.82603875}$$
$$6$$

（2）$2.46\dot{8}\dot{0} - 1.3\dot{5}7\dot{9} = ?$

$$2.46\dot{8}\dot{0} = 2.46\dot{8}08\dot{0}80$$
$$-1.3\dot{5}7\dot{9} = 1.3\dot{5}79\dot{5}795$$
$$\overline{\qquad\qquad 1.11012285}$$

接着沙僧也站起来讲："乘除我也会算了。譬如：三乘零点循环四五，或是三除零点循环四五，那就是：

$$
\begin{array}{r}
0.\dot{4}\dot{5} \\
\times \quad 3 \\
\hline
1.\dot{3}\dot{5} \\
6
\end{array}
\qquad
\begin{array}{r}
3\,|\,0.\dot{4}\dot{5} \\
\hline
0.\dot{1}\dot{5}
\end{array}
$$

"对不对？伙计们！"

"不过你这个例子太简单！"孙悟空说。

"复杂一点，也可以这样算。"譬如：

$$
\begin{array}{r}
0.\dot{9}8\dot{7} \\
\times \quad 3 \\
\hline
2.\dot{9}6\dot{1} \\
3
\end{array}
$$

"这还不是一样的吗？"

"如果乘数是两位数呢？"猪八戒问。

沙僧画了半天也没有画出来。孙悟空说："我来告诉你！譬如：

（1）

$$
\begin{array}{r}
0.\dot98\dot7 \\
\times\ \ \ 1\dot3 \\
\hline
2.96\dot3 \\
9.87\dot9 \\
\hline
12.84\dot3
\end{array}
$$

$=0.\dot98\dot7\times10 = 0.9\dot87\dot9\times10 = 9.\dot87\dot9$

（2）

$$
\begin{array}{r}
0.\dot98\dot7 \\
\times\ \ \ 2\dot3 \\
\hline
2.96\dot3 \\
19.75\dot9 \\
\hline
22.72\dot3
\end{array}
$$

$=0.\dot98\dot7\times20 = 0.9\dot87\dot9\times2 = 19.\dot75\dot9$

"除法也能这样算吗?"猪八戒又问。

"单位数的除数可以这样算,老沙已经说过了。有时候,除数是环循小数的也可以这样算。譬如:

$0.\dot2 46\dot8\div 2 = 0.\dot1 23\dot4$

$0.\dot36\dot9\div 0.\dot12\dot3 = 3$

"不过有时候可能很麻烦。譬如:

$0.\dot2 46\dot8\div 3 = 0.\dot08 2274894 15\dot6$

"你懂不懂?"

猪八戒把嘴一撅:"我不懂。"

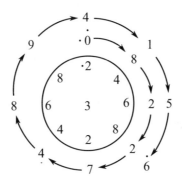

"笨虫! 让我告诉你。先把它画成一个圈。除数放在中间, 商数写在外边, 转着除! 转了一圈再一圈。"

猪八戒裂着大嘴笑了: "这倒好玩! 难得你想出来。"

"我的脑袋是飞轮, 转的; 你的脑袋是顽固蛋, 食而不化。这个年头, 要活动活动心眼。不过你要留心, 遇到余数一重复, 这个算法就要停止! 因为……"

"那就循环了!"沙僧说, "让我试一下! 譬如 $0.\dot{1}2345678\dot{9} \div 7 = ?$"

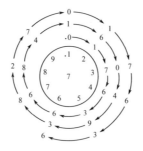

沙僧算得非常高兴, 一圈一圈地转下去。可是转过了两圈的时候, 孙悟空就嚷了起来: "老沙转晕了吗? 算到7就循

环了! "

"不错不错! "猪八戒鼓起掌来。

老孙问老猪:"明白不明白? "

"明白! "

"会算不会算? "

"会算! "

"老孙的想法好不好? "

"好! "

"得啦,让我出个算题考考你! "

题目是:　$0.2\dot{7}0\dot{6} \div 1.\dot{2}\dot{4} = ?$

猪八戒把袖子一卷,画呀,画呀,画不出来了! 他红着脸说:"你没有教! "

"呸! 这还不容易吗? "孙悟空把他一推,自己算:

$$\frac{2706}{9999} \div 1\frac{24}{99} = \frac{2706}{9999} \times \frac{99}{123} = \frac{22 \times 99}{9999} = \frac{2178}{9999} = 0.\dot{2}17\dot{8}$$

"不是不准用分数么? "猪八戒问。

"谁说的? "老孙把眼一瞪,"这叫作随机应变! 你怎么老是死心眼! "

老猪有点恼,可是他不晓得,这个题目实际是不能再用上面那个办法去算的!

五　一加一不等于二

星期六回家，小弟弟忽然提出一个问题来问我。

"哥哥，你说一加一等于多少？"

"一加一？"我觉得这个问题有点不像话，于是冲口而出，"一加一等于二。"

"可是，一加一不等于二！"他突然反驳我。

"为什么？"

"当然啦，当然不等于二。"说着，他把手里的一本《开明少年》打开，指给我看，在一篇讲算学的文章里面，有幅小小的题眉画。在这里画着一个人，倒背着手，站在一块黑板前面。脑袋上斜斜地顶着一个大问号，他正在对着黑板上的一个算式惊异。这个算式就是：

$$1+1 \neq 2$$

"你看，"弟弟说，"这不是一加一不等于二吗？"

看了这幅画，我一时竟然不知道怎样回答才好。就在这个时候，小弟弟得意地跑了。可是这个问题一直就在我脑袋里转来转去，想不出所以然来。

昨天回到学校里，把这个问题告诉了同屋的小张。他却笑着说："傻孩子，画图的人不过是随便开个玩笑，你却一定要寻根究底，何苦费这些心思呢？"

"但是我的意思不是这样，"我说，"如果这个算式对的话，我们应当有个解释；如果这个算式不对，我们也应当有个理由。既然是一个问题，就应当想法解决，不去想它，总不是办法。"

"是吗？那么让我也帮你想想看。"于是他把脑袋晃了两晃，眼珠子转了两转，忽然说，"不错，我想起来了，一加一是可以不等于二的！"

"是吗？"我为此而紧张起来，"为什么？"

他说："这很简单，横着写个一，竖着再写个一，结果一加一变成'十'，这不就是一加一不等于二吗？"

我没料到他会开这样一个玩笑。

"得啦，你以为我还能给你讲些什么算理吗？"接着他就哈哈地笑起来。

不过我觉得，虽然他说的不是算理，然而他的思想总算敏捷灵活。我想了一整天，连这一点都还没有想到。

不料到了夜间，在熄灯以前，小张忽然又告诉我："你说怎么样，一加一的的确确可以不等于二！"

"你不要再瞎说了！"我马上警告他。

"这算什么话呀，"他便嚷了起来，"我且问你，一堆书，再加一堆书，不还是'一堆书'吗？一捆劈柴，再加一捆劈柴，不还是'一捆劈柴'吗？一只杯子加上一杯的水，不就是'一杯水'吗？一个饭碗加上一碗的饭，不就是'一碗饭'吗？一个男人加上一个女人，不是'一对夫妇'吗？一个哥哥加上一个弟弟，不就是'一对兄弟'吗？一个爸爸加上一个儿子，不就是'爷儿俩一对儿'吗？哼，爷儿俩，这个'俩'不好。我们再说：一个爸爸一个妈妈，再加上一个儿子，这不就成为'一个家庭'了吗？一个人加上一个人，再加上一个人，无论加上多少人，结果不总是'一个团体'吗？这就是说：一加一不但不等于二，而且还可以等于一。不但一加一可以等于一，而且无论多少一相加，结果也可以等于一。你觉得怎么样？"

想不到他一口气能说出这么许多，说得我笑了，他也笑了。

他很得意地再追问我："怎么样？你说有理没有理？"

"当然啦，"我说，"你是无理也说三分。"

"怎么，没有理？你能说这些都不对吗？"

电灯忽然灭了，他又说："你自管想你的，咱们明天再谈。"

这一夜却惹得我没有睡好觉。小张的话虽然有点强词夺理，可是确实有些道理。第二天一起床，我就把想到的一些说法，全盘整理了一下。

例如：

一根线，接上一根线，结果还是一根线。

一张纸，再糊上一张纸，结果还是一张纸。

一个粉团，再揉上一个粉团，结果还是一个粉团。

以上算是第一类，这些跟小张所说的"一堆书再加上一堆书，结果还是一堆书"的情形一样。这些例子，从表面看来，一加一还是等于一，可是仔细一想，结果的这个"一"和原来的那个"一"实际并不相同。一根线再接一根线是一根"较长"的线，一张纸再糊一张纸是一张"较厚"的纸，一个粉团再揉一个粉团是一个"较大"的粉团。也就是说，虽然同是一个"一"，然而在"量"上却有显著的差别。

其次，例如：

一汤一菜是一份客饭。

一裤一褂是一身制服。

一笔一砚是一套文具。

一被一褥是一床被盖。

一左一右是一个摆荡。

一高一低是一个跳动。

以上算是第二类,这些例子跟小张说的"一只杯子倒上水是一杯水"的情形一样。在这里,一加一还是一,可是结果的这个"一",包含的内容比较复杂。也就是说,虽然结果还是一个"一",但已经变了"质",与原来的全不相同。

再则,例如:

一只鞋再加一只鞋是一双鞋。

一只袜子加一只袜子,是一双袜子。

一只手套加一只手套,是一副手套。

一个镜片加一个镜片,是一副镜片。

以上算是第三类,这些例子跟小张说的"一夫一妇是一对夫妇"的情形相同。在这里,结果虽然还是"一",但这个"一"实际就是变相的"二"。当小张说"一父一子是爷儿俩一对儿"的时候,就把这个隐蔽的内容暴露出来了。

除此之外,我还想到:

一尺加一寸,是一尺一寸。

一担加一斗,是一担一斗。

一斤加一两,是一斤一两。

一分加一秒,是一分一秒。

一块钱加一毛钱,是一块一毛钱。

以上可以说是第四类。在这里一加一是的确不等于二,然而这里面却也有原因,那就是相加的两个"一"彼此单位不同。

说到这里,却使我又想起了在算术里关于加法的一个重要规定,那就是:不同种类的不能相加,不同单位的也不能相加。这是加法的一个性质。从这一点,我们对于上面那些结果,可以得到一个更清晰的分析。

所谓一根线再加一根线,虽然还是一根线,然而就长度来说,却是原来两根长之和,假设原来的两根线是一样长的,结果实际还是一加一等于二。

所谓一汤一菜是一份客饭,如果分析起来,从算学的立场说,根本就不能相加。我们把它叫作一份客饭,只是为了方便说明。

所谓一双鞋,一副手套,一对夫妇,实际就是两只鞋,两只手套,两个人,至于一尺一寸,一担一斗,根本就没有相加。

所以我们应当说:一加一还是等于二。反过来说,一加一就"不能"不等于二。因此我们断定上面那个算式是错的。

当着我归纳出这一个结论的时候,心里觉得很高兴。顺手打开无线电收音机,恰好正是一节修养讲座,里面放出来的声音说:

"我们要想求知识，主要还是在训练自己的思维。一个问题来了，首先应当加以详尽分析。能分析才能透彻，能透彻才能把握，能把握才能够运用。譬如学算学，我们不应当仅仅注意算题，主要的还在于把握算理。哪怕一个支节的问题，只要注意研究，就会帮助你提高对全盘的了解。往往从一个很小的问题开始，就能够引起一个复杂的专门的研究。一切科学的发展都有同样的情形，在整个的学术史上，你可以找到不少的先例。"

这些话深深地打动了我的心，眼望着窗外蔚蓝的天空，我心中充满了无限的希望。

六　数的惊异

今天下午没有课，我到算学老师王先生那里去聊天。不知道怎么聊到"一加一不等于二"的那个问题，我就把所想的全部告诉了他。

"很好，"他点点头说，"你想得很有意思。不过这里面还有一点问题。"

"怎么，你说我想的那些都不对吗？"我觉得很奇怪。

"不，"他笑了。

"不是说你想得不对，而是还应当有点补充。说不定有时候一加一会不等于二！"

这可真奇怪！

"你不要慌，"他叫我坐下，"让我慢慢地告诉你。"

"第一，我们要知道，算学所研究的是'量'。

'量' 在事实上有一种什么现象, 我们就用一种什么算式去表示, 所以某一个算式就是某一个 '量的关系' 的说明。

"一个文学家, 他用文字去描述一个事实; 一个画家, 他用色彩去描绘一幅景象; 同样地, 一个研究算学的人, 他用算式去描写一个关系, 一个 '量的关系'。

"譬如说: 我们看到两个单位的长是一个单位长的两倍, 两个单位的重量是一个单位重量的两倍, 所以我们说: 一加一等于二。

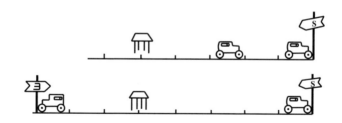

"可是这仅只是对于简单的量是这个样子, 要是遇到一个复杂的量, 那就不一定了。我们先说一个简单的事实。

"譬如说, 现在有两辆车子同时在一个地点出发, 一辆车子走了五里, 一辆车子走了三里, 那么它们相距是几里?"

"这太简单了,"我说,"当然是二里了!"

"当然?"先生又问。

"你说'当然'是二里吗？"

"怎么？我想这绝不会有错的。"

"可是，假若这两辆车子一辆往东，一辆往西，你能说它们相距二里吗？"

我笑了，可是我也找出了一个理由："你刚才并没有说到方向。"

"是的，"先生说，"这是我的疏忽。可是这就告诉我们一个事实，要想表示一个距离，简单一点可以仅论远近，详细一点就要讲到方向。五里和五里相等，然而'往东五里'和'往西五里'就不一样了。向同一个方向的时候，求距离是用减法，向两个相反的方向的时候，就要用加法。"

"这倒有点麻烦。"我说。

"不错。要想避免这个麻烦，我们就得想法儿在这两个数上另外加上一个符号，例如，加号和减号代表两个相反的性质，我们就可以利用它们来表示。如果加号表示往东，那么减号就应当表示往西。往东五里是'+5'里，往西五里就是'-5'里。像这样前面带加号的叫作正数，带减号的叫作负数，合到一块叫作正负数。在数目前边的加减号也另外有了名称，叫作正负号。"

"正负数能够相加吗？"

"当然啦，我们有个规定，同号相加，那就是一个普通的加法；可是异号相加，那就变成一个普通的减法了。"

"这又是怎么一回事呢？"

"例如，你往东五里，再往东三里，结果是在原来的东边，一共八里。你先往东五里，再往西两里，结果虽然还是在原来的东边，可是就变成了三里。这就是："

$$(+5里)+(+3里)=+8里$$

$$(+5里)+(-2里)=+3里$$

"前一个是加法，后一个却成了减法。"

"要是正负数相减呢？"

"那也有个规定，我们先把减数的正负号改变了，再按照上面那个相加的办法去计算。比如刚才那个题目，两辆车子都往东的时候是："

$$(+5里)-(+3里)=(+5里)+(-3里)=+2里$$

"一辆车子往东，一辆车子往西，就变成："

$$(+5里)-(-3里)=(+5里)+(+3里)=+8里$$

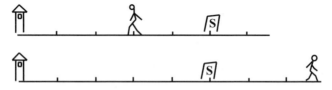

"这就和刚才我们想的一致了。"

"可是这两个结果，都还带着一个符号，这又是什么意思呢？"

"不错，这还应当再加以解释。我们要知道，所谓两辆车子相距多远，这就是一个含糊的问题，仔细讲起来，我们应当问第一辆车距离第二辆车有多远？假设往东的算第一辆车，那么它应该在第二辆车的东边八里。既然在东边，所以这个八里是(+8)里。

"反过来说，要是往西走的算是第一辆车，那么它就应该在第二辆车的西边，还是八里。于是这个算式就变成：

$$(-3里) - (+5里) = (-3里) + (-5里) = -8里$$

"所以我们要问它们相距多远，应当事前说明以哪一辆为标准。既然有了标准，那么它在另外一辆车的东边呢，还是西边？答案里的正负号就确定了这个相对的位置。"

"这……有点儿不大好懂了。"

"是的，关于这些算法是在初中二年级才能学到的，它的名字叫作'代数学'，这里面专门研究正负数。不过现在我只告诉你，一个数目再加上一个符号，它就可以表示一个有方向的量。"

"这与一加一不等于二有什么关系呢？"

"别慌，"先生笑了，"听我慢慢地讲。"

"刚才我已经说过正负数是表示带有方向的量，可是所谓方向就不见得只有'两个'相反的方面。譬如，现在你从这个屋里走出去,你可以往东、往西、往南、往北,四面八方,随便往哪一个方向都行。"

"这样一来,仅只用正负号就不行了。"我说。

"是的,"先生说,"可是也有一个办法。不过用算式来讲太麻烦了,咱们可以用图形来想。譬如,画一支箭,它不但有个长短,而且还指着一定的方向,这个有方向的量叫作'向量',这就是一个更复杂的量了。向量的研究虽然比较深,可是我们不难用最简单的方法来说明。

"例如一个'力量',它不但有'大小',而且还可以有一定的'方向',这就是一个'向量'。现在我们要看一看两个向量相加会是什么情形。

"让我再说得具体一点。例如,有一条船放在池子里,现在我用一个力量往北拉,你用一个力量往南拉,那么这条船往哪边移动呢?"

"那就要看谁的力量大了。"我说。

"不错。"王先生又问,"假设这两个力量彼此相等呢?"

"那就不动了。"

"不错,这就是说,对于这条船,加一个力量,再加一个大小相等,然而方向相反的力量,结果和它没有受到力量是一样的。因此那两个力量的合力就应当是零。

"假若我往南拉, 你往东拉呢? "王先生接着又问。

"那它就往东南跑了。"

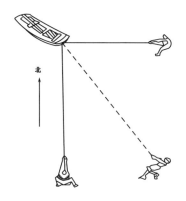

"你只能说大致往东南跑, 确定的方向还得看两个力量的大小。要是往南的力量大, 它就往东南偏南跑; 要是往东的力量大, 就又往东南偏东了。两个力量的大小和方向有个很简便的方法来计算。只要将这两个力量的大小用两条直线的长短来表示, 依着力量的方向画下来, 再添两条线画成个平行四边形。这平行四边形对角线的长短就表示合力的大小, 而它的方向也就是合力的方向。现在一个力量往东, 一个力量往南, 两个力量互成直角, 因此求合力的大小也不必绘图, 只要用'直角三角形中, 勾方加股方等于弦方'的定理来计算就成了。例如, 向东的力量是三斤, 向南的力量是四斤, 那么合力就是五斤, 因为

$$3^2 + 4^2 = 5^2 \text{ (即 } 3 \times 3 + 4 \times 4 = 5 \times 5\text{)}$$

"要是向东、向南的力量都是一斤,那么:

$$\sqrt{1^2 + 1^2} = \sqrt{2} = 1.414$$

"合力是1.414。"

"奇怪!然而确实有道理,"我不能不承认,"不过照这样说,一加一,就不等于二了?"

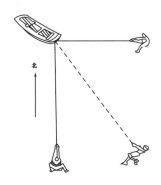

北

"不,"先生说。

"有些时候还是可以等于二的!"

"那又是怎么一回事呢?"

先生反过来再问我:"假如咱俩都往一个方向拉呢?"

"不错,那就等于二了!"我非常兴奋。

"是的,"先生说,"照这样看来,要求两个力量之和,在没有知道它们的方向以前,结果是不能确定的。但是这个结果却也有个范围,譬如一加一吧,最小等于零,最大等于二,所以结果应该是零与二之间的一个数。

　　"力量相加是这个样,速度相加也是这个样,加速度相加还是这个样。"

　　听了这些说法我觉得很新奇,可是想想总还有点儿别扭。王先生接着又说:

　　"其实这里边并没有什么玄妙。只要两个力量不是在一个方向,那么它们彼此之间就要互相牵扯,一牵扯,彼此就要抵消一部分力量,所以结果这个合力就要小于二。假如两个大小相等的力量方向恰好相反,彼此的力量就完全抵消了,所以结果只有等于零。这不是一个很明显的事实吗?"

　　"如果按照这种说法,"我说,"在代数里,正一和负一相加就应该等于零了?"

　　"是的,你说得很对!"先生说,"所以在代数里一加一可以有三个结果,一个是零,一个是正二,一个是负二。全看原来的这两个'一'是同号还是异号。"

　　经过这一番解释,我觉得心里有点明白了。可是王先生顺便又提出了另外的一个见解。他又继续说下去:

　　"其实所谓一加一等于二,这个问题还可以有一种看法,那就是一个'定名'的问题。譬如说,你叫张耀东,为什么叫张耀东呢,为什么不叫张耀西呢?如果叫张耀西行不行?"

"那……"我笑了,"那也没有什么不可以。"

"对啦,"王先生说,"我们对于一个东西,如果打算给它起个名字,本来是无所谓的,这里面并没有什么道理可讲。假如我们把南叫作北,把北叫作南,那么南京就变成北京,北京就变成南京了。《庄子·天下篇》里说:'犬可以为羊。'如果狗的名字原来不叫犬而叫作羊,那么狗就叫作羊了。他又说:'白狗黑。'假如白的颜色不叫白而叫黑,那么白狗就叫作黑狗了。同样地,假如二不叫二,而叫作二之外的一个名字,那么一加一不等于二,这句话就根本没有什么可怀疑的了。譬如说,一加一等于俩行不行?"

"当然行了!"

"在你所整理的资料里,所谓一双,一副,一对,不就都是'二'的代名词吗?"

说到这里可以告一个段落了,回头我把王先生说的话告诉了小张,不料他又给我开了一个大玩笑。他说:"如此说来,假如人不叫人而叫作狗,那么你就是狗了。"

"这简直是胡说,那么你呢?"

"你是我也是,咱们大家都是。"

可是事后再一想,这倒是无所谓的,因为"名称"和"实物"实际是两件事情。同时又想到,我们对于一件事情惊异,那不过是因为它违反了我们的习惯。

七　没有数的数

昨天吃过晚饭，大家一块散步，有说有笑的，不晓得怎样说到了上午算术班上老师留下的一个问题。这个问题仿佛是个谜语，字面是"没有数的数"，老师让我们猜这个谜底。

王明一个字一个字地说："没……有……数……的……数，这句话别扭。既然没有数，当然就不是数了；反过来说，既然是个数，就不能没有数。又是数，又是没有数，翻来覆去的有点不像话！"王明一边说，一边摇着头。

"可是老师说，这是个谜语。"方静说。

"我想这里面一定有个窍门。"

"对了，"小李说，"让我想想看。没有数的数，没有是个零，对了，对了，零就是一个没有数的数！零不是没有数吗？零不又是一个数吗？我想我猜得一点儿也不错！"

"这句话我赞成！"方静接着说。

"零是一个没有数的数，这个解释有点意思。"他笑了，他对于这个解释很满意。

"不错，"一直没有开口的老张也同意这个说法，"而且，我还有个补充。譬如，按照记数法来说，一百零二我们把它写成一〇二。一是一百，所以百位数上写一；二是两个，所以个位数上写二；十位数上本来没有数，虽然写的是零，其实不过是表示空位。零本来是个数，然而在这里却不能算个数，它只占了一个空位子，所以它就是一个没有数的数。"

"老张说得对，"小李说，"这就好像我们去看电影，一个同伴没有到，我们把帽子放在一把椅子上，替他占一个座。帽子不是人，可是我们把它当作一个人。零仿佛就是这么一顶帽子。"

"这算是一顶什么样的帽子呢？一个圆的圈！"老张说。

"是吗？假如把0带在头上，那倒像是孙悟空头上的那个箍！"小李说得大家都笑了。

"不过我的意思却不是这种说法，"王明又提出了另外的一个解释，"我以为，所谓没有数的数，这句话并没有什么曲折。平常我们说有数，就是数得清的意思；如果说没有数，那就是数不清的意思。譬如说：对于某一件事情我们心里有数,这就是说,对于那一件事情,我们能够摸得清楚,搞得明白,晓得底细。如果说:对于某一件事情我们没有数,那就是表示我们搞不清楚,弄不明白,毫没有把握。

"要是照这样说起来,从数量一方面来想,那就是因为太多了,非常之多,多得没有数了。可是所谓多,这却不是一个名词。这样一想,我就不知道应当怎样说了。"

大家觉得这也是一个说法,有道理,可是谁也不知道应当怎么说下去。小李的心里却永远那么轻松,他说:"干脆明天问老师去!"

第二天上课时,老师一进教室,我们就把昨天傍晚的讨论都报告了,老师很高兴。

他说:"你们想得都很好。第一,所谓'零'是一个没有数的数,这个解释直截了当,同时也很明确。第二,所谓没有数的数,也可以解释成数不清的数,那就是王明的那个说法,它是表示多,非常的多,然而这个问题还得往下想,究竟要多到什么程度?

"譬如,我们要数全世界一共有多少人?马虎一点,那就可以说是没有数。但是如果按照现在这一刹那说,虽然全世界的人是够多的了,数起来,这个数也是够大的了,可是无论大到怎样,我们总可以说是一个固定的数,那就是有个数。反过来说,也就是不能说没有数。"

　　"然而,"他稍微停了一会儿又说,"假设把刚才的这个时间限制延长了,这个问题就复杂得多了。就说一分钟之内,我们也不晓得有多少人死了,同时又有多少小娃娃刚刚生下来。假设把这个限制再放大,扩展到全人类,包括过去和未来,那就更麻烦了。过去死的,现在活的,都不成问题,然而将来呢,我们知道到底有多少人吗?"

　　大家觉得有些好笑,也有人在那里摇着头,认为这问题扯得太远了。

　　突然老李站起来说:"那根本就没法去数!"

　　"是的,"老师说,"事实上是没法去数的。为什么呢?因为人在继续增加,所以我们就数不完。可是我们总可以想到,如果继续数下去,那么这个数就越来越大,大到没有限制。然而这样一个数,我们却有个数学名词,那就是——"接着他在黑板上写了三个大字"无限大"。

　　"不过,"老师又停了一停,接着再说,"现在我不预备再这样讲下去了,因为我出这个题的时候,本来是打算告诉你们关于分数的一个知识。所谓没有数的数,有时候,譬如在分数里,它是一个'一'。"

　　说到这里大家更惊讶了。老师说:

　　"其实也没有什么可奇怪的,不过我要提醒你们注意关于分数的两个要点。第一,我们知道分数里有真分数、假分数和带分数。同时所有的整数都可以化成分数，当然是假分数。譬如说：$3 = \dfrac{6}{2} = \dfrac{9}{3} = \dfrac{12}{4} = \dfrac{15}{5} \cdots\cdots$

"这样一来，分数就包括了整数。

"至于这个化法，我们可以按照除法来想，因为：

$6 \div 2 = 3$，所以 $3 = \dfrac{6}{2}$

"同时也可以按照乘法来想：

因为 $3 \times 2 = 6$，所以 $3 = \dfrac{6}{2}$

"但是如果单从形式上来看，总觉得整数和分数有一个最重要的区别，就是分数有分子、分母，包括了两个数，然而整数却是单纯的，只有一个数。

"其实，对于整数我们也可以有另外一个看法。我们可以干脆把它看成一个分数的样子，有分子也有分母。

"怎么来看呢？那很简单。所有的整数都可以看成是一个分数的分子，至于分母呢？都是一！因为：

$1 = \dfrac{1}{1}, 2 = \dfrac{2}{1}, 3 = \dfrac{3}{1}, 4 = \dfrac{4}{1}, 5 = \dfrac{5}{1} \cdots\cdots$

"这当然是没有问题的。可是这样一来，在运算上就方便得多了。只要记住分数的一个最重要的性质，就是分子、分母同用一个数乘除！其值不变。例如，要把5化为一个分数，分母限用7，那就是：

$$5 = \dfrac{5}{1} = \dfrac{5 \times 7}{1 \times 7} = \dfrac{35}{7}$$

　　"如果按照这个观点来看，那么整数就是分数，这就变成一个不成问题的问题了。无论如何，我们要记住，假设一个分数'没有'分母，这个分母不是零，而是'一'！反过来说，整数就是'分母是一'的一个分数。这样一来，整数和分数就真正合而为一了！

　　"同时，如果按照这个观点来看，整数不过是分数的一个省略的写法。因为一切整数都是分母是一的分数，所以我们就把分母统统省略了不写。而且，分母上这个一就是没有数的数了。

　　"最后我们就得到了这么一个结论：零是'没有'的一个数。然而，没有数的却不一定是零。一句话正着说是对的，倒过来却不一定仍旧对！这是最要留心的一点。

　　"至少，按照现在我们讨论的，没有数的数，可以是零，可以是无限大，也可以是一！"

　　当老师一气把这些讲完了以后，大家的心里觉得松了一口气。就在这个时候，老李忽然又站起来说：

　　"老师，这里面还有一点问题。把整数看成分数，不但分母上的一省略了，而且连那个分数的记号，一道横线也省略了！"

　　"不错，"老师笑了，"那我们可以说，这是没有记号的一个记号。"

接着王明也站起来说："听了刚才老师所讲的那些话，我也忽然想到了一个问题。在分数里，一个带分数，譬如说一又三分之二，实际是一加三分之二，写的时候却没有把加号写出来，按照刚才那个说法，把一个整数和一个真分数写在一起，中间就有一个'没有加号附加号'。这个说法对不对呢？"

"很好很好，"老师说，"这就是我要告诉你们的，关于分数第二个应当注意的方面。"接着他在黑板上把王明说的那个分数写出来：

$$1\frac{2}{3} = 1 + \frac{2}{3}$$

同时说："王明说得很好，这也是我们大家都应当记住的一件事情。不过借着这个机会，我还要告诉你们，这个办法只有在分数里可以这样写，在别种情形之下，却不能够应用这个办法。

"首先我们要知道，数字不过是代表数的一个记号，我们可以用数码来表示，同时也可以用别的记号来表示，最常用的是文字。譬如，一万二千三百四十五，我们可以写成12345。然而在中国稍微老一点的本子，例如清朝讲算术的本子，就把它写成：

一……二……三……四……五

"也就和我们现在写成一二三四五完全一样。不过这还都是受了西洋的影响。

"同样地，我们也可以利用别的记号来表示数，譬如用英文字母。例如，B代表2，O代表4，Y代表6，那么

$$B+O+Y=2+4+6=12$$

"但是如果把这些字母直接连起来，却不是表示二百四十六，同时也不是表示相加，而是表示相乘！所以：

$$BOY=2×4×6=48$$

这里面并没有什么道理，只是大家约定的一种规则，大家共同遵守。还是按照我们那个说法，这些字母之间有一个没有乘号的乘号。不过这种办法，用数码的时候绝对不能用，不然就和我们的记数法完全相混了！"

大家看着这个BOY变成二乘四乘六，觉得很奇怪，于是就有人又站起来问："什么时候我们才算这些字母的数呢？"

"要到初中二年级的时候，"老师说，"这种表示数的办法，在代数里就用到了。我们说到这里，暂且告一段落吧。"

八　测量距离

春天到了，大家都喜欢到野外去跑跑玩玩。礼拜六的下午，我们和王先生一起去露营。

露营的地点在城市附近的一个小土山上。因为这是今年的第一次露营，所以大家格外高兴。一部分人还没有收拾完帐篷，另外一部分人便结队去寻找柴火去了。

当我们忙得有些累，便坐下来，围着先生求他讲故事。可是，好沉思的王先生忽然手指着西边说："看，他们已经跑得那么远了。"

"可不是，大概有二里地吧？"有人在低声地说。

"二里？"心急口快的高文理瞪起了眼睛说，"二里地吗？你看，一直往东南看下去，那是五里牌坊（村名），现在他们好像是正在那里的北边吧？足有五里地。"

高文理说得仿佛很有把握，看着他那怪模怪样的样子，大家都笑了。

"其实没有这么远，"最后王先生开口了，假使我们测量一段距离，单凭眼睛看的话，看也有看的方法。"

"什么方法呢？"大家一齐说。

"譬如看人吧。

"一百米的时候，还能看清人的耳目口鼻；

"二百米的时候，便分不清楚，人脸仿佛变成了一个平的；

"三百米的时候，还可以看出人脸和衣服不同的颜色；

"四百米的时候，只能看清人的四肢；

"六百米的时候，人便变成了一个黑影，不过两腿的移动还可以分辨；

"一千米（一公里，合两市里）的时候，就只能看见大概的移动了。

"不过……"王先生瞥见了有人正在抄笔记，于是便稍微停了一下，然后再说下去，

"话是这样说，不过应用起来却也有些困难。因为，我们的眼睛总不十分靠得住。这就是所谓人有'错觉'。譬如吧，在天气晴明的时候，看的对象清晰的时候，地是平地，人背着太阳，这些原因都会使我们把远的东西看近了。反过来说，天热的时候，眼睛对着太阳的时候，早晨、晚上、有

雾、阴天、地不平，这都会使我们把近的东西又看远了。刚才我们便发生了这样一个错误，我们面向西，天又快晚了，而且地也不平。

"其实，比较正确一点的方法，还是和已经知道的距离做一个比较，刚才高文理的办法，确是很可取的。不过，"王先生把头转过去，对着高文理说，"你怎么能够断定他们现在一定在五里牌坊的正南或正北呢？而且，即使是正南正北，"王先生顺手拿了一支笔，在自己的记事册上画了一个三角形，又说："一个是正东，一个是东南，你看，到底哪个远？"

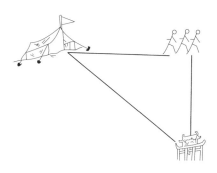

"还有，"王先生真高兴了，把左手一放，原来他手里还握着一块表。他说，"他们刚才走的时候，是五点十二分，我们刚才看的时候，还不到五点二十分。平常在平地上，一个人每分钟大概可以走85米。按七分钟算吧，大约走：

$$85 \times 7 = 595 \text{米}$$

"五百米合一市里,所以也不过一里多地。"

听完这话,大家不禁都向东呆望,心里惊讶王先生这样细心。在这时候,高文理突然又开了一个玩笑说:

"先生,你刚才说的是用眼睛可以测距离,可是,用耳朵也能测距离吗?"

"耳朵?"王先生想了一想,也笑了,"当然啦,譬如,在阴天打雷的时候……"

"雷也能算远近吗?"有人紧接着问。

"你听着,"王先生说,"我们知道,闪电和雷声是同时发生的,可是光的速度太大;声在空气里传播,大约是每秒钟三百四十米(温度越高,速度越大);光的速度,每秒钟却是三万万米。所以先看见闪电,再听到雷声。而且闪电所用的时间,甚至于可以把它忽略了去。所以要想测量一个雷电距离我们多远,那只要知道打闪以后,几秒钟才响雷,用三百四一乘,便求得雷的距离。

"其实,"王先生的话老是有尾巴,"根据我们的常识,声音远就声小,声音近就声大,不也是和距离有关系吗?不过不能很确定罢了。"

接着大家又是一阵笑声。

"刚才所说的办法,其实都不能绝对正确。我们还有另外一个利用最简单的机械原理的方法……"

说到这儿, 去找柴火的同学, 都兴高彩烈地跑回来了。

他们刚好听到, 就嚷着说:"什么机械的方法啊? "

于是大家挤拢了, 王先生拿了一张大纸, 又画了个图 (下图), 然后滔滔不绝地说了下去:

"平常我们在教科书里曾经学过, 立起一根竿子来, 可以测量一棵树的高矮。假设AB是树高, CD是竿长, 只要A、C、E在一条直线上, 假如, DE6尺, BE15尺, CD8尺, 那么:

$DE:BE=CD:AB$, 即$6:15=8:AB$

$\therefore \qquad AB=\dfrac{BE\times CD}{DE}=\dfrac{15\times 8}{6}=20$ 尺

不然, 我们利用影子也可以(上图)求解:假设树AB的影子BC, 5尺; 竿DE(8尺)的影子EF2尺, 那么:

$EF:BC=DE:AB \quad 2:5=8:AB$

$\therefore \qquad AB=\dfrac{BC\times DE}{EF}=\dfrac{5\times 8}{2}=20$ 尺

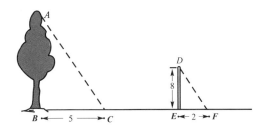

"跟这个方法差不多, 我们也可以测量远近。这样, 我们就先需要一个有刻度的尺子, 无论什么尺都行。譬

如……" 王先生顺手便摸过来一把小的米尺, 然后又画了一个图说:

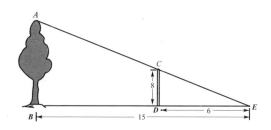

"假使我们现在测量AB, 我们先在A的地方选择一个目标AD, 或是树, 或是建筑, 什么都行。然后在B的地方, 举平了胳膊, 拿直了尺子, 眼睛直望着D点, 把视线经过尺子的刻度记了下来, 譬如是m格, m等于5吧。然后从B点照AB直线往后退, 退到C点。退多远呢? 随便。不过, 越远求的结果越容易正确。BC的距离当然是知道的了, 譬如是30尺。然后再从C点同样地看D点, 从尺上得到刻度n格。如果n等于2, 那么AB的距离便是:

$$AB = \frac{n \times BC}{n - m} = \frac{2 \times 30}{5 - 2} = 20 \text{ 尺}$$

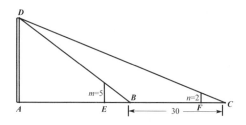

王先生一气说完了, 大家伸着脑袋争着看他刚才写下

的那个公式，仿佛要看出那个公式的理由是在哪里。于是王先生休息了一会儿，便又讲下去：

"第一我们要知道，树高和尺的刻度，这与它们和人的距离成正比例。虽然人往后退，尺的刻度变小了，可是这个关系还是不变。所以，在ABD、ACD两个三角形里：

$$AD:AB=m:EB \quad AD:AB=5:EB$$

$$AD:AC=n:FC \quad AD:AC=2:FC$$

"按照比例式的性质，'两内项相乘等于两外项相乘，'所以：

$$AD \times EB=AB \times m \quad AD \times EB=AB \times 5$$

$$AD \times FC=AC \times n \quad AD \times FC=AC \times 2$$

"但是EB和FC同是胳膊的长，所以相等。两个算式，既然左边相等，右边当然也相等：

$$\therefore \quad AB \times m=AC \times n \quad AB \times 5=AC \times 2$$

$$AC=AB+BC \quad AC=AB+30$$

所以 $$AB \times m=(AB+BC) \times n$$

$$AB \times 5=(AB+30) \times 2 \quad AB \times m=AB \times n+BC \times n \quad AB \times 5=AB \times 2+30 \times 2$$

"这是乘法的'分配律'（AB加了30再乘2，那就是AB的2倍再加30的2倍），大家在初中一年级学算术的时候，一开头就应该学到了吧？

"现在，两边各减 $AB \times n$（各减AB的2倍），

$$AB \times m - AB \times n = n \times BC$$

$$AB \times 5 - AB \times 2 = 2 \times 30$$

∴ $$AB \times (m-n) = n \times BC$$

$$AB \times (5-2) = 2 \times 30$$

"这是乘法分配律的还原（AB的5倍减AB的2倍，还有AB的3倍）……"

说到这里，大家都慢慢地活跃起来，好说话的高文理便又抢着说："两边各用$m-n$一除就得了：

$$AB = \frac{n \times BC}{m - n} \cdots$$

这次，王先生笑着点了点头："你说得一点也不错，AB的3倍既然等于60尺，所以AB便是20尺了！"

九　简单的讨论

自从放假旅行爬了一次山，大家觉得精神很振奋。

上一次讨论会上，班主任的话产生了效果。他说："我们不但玩得要起劲，读书也要起劲！大家可以自己分头结伴，随便组织各种读书会、研究会、讨论会或是座谈会。可以聘请各位先生指导，并且还要彼此挑战，大家比赛成绩。"这话说到了我们的心里，于是在两天之内，我们就约好了几位同学，组织了数学研究会。

昨天是研究会成立的一天，成立的过程给我留下了一个很深的印象。

同班的老李他可真行！事前计划得很周密，所以进行顺利。不到半个钟头的讨论，不但把会章通过了，而且当时就选出了负责的会员，把职务分配妥当。更出人意料的是，他事前已经约好了王先生，给我们做第一次的指导讨论。当这个消息临时宣布出来的时候，大家高兴地一阵鼓掌。

可是我们心里想，事前一点也没有准备，我们要讨论些什么呢？

王先生说："今天我们预备讨论一个小问题，内容非常简单。差不多是大家都已经知道的，不过是再重新组织一下。

"我们要知道，无论研究什么问题，都必须要下一番分析和整理的功夫。把相同的、有关系的放在一起，把不相同的、没有关系的，另外放在一起。然后再从这些有关系的材料里，找出一个系统来。这是研究任何问题不可缺少的一个步骤。

"同时，对于任何一个问题，必须等到各方面都充分考虑了，然后才能够做出概括和总结。无论研究什么问题都要有这样一个态度，研究数学也是同样的情形。

"咱们少说空话，多谈问题。今天要讨论的是……"老师在黑板上写出了四个大字：

"和差积商。"

"什么叫和、差、积、商呢？"先生问。

张平一举手，站起来说："大小两数，相加是和，相减是差，相乘是积，相除是商。"

"不错，"老师接着在黑板上写出来：

$$大+小＝和 \quad 大-小＝差$$

大×小＝积　大÷小＝商

"这是和、差、积、商的解释,平常叫作定义。在数学里,每一个名词,都有一个一定的解释,这个解释,就叫作定义。

"现在我们再问:怎样才能够求出和、差、积、商呢?"

李华说:"只要知道了大数和小数,那就不成问题了。"

"不,"徐明说,"还要知道加、减、乘、除四种算法。"

先生点点头:"这倒是实话。现在我们要提出一个问题。大小两数,再加上和、差、积、商,一共有六个。在这六个数里必须知道几个,才能够求出其余的数呢?"

李华说:"必须知道两个!"

先生没有理会他,接着再问:"而且这里面要用到几种算法呢?"

"四种!"还是李华抢着说,"加,减,乘,除。"

"我们不要随便猜,"先生说,"我们要想,要考虑,要实验。只有把各种情形都考虑完了,然后才好做总结呀。"

李华再站起来说:"知道了大小两数,只要加、减、乘、除,不就都求出来了吗?"

"不，"先生说，"我问的是，必须知道几个才能够把其余的数都求出来？也许是两个，但是却不一定必须是大数和小数。"

张平说："知道了两数之和和两数之差也可以求出来。因为和加差用二一除是大数，和减差用二一除是小数。"

"是的，可是这样想，但还是不够。"

徐明说："知道了大数和两数之和可以求小数；知道了小数和两数之差可以求大数……"

"先生，知道了大数和两数之差也可以求小数；知道小数和两数之和也可以求大数。"李华接着又来了一个补充。

"还有什么情形呢？"先生再问。

"知道了大数和两数之积可以求小数，知道了小数和两数之积可以求大数，只要用除法。"慢慢地发言的人就多了。

又有人说："知道了大数和商也可以求小数，知道了小数和商也可以求大数，只要用乘法。"

"好啦，好啦！"先生说，"这些说法都对，然而这种想法不行，因为没有系统，所以考虑起来就不免有遗漏。

"那么应当怎么办呢？我们要找出一个次序来。先把这六个关系数都写出来，然后再一种一种讨论。"接着在刚

才写过的那四个字的前边, 又添上了两个字, 就变成:

"大小和差积商。"

"大是表示大数, 小是表示小数。我们先从大数开始。

"知道了大跟小, 其余的当然不成问题了。

"知道了大和两数之和, 那么和-大＝小。

"知道了大和两数之差, 那么大-差＝小。

"知道了大和两数之积, 那么积÷大＝小。

"知道了大和商, 那么大÷商＝小。

"这都是刚才大家想到的。然后再看小数。

"但是小数和大数知道了, 我们已经讨论过, 就无需再讨论, 因此只要往下研究。而这个讨论越来越少。以下都是这种想法。现在谁来接着讨论一下? "

还是李华先举手, 他站起来说:

"知道了小和两数之差, 那么小+差＝大。

"知道了小和两数之积, 那么积÷小＝大。

"知道了小和商, 那么小×商＝大。"

"很好, 现在再讨论和数。"

徐明说: "知道了两数之和和两数之差, 按照刚才说的, 可以代公式, 就求出大数和小数来。

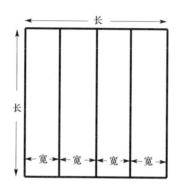

"知道了两数之和和两数之积……"徐明想了半天，结果不会说了。

老师说："我们可以这样想。假设用一根长线表示大数，一根短线表示小数，然后围成一个长方形。那么小数乘大数就是这个长方形的面积；小数除大数，就是表示长是宽的几倍。"

"然后再把这样四个长方形，凑成一个大的正方形，"老师接着画了一个图，"那么这个图形的里边就是一个小的正方形。大正方形每边的长是和，小正方形每边的长是什么呢？"

"差！"徐明说。

"是的，这样一来，"先生一面讲，一面写：

因为 和^2－4×积＝差^2

所以 $\sqrt{和^2-4\times积}$＝差

"假如：和是10，积是16，那么：

$$\sqrt{10^2 - 4 \times 16} = \sqrt{100 - 64} = \sqrt{36} = 6$$

"这就把差数求出来了。然后再往下讨论。"

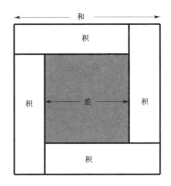

徐明说："知道了两数之和和商。因为商表示的是大数对于小数的倍数；然而小数是它自己的一倍，和又是大小两数的和，所以：

和÷（商+1）＝小。"

"好啦，我们再看和数。知道了差和积，那么还是照上面那个图形，我们可以看出来：

因为差²+4×积＝和²

所以$\sqrt{差^2 + 4 \times 积} = 和$

"如果：差是6，积是16，那么：

$$\sqrt{6^2 + 4 \times 16} = \sqrt{36 + 64} = \sqrt{100} = 10$$

这就是和数。

"同样，知道了差跟商，按照和跟商的方法：

差÷（商-1）＝小

"最后还剩下一种。如果知道了积跟商,你们知道怎么求吗?"

大家都没有发言。

"假如有一方地,并且它的面积知道了,积是三千六百平方米,长是宽的4倍,商是4。那么我们用这样四块地并摆在一起,一个挨一个。这样一来,就形成一个正方形,每边代表的都是大数。但是总面积应当是乘积的4倍,那么每边的长怎样求呢?"

张平说:"只要开平方就好了。"

"是的,因为……

$$\sqrt{3600 \times 4} = \sqrt{14400} = 120$$

"所以大数就是一百二十。"

"同时,"先生接着又说,"我们根据积跟商的定义也可以求出来:

因为积=大×小商=大÷小

所以, 　积×商=大×小×大÷小=大^2

那么, 　$\sqrt{积 \times 商}$=大。

现在各种情形都讨论完了,一共十五种。

"然后再把这十五种情形归纳起来,就得到了一个结论。第一,在这六个关系数里,随便知道哪两个,就可以把其余的都求出来。第二,在这些算法里,需要几种算法呢?

李华！"

"六种。"

"都是些什么？"

"加、减、乘、除、乘方和开方。"

"所以，你刚才抢着说的，只是对了一半。现在我们再看看？还有没有什么别的问题？"

接着又有人站起来说："关于刚才讨论的，知道了两数之和和积，或是差和积，如果不用图形来想，是不是也可以找出那个算法呢？"

"当然可以，"先生说，"不过那要根据它们的定义。假如知道了和跟积，因为：

$$大+小＝和$$

$$大×小＝积$$

"然后再求大小两数。可是从这一方面想，就要涉及代数了。我们只有等学过了代数再讲。此外还有没有什么问题呢？"

大家一时都想不出什么来。

王先生笑着说："其实，今天我们讨论的是走了一个弯路，这是因为我们的知识能力还不够。如果我们学过了代数，那么今天所讲的，就没有讨论的必要，只要一看就会知道。

"在代数里研究的，主要的是等式，就是相等的算式。等式有两种：一种是，譬如

$$大+大＝2×大，2×（大+小）＝2×大+2×小$$

无论大数和小数是什么数，两边总是相等，这叫作绝对等式。另一种是，譬如：

$$大+3＝8，3×大＝15$$

"只有大数是5的时候才能相等，这个数是受了限制的，必须能够满足某一个条件，所以这种等式叫作条件等式。条件等式也叫方程式。从方程式里把不知道的数求出来，叫作解方程式。这就是代数学里所研究的一个中心问题。

"刚才所说的，关于和、差、积、商的定义，那都是些等式，如果里边包含着有不知道的数，就变成一个方程式了。

"一个方程式里，如果只有一个数不知道，如：

$$大+小＝和$$

三个数里随便知道两个，那么剩余的一个数是一定可以求出来的。假设有两个数不知道，那就必须有两个方程式才能够把它们求出来。

"按照这种想法，和、差、积、商只要知道一个，那么有大数就可以求小数，有小数就可以求大数。如果和、差、

积、商四个数里知道两个,那么我们总可以把大小两数都求出来。所以上边那个结论,实际是稍微一动脑就可以知道的事实。

"旅行爬山的时候,越高越看得远;求学读书的时候,知识越多能力越大。我们读书也要具有爬山的精神!"

听了王先生的话,我们觉得求知的欲望实在比爬山还要高呢!

十　运动场上的静的算学

全国运动会在上海开幕了。我们距离上海远，没有法子去参观。幸亏学校也定在这时候举行运动会，于是同学们的心思都转移到运动场上去了。一个个摩拳擦掌，预备在赛场上一显身手。每个人的心思差不多都开始活跃起来，大家伸伸胳膊，踢踢腿，无论如何也难以沉静下来。谁还有心思安心上课呢？可是学校里还要上课，心里可真别扭极了！

这一堂是算学。先生来了，照例要点名。虽然课本还是摆在桌面上，然而大家却对着黑板发呆。看着先生那副沉静的样子，我们觉得他一点也不了解我们的心。刚点完了名，就有人说：

"先生！我们快要开运动会了！"

大家都笑了出来，心跟着浮动了。

"是吗？"先生抬起头，好像故意装作不知道。

"是呀！明天就要开赛了！"大家几乎齐声喊起来。

先生点点头。

"先生不要再讲了吧! 随便谈谈不好吗? "

"好, 好。"先生也笑了。

"谈什么呢? "

"谈运动会呀! "

"好, 我们就谈运动会。不, 我们不如干脆就开运动会, 怎么样? "

"好呀! "看着先生有点开玩笑, 我们也跟着起哄, "先生, 我们马上就到运动场上去吗? "

"不, "先生的声音按了住我们。

"不, 不必到运动场去, 我们要把运动场搬进教室里来! "

大家听了莫名其妙, 难道先生也是个运动迷吗? 只见先生不慌不忙的, 拿起一支粉笔, 转过身子去, 仿佛玩魔术似的, 只听得他口中念念有词:

"咱们真真假假, 虚虚实实, 说搬就搬, 一、二、三! "

先生在黑板上画了四根横线, 接着把两头分别连接起来, 结果就成了一个图形。

"好啦, "先生转过身来, "这就是一个现成的运动场。"

大家觉得有点好玩。

"可是,"先生接着说,"你们知道这个运动场应该怎么画吗?"

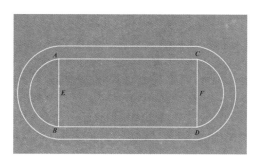

大家摇摇头。

"其实这件事情很简单,让我来告诉你们,"先生说,"像这样四条横着的直线,它们彼此相隔的距离,无论在什么地方比较起来都是一般宽,这些线叫作并行线。这四条就是四条并行线。

"我把靠中间的这两条线的两头连起来,那就是AB和CD。再找出AB和CD的中点E和F。就长短来说,$AE=EB$,$CF=FD$。

"然后我再以E为圆心,AE为半径,画一个半圆;以F为圆心,CF为半径,再画一个半圆。这样就把跑道的里圈画完了。

"其实,AE就等于CF。"

因为$AB=CD$　$\dfrac{1}{2}AB=\dfrac{1}{2}CD$　$\therefore$　$AE=CF$。

这是利用了并行线的性质。

"接着再以E和F为圆心，把半径放大，加上跑道的宽度，再画两个半圆，如此就把运动场画完了。这是不是一件很简单的事情？

"这种形式的运动场两头的曲线都是半圆，所以这种跑道叫作半圆式跑道。"

大家听了很高兴。先生又接着说下去：

"但实际画起来，却不能这么随便，我们要考虑到实际应用。跑道画好了是干什么用的？"

"赛跑呀！"

"不错！赛跑也有规定吗？"

"有。"大家争着说，"有五十米，一百米，两百米，四百米，八百米，一千六百米……还有一万米，长距离……"

"好啦，好啦！"先生连忙说，"所以我们最好先把跑道计算一下，假设一圈恰好是两百米或是四百米，那么跑起来就方便多了。

"就拿我们学校里的这个运动场来说吧，这是一个长方形。假设长是一百二十米，宽是三十五米，这样的场地容不下一圈四百米的跑道，我们只能设计一个两百米的跑道。

"我们先决定跑道的里圈宽三十米，就是AB是三十米；两边的这两个半圆凑起来正好是一个整圆，直径是三十米，那么圆周应该是多长呢？有谁记得这个计算的公式？"

"圆周等于直径乘圆周率。"只有一个人站起来这样说。

"对了。假设C表示圆周，d表示直径，π表示圆周率，那就是：$C=d×π$。可是圆周率又等于什么呢？"

大家都想起来了："三点一四一六啊！"

"不错，我们现在只用个简单的数字，假设等于三点一四。

$$∵ d=30米，　∴C=30×3.14=94.2米$$

"因为我们需要的跑道是一圈两百米，所以剩下还有：

$$200-94.2=105.8米$$

"然后把这个数平分一下，所以上下这两段直的跑道，每段的长应该是：

$$105.8÷2=52.9米$$

这样一来，我们的跑道就完全设计好了。"

"不过，"先生停了一停又接着说，"平常跑里圈的人绝不会踏着这个边跑，每一个人大概在跑道上所占的宽度是零点六米，所以实际画场地的时候，这个里圈的边还应当都缩进去零点三米……"

"先生,"突然有一个同学站起来说,"这样跑外圈的要吃亏了。"

"是的,所以赛跑的起点并不是并排的,越到外圈,起点越要往前。"

"先生,"又有人站起来说,"如果要在这个跑道上跑百米,应该怎么办呢?"

"这就麻烦了,因为短距离最好是用直的跑道,弯曲的跑道会影响成绩。所以通常把跑道里直的一段延长,作得像一个'6'字,也可以说像一个'9'字。"

"可是这样的设计不大好看,延长的那段跑道一边空着。"

先生笑笑说:"把空的那一边布置一个司令台不就很合适吗?"

大家都觉得这办法倒是不错的。

"不过,"先生又接着说下去,"这种半圆式的跑道,对于窄长的场地比较合适,假设场地比较宽些,我们还有另外一种画法。

"例如一个场地,长170米,宽80米,我们就可以设计一圈四百米的跑道。这第二种画法两边不用半圆了,却用三个圆弧凑起来,圆周的一段叫作一个圆弧。

"假使我们把里圈的宽定为72米，然后把两头的距离各三等分。比如，以AB为例（同学们自己动手在下图中标记）：

AB＝72米　AC＝CD＝DB＝72米÷3＝24米

"然后经过C和D，画两根线和AB各成60°，这两根线交于O点。这个O角也一定是60°。这三条线围成的三角形就叫作等角三角形。同时这三角形的三条边也一般长，所以也叫作等边三角形。因此：

OC＝OD＝AC＝CD＝DB＝24米

"然后把OC和OD再延长一倍，OC延长到E，OD延长到F，则CE和DF也是24米。

"好啦，现在我们以C和D为圆心，以AC和DB为半径（其实这就是一个半径，它们俩是相等的）画出两个圆弧来，这就连起了AE和BF。

"然后，再以O为圆心，以OE为半径，再画一个圆弧，就把EF也连起来了。

"现在我问你们，第二次的这个半径和第一次的那个半径,有什么关系呢?"

　　"这个是那个的两倍呀!"

　　大家一嚷,气氛就活跃起来了。

　　"好极了,"先生说,"然后再把半径放大,我们就可以把外圈也画出来。画完了这头,再按照同样的方法画那头。"

　　"可是,"先生稍微停顿了一下。

　　"画完了,我们还得接着算。"

　　"一个圆弧所对的角叫圆心角,AE弧的圆心角是ACE,BF弧的圆心角是BDF。而且ACE角和OCD角彼此顶着脑袋,所以叫作对顶角。每对对顶角都相等,所以ACE角是60°;同样地,BDF角也是60°。

　　"因此,AE弧和BF弧都是圆周的六分之一。

　　"但是一共有这样四段圆弧,所以算起来是圆周的$\frac{1}{6} \times 4 = \frac{2}{3}$。现在我们先算算这四段道路的长。

　　"刚才已经说过了,一个人的跑道宽要零点六米,假设现在这个里圈已经画好了不动,那么我们计算这个长度的时候,实际跑的路线距离里圈应该再加上零点三米。

　　"然后,按照这个算法,四个角的跑道,弧长之和是$\frac{2}{3}$的直径乘圆周率:

$$\frac{2}{3} \times 2 \times 24.3 \times 3.14 = 101.736 米$$

"两端的跑道的总长就是EF弧的两倍, 即:

$$2\times\frac{1}{6}\times2\times48.3\times3.14=101.108\text{米}。$$

"那么上下那两个直的跑道, 就应该每边是:

$$[400-(101.736+101.108)]\div2=98.578\text{米}$$

"照这个办法, 跑道的里圈画好了, 外圈也就好画了。那只是里圈的一个放大。像这样的画法, 我们叫作篮曲式的跑道。你看这个图形, 不就像个竹篮子吗? "

大家看着这个黑板上的运动场出神。先生又接着说下去:

"刚才我们谈到许多名词, 譬如直线、曲线、并行线、圆弧、圆心角、对顶角……其实这些都是算学名词。

"我们又谈到线的长短, 角的大小, 这讲的就是量法。我们又谈到画并行线, 画圆弧, 这讲的就是画法。我们又谈到并行线的距离处处相等, 等角三角形也就是等边三角形, 每对对顶角都相等, 这讲的就是图形的性质。算学里边, 另有知识专门研究这些东西, 叫作平面几何学。

"整个运动场上都是几何学的图形, 篮球场、足球场、网球场、都是长方形, 也许中间还有一个圆。掷铅球, 掷铁饼, 掷标枪, 场上画的都是一个圆, 也许还要加上一个扇形, 那是好像一把扇子一样的图形。这些不都是很好玩的吗? "

正听得出神, 忽然下课铃响了! 想不到先生还是给我们讲了一堂算学。

十一 运动场上的动的算学

一连三天的运动会开完了,大家又恢复了正常的生活。每一个人都有点儿疲乏,可是觉得心里静得多了。

第一堂又是算学,大家打开三天未见面的课本。

先生开头第一句就问我们:"这三天玩得高兴吗?"

大家笑了。爱说话的同学抢着说:"这届运动会可真出色,张万庆的百米打破了全省的记录,我们班的篮球也得了冠军。"

"王成得了三个第一,两个第二。"

"我们的足球打败了初中一年级,五比零。"

"先生,还有胡先正的四百米也得了第一,倒数第一!"

先生也忍不住笑了!原来胡先正是全校顶大顶胖的大胖子。

"好啦,好啦!"先生说,"胡先正能够参加,已经很不容易了。可是，你们看到运动场上的算学了吗？"

这一句话使我们想起了开会前一天先生给我们讲的关于跑道的画法。我们争着说：

"那里有并行线、圆弧、三角形、长方形。"

"还有圆、半圆、扇形。"

"还有呢？"先生还要问。

大家想了想，想不起什么来："没有了，先生讲的就是这些。"

"不，还有。"先生摇摇头。

怎么，还有？这可有些奇怪了！

"想想那些节目。"先生暗示了一下。

"有五十米、一百米、二百米、四百米、八百米、一万米。"

"还有接力、低栏、高栏。"

"不错，"先生说，"这统统都是径赛。"

"还有铁饼、铅球、标枪。"

"是的，还有跳远、跳高、三级跃。"先生说，"这些都是田赛。"

"先生，"又有人抢着说，"还有篮球、足球、网球、排球、小足球……"

"好啦，好啦！"先生说，"这些都是现成的算学题目啊！就说赛跑吧。百米第一的成绩是十二秒五，这是他的真正的速度吗？"

"当然啦。"

"不，"先生说，"你们注意到那天有风没有？"

"有。"

"顺风还是逆风？"

大家稍微想了一下："跑百米的时候是顺风。"

"这就对了，"先生说，"顺风的时候，应当是人速加风速之和；如果逆风的时候，应当是人速减风速之差。在算术里我们讲过和差算法，而且算过河水行船的问题，其实，这不就是一种算题吗？"

不错，这一点我们倒没有注意到。

"其次，我还要问你们，"先生说，"一个人平常走路，身子总是挺直的，可是跑起来的时候就要弯了腰。这是为什么呢？"

"为了减少空气的阻力。"有人立刻站起来回答。

"不错。人在空气里运动就和鱼在水里运动一样，弯了腰可以减少前面空气对抗的面积；对抗的面积小了，受到的阻力也就小了。可是这只是一个很小的因素。还有什么原因呢？想想看！"

大家都想不起来。

但大胖子胡先正发言了："不弯腰就使不出劲来。"

大家忍不住哄堂大笑了，因为想起了胡先正跑的时候的那个笨样子。然而先生却一本正经地说：

"这倒是句老实话。平常一个人走路，全靠这两只腿。左腿迈前一步，是预备支持全身的重量；接着右腿再往前迈的时候，必须先往后面一蹬。这一蹬借助了地面的反作用，才能够往前迈出去。"接着他在黑板上画了一个小人。

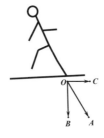

"假设这个蹬的力量是OA，OA的长短表示力量的大小，OA的方向表示用力的方向。这个力量可以分解成两个力量，一个向下，我们叫作和地面垂直，垂直就是两根线成$90°$；一个是平的，我们叫作和地面平行。这是OA的两个分力。

"但是按照牛顿定律，一个力量一定有一个反力，这两个力量的大小相等方向相反。和地面垂直的那个分力，它的反力是地面支持着我们不至于陷下去；至于和地面平行的那个分力，它的反力也就是地面的摩擦力，把我们的身体推到前面去的,就是这个摩擦力。

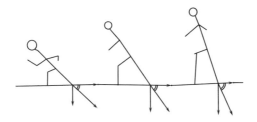

　　"OC这个力量当然是由OA来决定的,OA越大,OC也越大。但它不仅和OA的大小有关系,还和OA的方向有关系。

　　"OA和地面成的角度越小,那么OC就越大。这是我们跑起来要弯腰的一个原因。

　　"反过来说,假设我们正立地站着,用了慢步的姿势站着,一条腿垂直向下,另外一条腿抬起来,再往前伸,这时候全身的重量都在脚跟,像这样我们便没法往前走。除非脚尖一用力,才能够向前迈一步,这是因为脚尖的力量已经和地面不垂直了。

　　"同时我们又可以看出来,假设地面没有摩擦力,我们就根本没法移动了。

　　"比如在溜冰场上,我们只能溜,不能跑,甚至于也不能走,一走就要滑倒。"

　　"先生,我们可以慢慢地走,去年开化妆溜冰会的时候，我们就拉着胡先正，嘴里唱着：

'我向他说，慢慢地走……慢慢地走！'"

先生笑了："那是因为冰虽然滑，但冰上的摩擦力还不是真正等于零，只不过很小而已。"

"可是结果，胡先正还是倒了，爬了半天还没有爬起来呢。"

在大家的笑声里，先生又接着说："我们知道速度的快慢要看力量的大小，这就是一个算学的题目。并且，用算学的推算，我们能够断定，假如跑鞋和地面的摩擦系数是 $\frac{1}{12}$，那么跑一百米的时间决不能小于十五秒。无论技术多么好，这个成绩是有限度的。

"不过，要想透彻地了解这个事实，我们就要用到高等算学。现在我又想起了一件事，那就是为什么赛跑要穿跑鞋，为什么跑鞋的底要用钉子呢？是为了增大摩擦力。"

大家听得非常出神。

"同时，"先生继续接着说，"所谓'速度'这个名词还有问题。我们说，一个人跑百米的成绩是十二秒，那么他的速度究竟是多大呢？"

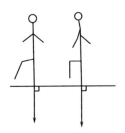

"这很简单，"有人说，"把百米用十二秒来一除就是。"

"不错，让我们算算看：

$$100 \div 12 = 8\frac{1}{3}$$ "

"这个答案应当怎么解释？"

"每秒钟八又三分之一米。"

"是的。可是在跑百米的时候，先后的快慢是一样的吗？"

"当然不一样！"大家一齐说道。

"那么什么时候最快呢？"

"越到终点越快！"

"对，这个事实在跑长跑的时候最明显。最初还比较快，跑到中间跑累了就比较慢些，一直到最后一圈的时候，大家一喊：加油啊！就又快起来了，越跑越快，一直跑到终点。

"可是，"先生忽然放小了声音说，"所谓加油啊，加的真是油吗？"

大家笑了："当然不是油。"

"如果真要加了油，"先生说，"那么结果反而更糟，更慢！因为减少了地面的摩擦力。现在我要问你们，所谓一秒钟八又三分之一米，这个速度，究竟是什么时候的速度呢？"

大家本很明白，听这一问反倒糊涂了，没有一个作声的。

先生说："这只是一个平均速度，求出来的只是一个平均数。并不是真正的速度！"

"那么真正的速度应当怎样求呢？"大家都急切地问。

"这就要求出在一个很短的时间内跑了多少距离。时间既然很短，那么所跑的距离也就非常之短，拿着这个很短的时间，去除那个很短的距离，就是那段很短的时间内的速度了。"

"可是这还是一个平均速度啊！"又有人提出。

"是的。不过按照这个办法，我们可以让时间要多短就有多短，所以答案就能够要多正确就有多正确。这样一来，我们就可以求出真正的速度了。

"然而像这一类关于运动的计算，在初等算学里我们还不能彻底解决。我们学完了算术要学代数和几何,学完了代数几何再学解析几何,学完了解析几何学微积分。学到微积分,我们讲的这些就统统都解决了。"

听了这些话,我们的心里不由得兴奋起来。

"不过现在我们讲的,只是关于径赛的事情。在田赛里,同样还有一些算学问题。譬如说铅球、铁饼、标枪,这都是把一个力量给一个物体,使这个物体产生了一个速度,这个速度就会使它飞了出去。

"我们扔这些东西都是往上扔,可是地心有引力,这个力量的方向是往下的。这个往下拉的力量要减少这个物体的速度,所以扔出去的物体达到一个相当的高度,就会掉下来。

"因为发生这些运动的原因是一样的,所以这些物体所走的道路也有一个共同的性质。这些道路都是一种曲线,这种曲线统统叫作抛物线。在解析几何里就研究了这一类的曲线。

"但是扔这些东西的目的在远不在高。怎么样才能够最远呢?力量的大小固然有关系,力量的方向也有关系。我们用算学的方法可以判断,这个力量的方向如果和地面成45°的,物体才能被扔得最远。不但扔铅球、铁饼、标枪是这样,跳远和三级跃的情形也完全相同。"

"是吗?"大家都瞪大了眼睛。

"是的! 这是可以试验的。这都是合乎物理学的事实! 实际说起来,物理和算学根本不能分家,要学物理,那就必须要学算学。算学可以说是研究一切科学的工具,这是一个重要的认识。"

"先生,"有人站起来说,"你这两次讲的话我都记下来了。我希望先生能给我校对一下。"

"是吗?"先生说。"那很好。我也应当想个题目。假如上一次讲的叫作运动场上的静的算学,那么这一次讲的,就叫作运动场上的动的算学吧。"

十二　运动会上的数字表演

当我们正在热烈地开着运动会的时候，突然从外面赶来了一大队人马。接着司令台上的扩音机就传出来这么一个惊人的消息：

"现在有一队数字运动员，要在比赛场上表演，节目新奇，请大家注意！"

"欢迎呀！"四下里的观众都兴奋起来了。大家热烈地鼓着掌，甚至于拍得手都有些痛了。还有人竟高兴地把帽子扔到半空中去了。

这真是一个难得的节目呀！人人都瞪大了眼睛；每只眼睛都发出热烈的光，充满了期待和好奇。

排得非常整齐的一队运动员入场了，一共九个人，那就是从1到9九个数字。

他们先绕着场地走了一圈，然后在司令台的前面，立定，排好了队。

突然口哨一响,5不动,两边的八个人用了跑步走的步法,很快就围成了一个圈。

最初,大家仅只为这个敏捷的动作感到惊讶,可是接着就发现了一件奇事:凡是对面的人,相加都是10。

与大家一起观看节目的先生悄悄地告诉我们说:"凡是两个整数彼此相加等于10,它们互相叫作补码。1是9的补码,9也是1的补码;2是8的补码,8也是2的补码。这叫作补码的游戏。同时,这也是一个幻圆。"

123456789

5

9

4　　8

3 ————×———— 7

2　　6

1

突然,又听得一声哨响,站在圈外的5忽然一跳,跳到了那个圈的中央!然后2和8一对调,接着四面走拢来,就又变成一个正方形。

横着,竖着,斜着,相加都是15,看到这里,观众都欢呼起来了!

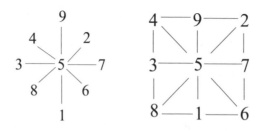

原来这就是一个幻方。

接着哨又响了，2和8又对调过来。然后全体围着5往前一步走，接着还是由1领着队伍就走出去了!

9—8—7

4—5—6

3—2—1 → 987654321 →

于是在一阵热烈的掌声里，司令台的扩音机又在报告:

"这第一个节目叫作幻数游戏，下面一个节目是0的表演。"

运动场上走来一个人，胖胖的好像一个大鸭蛋。他那个滑稽样子，真是好玩极了!

他走到运动场的中间，向大家鞠了一个躬。接着一招手，于是四面八方跑来了许多0。

哨一响，这许多0就变成了一个0。

哨再响，这一个0又变成了许多0。

先生说:"这个节目表演的是0+0＝0，0-0＝0，和0×0＝0。"

接着，两个0仿佛要摔跤。这一个把那一个用脑袋一顶，马上就出来一个0;再顶，出来一个1;再顶，出来是2;再顶，是3，是4，是5、6、7、8、9……越顶越多，一个跟一个, 简直没有完了!

先生连忙解释道: "这个节目表达的是零除零可以等于任何数:

$$\frac{0}{0}=0\div 0=0, 1, 2, 3, 4, 5, 6, 7, 8, 9, 10\cdots\cdots$$

"所以, 等于什么数都行! "

接着, 这些数又排好了。每一个人和0碰一次头就消失; 再碰, 又消失一个, 再碰, 又消失一个。

大家顾不得听先生的解释了, 仿佛耳边有人在说: "这是在表演任何数乘0, 结果都是0。"

$$0, 1, 2, 3, 4, 5, 6, 7, 8, 9, 10\cdots\cdots\times 0=0$$

最后那个0, 摘去了帽子, 头上冒着汗, 用手不住地擦着, 好像还冒着热气。

这时候, 场地上又走过来了一个瘦子, 高个儿, 那是1。

"大家注意! "扩音机又响了, "第三个节目是1和0的比赛。"

第一个表演的是1。1和1拉手变成了2; 再拉手, 变成了3; 3变4, 4变5……

$$1+1=2\quad 2+1=3\quad 3+1=4\quad 4+1=5\cdots\cdots$$

第二个表演的是0。0和1一拉手, 结果还是1; 再拉2,

糟糕, 还是2; 拉3还是3, 拉4还是4……

1+0=1 2+0=2 3+0=3 4+0=4 5+0=5……

"好棒啊!"大家欢呼起来了! 0涨红了脸。

扩音机里报告评判的结果: "关于加法竞赛, 第一名是1, 第二名是0!"

马上第三个表演又开始了。他们俩和别的人要比赛碰头。

先上来的是0。0碰0是0; 碰1, 也是0; 碰2, 还是0……结果把其余的都碰坏了, 大家都变成0了。

1×0=0 2×0=0 3×0=0 4×0=0 5×0=0……

"好啊!"大家鼓起掌来。

接着应该是1了。

1碰0是0, 糟糕; 再碰1, 还是1; 碰2, 还是2, 糟糕; 再碰3, 糟糕, 还是3; 再碰, 更糟, 更糟糕, 碰谁也碰不过。

0×1=0 1×1=1 2×1=2 3×1=3 4×1=4……

"好啊!"大家笑了, 一齐起哄, "好一个瘦光棍啊!"

扩音机里又报告了: "关于乘法竞赛的结果: 第一名是0, 第二名是1!"

接着又说: "大家注意! 下面第四个节目是数字团体操表演。"

一队很长的队伍走来了。一二一, 一二一……简直不晓得有多少人。

"立——定！"

"向左转，报数！"

"一、二、三、四、五、六、七、八、九、十……"

"单数不动，双数向前一步走！——前后行对齐。"于是：

1 2 3 4 5 6 7 8 9 10 11 12 13 14 15……

就变成：

（1）1 3 5 7 9 11 13 15……

（2）2 4 6 8 10 12 14 16……

先生说："第一行叫作奇数列，第二行叫作偶数列。"

接着——"一二报数！"

"一二、一二、一二、一二……"

接着——"前行向前四步走！"

"啪""啪""啪""啪"

"一数不动，二数向前两步——走！"

"啪""啪"

一个新的队形摆成了：

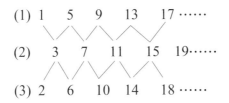

先生说："现在已经摆成四个数的行列。像这样的数的行列,统统叫作级数。"

"看,"先生接着说:"在第一、第二、第三行里,交叉着加起来:

$$1+3+6=2+3+5=10$$

$$5+7+10=6+7+9=22$$

$$9+11+14=10+11+13=34\cdots\cdots$$

"照这样看来,我们可以把它叫作幻叉……"

"不错,"又有人说,"在第二、第三、第四行里,也有这个性质:

$$3+6+8=4+6+7=17$$

$$7+10+12=8+10+11=29$$

$$11+14+16=12+14+15=41\cdots\cdots$$

这也是些幻叉!"

可是,哨子又响了。

1和3一拉手,结果变成4。

(1)

(2)　　　　　5

(3)　　　4 ┼ 7　　　4+7=5+6=11，4+4=2+6=8。

(4)　　2 ┼ 6

　　　　　4

1和7一拉手，结果变成8

(1)　　　　　9

(2)　　　8 ┼ 11

(3)　　6 ┼ 10　　　8+11=10+9=19，6+10=8+8=16

(4)　　　　8

接着一组一组地拉下去，先生说："这就变成些幻十字了！"

突然又一声哨响，集合！

"啪""啪""啪""啪""啪"……马上就又变成了原来的队形：

1 2 3 4 5 6 7 8 9 10……

接着0又率领了另外一队走进来，0是排头，有头无尾，也不晓得到底有多少人。

……–10 –9 –8 –7 –6 –5 –4 –3 –2 –1 0

先生说："0后边的这些数，统统叫作负数。

1–0=1　0–1=–1　3–1=2　1–3=–2

负数就是相减不够的那些数。每一个负数的前面都要带着一个'–'号……"

突然原来的那一队变化了,每人的前面佩了一个"+"字。先生说:"数和负数比较的时候,他们就都变成了正数;正数和负数是彼此相对的。"

扩音机里报告:"现在正负整数要表演拔河!"

0站在中间,一边是正整数,一边是负整数:

$$\cdots\cdots-5\ -4\ -3\ -2\ -1\ 0\ +1\ +2\ +3\ +4\ +5\cdots\cdots$$

先生说:"这就是全体整数列。"

哨声一响,比赛开始。"加油啊!"旁边的同学成了疯狂拉拉队。

一会儿,往左了,往左了。一会儿,往右了,往右了。结果谁也没有拉过谁。

最后扩音机里宣布了结果:"拔河比赛,两边都是第一!"

于是大家开始鼓掌,欢呼……每一个竞赛队员都高兴地翻筋斗。这一翻,于是全队就变成了

$$\cdots\cdots-\frac{1}{5}\ -\frac{1}{4}\ -\frac{1}{3}\ -\frac{1}{2}\ -1\ +1\ +\frac{1}{2}\ +\frac{1}{3}\ +\frac{1}{4}\ +\frac{1}{5}\cdots\cdots$$

先生说:"这就是全体整数的倒数。"

"可是1没有变。"有人说。

"不错,"先生说,"正1的倒数还是正1,负1的倒数还是负1。1最老实!"

然而奇怪，没有了0!

"上边，上边，"又有人说："往上看哪!"

可不是嘛! 0的倒数跳到半天云里去了! 越变越大。先生连忙解释："整数的倒数是分数。分母越小，分数越大；分子变成0，分数就要变成无穷大!"

等到他们都再倒转过来的时候，正1和负1一拉手，正2和负2一拉手……结果都又变成了0。因为他们彼此是可以"对消"的：

$$(+1)+(-1)=0$$
$$(+2)+(-2)=0$$
$$(+3)+(-3)=0\cdots\cdots$$

整个运动场，到处是0。

滚过来是0，滚过去也是0。看到这个奇迹，大家高兴得几乎也要翻起筋斗了。

这是多么好玩的节目呀!

谦德少年文库

QIANDE JUVENILE LIBRARY

给孩子的趣味数学书

王峻岑 著

数学列车

团结出版社

图书在版编目（CIP）数据

给孩子的趣味数学书. 数学列车 / 王峻岑著. —— 北
京 : 团结出版社, 2022.1

　　ISBN 978-7-5126-9254-1

　　Ⅰ.①给… Ⅱ.①王… Ⅲ.①数学—儿童读物 Ⅳ.
①O1-49

中国版本图书馆CIP数据核字(2021)第221321号

出版：团结出版社

　（北京市东城区东皇城根南街84号 邮编：100006）

电话：（010）65228880　65244790 (传真)

网址：www.tjpress.com

Email: zb65244790@vip.163.com

经销：全国新华书店

印刷：北京天宇万达印刷有限公司

开本：145×210　1/32

印张：28.25

字数：500千字

版次：2022年1月 第1版

印次：2022年1月 第1次印刷

书号：978-7-5126-9254-1

定价：128.00元（全6册）

总　序

　　数学是重要的基础学科。这套《给孩子的趣味数学书》是一把开启数学知识与智慧之门的钥匙。这套书是由父亲王峻岑曾经出版过的数学科普著作《比一比》《大大小小》《数的惊异》《图片展览》《整数运算》和《数学列车》六本书重新汇编而成的。北京谦德文化发展有限公司的肖先生与我们联系，说：王峻岑先生的这些著作至今仍有学术价值，出版这些书是很有意义的。

　　记忆的闸门，突然打开。我们兄弟姊妹都曾是父亲著作中的主人公，父亲与我们一起把玩七巧板，一起做数学游戏，增长知识；每当收到刊登父亲著作的《开明少年》《中学生》，我们争先恐后地阅读，甚至多年后还要找出来阅读，真是其乐无穷。

父亲曾在全省唯一的国立高级中学——济南高中（现济南一中）上学。著名教育家季羡林先生《病榻杂记》中的《回忆济南高中》一文，记述了当年国文教师董秋芳[1]对其作文的批语："季羡林的作文，同理科一班王联榜（父亲当时的名字）的一样，大概是全班之冠，也可以说是全校之冠吧。"由此可见，中学时代父亲的文采就已初露锋芒。严薇青[2]先生回忆，董秋芳老师曾与当时学生文学社团昀突社的成员季羡林、王联榜、严薇青等，在原山东省图书馆（即大明湖退园）假山上合影。高中毕业后，父亲考入北京大学数学系。

1934年父亲北京大学毕业后，曾在其母校山东省立第一中学等校任教，后长期就职于山东师范学院（今山东师范大学）数学系，并首任该系主任，是数学学科奠基人。

父亲在高校一直教微积分等高等数学课。高校院系调整后，他急教学所急，主动承担了不为人看重的新课——中学数学教学法，在没有任何参考资料的情况下克服重重困难自编教材，刻印讲义。1953年起陆续在全省专科、本科首开这门课以及教育实习。这在全国范围内也是较早的。每当学生毕业季，父亲与各中学联系实习一事，并认真听学生实习讲课，总结经验

---

1. 董秋芳（1898~1977），曾任教育部中学语文教材编辑组研究室主任等职。
2. 严薇青（1911~1997），山东师范大学教授，中文系主任，中国古典文学研究专家。

教训。这一做法,大大缩小了学生毕业与教学工作的心理差距,进一步适应了教学工作岗位。这项实习工作,获得了实习单位的学生和领导的好评。他认为:好的教师不应当仅仅讲明白了课本,同时还应当指示给学生一个进展的方向。只有这样,才能够使学生进一步开阔眼界,打开思路。父亲坚持因材施教的教育理念,治学严谨,育人育德,再加上张弛有度的授课手法和高超的教学水平,他和全系教职工一起为国家培养了大批合格的中学数学教师。

父亲对将要到普通中专任教的次子希亮语重心长地说:到专业学校当老师,不但要有真才实学,还要把握整个专业的发展方向;教给学生一滴水,自己要有一桶水才行;老师要心中时时装着学生,因材施教,让学生真正牢固掌握所学知识,做到学以致用;在传授知识时,不同的课程要用不同的教学方法,不能只照本宣科,要多动脑筋,多与实践相结合,才能够得到事半功倍的效果。在父亲潜移默化的影响下,我们六个子女,竟有四人从事过数学教育工作,并且工作严谨,成绩优异。1977年重阳节,父亲曾登上济南千佛山顶,赋诗一首:"生平从未登山顶,而今毅然攀高峰。路滑坡陡须持杖,年老气衰力不从。只缘欣闻重阳日,不到顶峰誓不停。"父亲为祖国的繁荣富强秉承着"老当益壮,不待扬鞭自奋蹄;鞠躬尽瘁,俯首甘为孺子牛"的精神,这激励着我们兄弟姊妹也在各自的岗位上奉献

自己的力量。为此，我们家被评为山东省优秀教育世家。(详见
1999年9月11日《山东教育报》)

　　父亲一生教书育人，同时还潜心数学科普创作，先后出版
了六本数学科普著作以及大量的短文。这些著作是父亲在工
作之余进行的，如果写作灵感显现了，直到深夜他还在伏案忙
碌。父亲在这些著作中，用通俗的语言、活泼的笔调讲解数学
知识，还善于运用讲故事的方式，创设并讲解问题；在讲解中
注重与实际生活的联系，采用大量生活实例，生动形象，深入
浅出；还注重数学史的渗透，使学生在不知不觉中学到了知识，
激发了学生学习数学知识的热情。当年，这些著作多次再版，印
刷量大都在数万册。可见，读者对这些著作喜爱有加。

　　父亲的著作涉及小学和中学的数学内容，而且大多是从日
常生活中加以提炼，以讲故事的形式来表现的。面对不同的读
者对象，则是用不同的语言来叙述、讲解。在语言表达方面，
父亲多采取趣味性的语言，往往一开始就深深吸引着读者。比
如，在《比一比》中，第一篇引用了一个绕口令来作为开端。《图
片展览》是介绍平面几何学的，一开始，他将我国古老的"七巧
板"介绍给读者，逐渐深入浅出，引申下去。《数学列车》是介
绍高等数学"微积分"的，大家一般认为微积分是深奥且难以
理解的。而这本书讲了个"孙悟空坐火车"的故事，深深吸引住
读者，并引导读者一步步深入下去，继续阅读。在《数的惊异》

的第一篇,我们这些子女成了父亲著作中的主人公,生活气息非常浓厚。

父亲是20世纪30年代起就活跃在我国数学科普园地的少数人之一。他25岁就开始创作数学科普作品,第一篇发表在《中学生》1936年第二期。当时,他与周振甫、顾均正、贾祖璋、刘薰宇等文艺界、生物界、数学界的知名人士都是开明书店出版的《中学生》《新少年》等刊物的主要和长期撰稿人。

曾任中国少儿出版社社长、总编辑的叶至善先生,在1985年重版《比一比》的后记《怀念王峻岑先生》一文中写到:"抗日战争之前,我就读过峻岑先生的数学小品,《中学生》《新少年》是专给初中生看的,由我父亲(叶圣陶)领衔编辑。我高中快毕业了,却很喜欢这本刊物,峻岑先生的数学小品是我每期必看的,他那清晰的思路和活泼的笔调,使我得到很大的乐趣。……人们说数学既抽象又刻板,叫人无法捉摸,难以亲近,峻岑先生却能联系少年们的生活,运用他们亲身的感受,来讲明白那些抽象的道理,还能随时把潜在的趣味发掘出来,呈现在少年读者面前。"后来,叶先生继任《开明少年》编辑,向父亲约稿。叶先生曾说:"回想那个时候,我刚发出前一期的稿子,峻岑先生就把后一期用的稿子寄到了。配合之默契使我至今怀念!""有人说,数学科普在我国并非是很强的,至今仍有很多尚待开拓的领域。王峻岑先生可以说是我国数学科普界

的一位开拓者。我国现在很多的数学家、科普作家在少年时期都曾拜读过他的作品。他不愧为我国现代数学科普创作的引路人。"叶先生与父亲只见过一面，那是1950年父亲到北京开会时特地去拜访的。叶先生说："我激动得不知说什么好，可能只说了些感激的话。他大我七八岁，这是我凭编辑对文字的语感估计到的；可是看面容，他比我想象的老得多，他的前额已经秃了，瘦削的脸庞，戴一副近视眼镜，跟他作品的那种敏捷活跃的格调，似乎不相匹配。当教员真是辛苦，容易把人磨老，何况他不知餍足，不知疲倦，还要通过他的文字，把所有的青年和少年都当作他的学生。我送峻岑先生出门之后，望着他远去的背影，我曾经这样想。"叶先生还讲到，不久我们便断了联系，他说："真正的原因是我对待作者的态度渐渐变得冷漠了，一个运动接着一个运动，使我感到跟作者的交往尽可能少一点儿好，免得给双方都造成不必要的麻烦。想起曾经对作者如此冷漠，心里总感到内疚，这不是做人应有的态度，更不是当编辑应有的态度。"文章至此戛然而止。叶先生在字里行间喧腾着的那火热的真情，以及严于解剖自己的博大胸怀，深深地感动了我们。父亲在天有知，当会与我们一起热泪泉涌，不忍掩卷。其实，1985年《比一比》重版，正是叶先生基于如下考虑而力主促成的："重印他的曾经遭到无理指责的著作也是落实政策，而且比落实其他政策更为重要，更能使他安心。"但是非常惋惜的

是，这本书重版时，父亲已去世三年；讣告几经辗转，到他手上时，追悼会早已开过，连唁电也来不及发了。

优秀而富有趣味的科普读物，会影响青少年的一生。父亲的《数学列车》以孙悟空乘坐火车为故事线索，运用通俗的语言，讲述数学较难懂的微积分知识，融科学性、知识性和趣味性为一体，深受知识界和广大学生的欢迎。中国科学院张景中院士说过，少年时代读过的几种优秀且饶有趣味的科普读物给他留下的印象很深，举例中就有父亲的《数学列车》。他说："因为写得吸引人，我常常一本书看上几遍。懂了的，觉得有趣，不懂的，好奇心驱使我进一步思考与学习。这些书吊了我的胃口，总想再找类似的书来看。""比如《数学列车》，一开始是有趣的，但到后来，就再也看不懂了！不过，不明白也有不明白的好处，高中毕业时，我决心考数学系，原因之一就是想要把没弄明白的这些东西彻底弄个明白！"（见中国少儿出版社30周年纪念文集）。华东纺织工学院（现东华大学）的李绍宽教授是我国1980年建立学位制度以来的首批18位博士之一。他在1984年7月30日《中学生报》中的《我赶上了头班车》一文，回忆说："我在初三，偶尔看了一本《数学列车》，是用故事的形式讲述微积分的基本思想。又有机会听到数学家谷超豪的一次数学报告，这两件事使我大开眼界，感到数学园地中还有许多未知数，从而激发了我读书的热情，由此奠定了从事数学研究的基

础。"父亲的著作在读者心里生根发芽了。

　　由于父亲的这些作品是六七十年前写的，因此需要修改其中不符合今天阅读习惯和出版规范的部分，父亲的遗愿即将实现。在《给孩子的趣味数学书》即将付梓出版之际，感谢北京谦德文化发展有限公司为这套书的再版做出的所有工作，感谢肖先生为此做出的不懈努力，感谢团结出版社进行的各项工作。感谢广大读者的信任和支持。感谢古籍网起到穿针引线的作用。感恩大家！

王峻岑子女六人由王希亮执笔

2020/12/19　初稿

2021/3/31　终稿

序

以几何学为中心的古希腊数学，固然早已成了陈迹，就是以解方程式为中心的代数学，也在现代的数学阵营里面，称不了英雄好汉。全世界研究数学的人士，莫不认为数学的核心乃是函数，而治理函数的唯一利器乃是微积分。所以二十余年以前，欧美各国的数学专家与教育专家，有很多人主张把函数的概念定为学习数学的中心概念，而在中等教育的课程之中，加入简易微积分一项，使学生对于变化率的比较与极限的应用，早有初步的认识以建立入大学修习微积分的基础，并做修习物理学、统计学等学科的准备。我以为他们的主张非常合理，在科学突飞猛进的现在，这个老问题实在有重加注意与讨论之必要。

也许有人要提出反对的意见，以为现行中学课程里边的数学，已经太繁重，差不多把学生压得透不过气来。过去别人曾喊过"救救中学生"的口号，目的就是要减轻中学生对于数学的担负。现在若主张在中学课程里面再加上微积分，岂不是真要把学生压得透不过气来吗？假使他向我这样表示，那么我就请他看一看王峻岑先生写的《数学列车》这本书。照王先生的方法来讲微积分，是不是比教中学生白白地绞尽脑汁，去演几道代数几何的难题，更为轻松，更易明白，更有意义。这些难题，大都琐碎复杂，迂回曲折，其实无关宏旨，而且迹近猜谜。假使底本在手，真是会者不难。但是古本罕见，孤本少传，一谜二谜已可招来眠食俱废，三谜四谜简直要了人的命。经过这种"思想训练"的青少年，历年来不知道多多少少，可惜不仅不见有几百几千的大数学家，纷纷登世界数学之坛，反而见有很多病夫加入了肺痨团体。然而在教材的补充与升学的指导两顶堂皇动人的帽子之下，也只得拼一拼小命。好在一方面躐等以求，博得个用功的美名，且可获得敲门之砖，何妨不惜健康而一试。他方面乐育英才，大显身手，八方延聘，比得上印佩六国，当然不去管什么三育并重，教育意义，与世界的趋势了。

须知中学课程标准，本来已有问题，再加上补充指导，自然要弄得艰深繁重。倘若将难题名题，一扫而空，单讲些基本概念与基本方法，那么简易微积分的讲授，即使不像《数学列车》那样的轻松流利，引人入胜，我想总不会比教授艰深的方程式论，级数理论，运分数，消去法恒等式证法，作图与轨迹等等项目，更为艰深吧！

王先生写《数学列车》，不但把微积分的基础，如无穷小的概念，极限的意义，变化率的应用等，说得明白透彻，人人可懂，而且提出了一个独到的见解，即是"变为常而不变为非常"。这句话，大可让那些捧着古本与孤本的人，细细地咀嚼一下。此外，王先生更能将全书写得诗意盎然，尤属难能可贵。奥斯古德先生的书，我现在正用作教本，王先生也把此书作为根据，好说是与我有同见。因此就不顾文笔的拙陋，率尔乱道数言不，敢谓之序也。

1937年1月

陈岳生作于上海大夏大学

自 序

无论研究什么科学，总是离不开数学，而且这个数学，还不仅只是代数几何。除此之外，用得最多最广的，却是微积分。

其次，就整个的数学来说，无论数学的分类有多少不同的意见，然而解析学是数学里最重要的一支，这也是没有问题的。在解析学里，我们又不能不指出微积分是它的一个主干。

照这样说起来，无论是研究科学，或是仅仅研究数学，微积分应该是一个必须知道的常识。然而在事实上，一个高中毕业的学生，常常是没有机会和它接触。这件事情有点儿太遗憾了。

在中文本里，拿着通俗的文字来介绍微积分的，只有刘薰宇先生的一本《数学的园地》。在那本书里，虽然大部分讲的都是微积分，然而全书的企图，在于整个数学内容的介绍。现在我写的这本书，却是专门以微积分为范围，没有谈到别的部门或是别的问题。虽然在我不敢高攀，但是我以为如果这两本书能够对照地看起来，对于读者倒是很有益处的。

再就是在这一本书里，因为对象是一般的读者，尤其是不研究数学的人，或是没有机会去学习的人，所以处处着重在基本的观念，同时又竭力地避免算式。还有为了不太枯燥，因此讲起来就又不免添枝加叶的。

其实，即使学过微积分的人也无妨看看，权作是个消遣。我相信，至少不会让你头痛。而且天天在数学里转圈子，偶尔到外面散散心，也不是一件没有意义的事情。

照这样说来说去的，倒变成为这本书做广告了。可是如果广告做不好反倒不如不说。——然而还有几句话，却是不能不说。

第一，本书里的内容，多少是取材于奥斯古德先生的《微积导论》（W.F.Osgood《*Introduction to the Galculus*》）。第二，蒙陈岳生先生为本书作序，卢锡畴先生为本书制图，开明书店为本书出版，还有金问鲁先生对本书提供了不少的建议，统此一并道谢。

至于内容究竟如何，还是请看正文。

1936年7月于济南

目录 *contents*

第一站　孙悟空坐火车 ················· 1

第二站　动的话题 ··················· 9

第三站　火车究竟多么快 ··············· 17

第四站　数的行列 ·················· 25

第五站　这个年头变了 ················ 33

第六站　跑到哪里算一站 ··············· 41

第七站　大和小的赛跑（上） ············ 51

第八站　大和小的赛跑（下） ············ 61

第九站　一个跟着一个变 ··············· 71

第十站　Do Re Mi ·················· 81

第十一站　一切都是时间的函数 ········· 89

第十二站　用算式来描写这世界 ········· 97

第十三站 化零为整 ················· 107

第十四站 点线面体 ················· 115

第十五站 求积的设计 ············· 123

第十六站 开阔眼界 ··············· 133

附录：车厢检查 ··············· 143

第一站 ················· 144

第二站 ················· 145

第三站 ················· 145

第四站 ················· 146

第五站 ················· 147

第六站 ················· 148

第七站 ················· 150

第八站 ················· 151

第九站 ················· 152

第十站 ················· 156

第十一站 ················· 160

第十二站 ················· 161

第十三站 ················· 162

第十四站 ················· 164

第十五站 ················· 166

第十六站 ················· 169

第一站　孙悟空坐火车

今天没有事,咱们随便谈个问题。

谈什么呢?

我想,你大概看过《西游记》吧? 那是一部长篇小说,讲的是唐僧取经的故事。至少,你总该听别人讲过。

这里面一共有四个主角,就是唐僧、沙僧、猪八戒、孙悟空。孙悟空又叫孙行者,是一个猴子,一个筋斗十万八千里,他有一身好本领。猪八戒是一头猪,肥头大耳,走起路来大摇大摆,因为太胖了,所以只能迈着四方步,脚底下是非常吃力的。他们俩一个好动,一个好静,个性恰好相反。假设他们能够活到现在,那真是再好玩不过了!

好啦,现在就假定他们还活着。于是我就想出了一个题目,让孙悟空和猪八戒来个运动竞赛。譬如说,跑个长跑吧。那么我们预测一下,谁能跑第一呢?

当然是孙悟空了!

是的,我也是这样想的,十拿九稳,准没有错。

为什么呢?因为论快慢就要比较距离。猪八戒顶多一步走五尺,可是孙悟空一跳就是十万八千里!那还会有错吗?

可是这终究是一个难得的机会,咱们都应当去瞧一下。

沙僧是发令员,唐僧是评判长。一共四个人包办这个运动会。

你听,发令员吹哨了!咱们都得戴起望远镜来。猪八戒那么胖,还没有跑几步就张着大嘴喘起粗气来了,而孙悟空还是不改当年的脾气,一跳就跳到了半空的云里去。

"孙悟空真快呀!"大家都喊起来了,这真是一个奇迹。

然而你猜怎么着?结果倒是猪八戒得了第一!你说奇怪不奇怪?

为什么呢?

老了,孙悟空老了!虽然他是人老心不老,可是腿脚却不大受用了,这一个筋斗跳上去,因为用力太猛,腿肚子转了筋,就在半空里来了个四肢无力,周转不灵。猪八戒虽然也老了,可是老实人专办老实事,傻劲总还有点儿,一路上早起晚睡,辛辛苦苦一直就没有停下来。

结果猪八戒跑了三个月,而孙悟空却费了一百二十天。你能说孙悟空比猪八戒跑得快吗?

你笑了,你以为这是胡说,可是这里面就有一个道理。论快慢,不但要比较距离,还要比较时间。

你大概知道,表示快慢的叫作速度。所谓速度就是在单位时间内所走的距离。

什么叫作单位时间呢? 我们先要知道表示时间的单位,相对小的有时、分、秒;相对大的有日、月、年。一年、一月、一日、一时、一分、一秒,这都叫作一个单位时间,用哪个就说哪个,这倒没有限制。

至于速度,如果始终不变,就可以用下面的公式推算:

$$速度=距离÷时间$$

譬如,一个速度是每小时十二里,也就是每分钟三十丈,同时也就是每秒钟五尺[1]。

而且既然时间和距离都有个单位,所以速度也有个单位。在一个单位时间之内走一个单位的距离,就叫作一个速度的单位。譬如每小时走一里,叫作一时里;每秒钟走一尺,叫作一秒尺。速度快的,时间就得用个相对小的单位;速度慢的,时间就要用个相对大的单位,这仅是为了表示的

1.尺:市制长度单位。10寸为1尺,10尺为1丈。1尺约合33.33厘米。

便利，并没有什么别的道理。

因为表示速度需要知道距离和时间，所以两个速度进行比较的时候，就得先确定一个标准。假设时间一定，那么距离大的速度大，这是一个方法。假设距离一定，那么时间短的速度大，这就是运动会上比较快慢的一个方法。所谓径赛一百公尺、二百公尺、四百公尺的成绩是什么？十二秒、二十八秒、六十秒。这就是比较的时间。

所以要想表示快慢，那么时间和距离都得说清楚，不然就没有意义。我们说，孙悟空一个筋斗十万八千里，这只是表示他的本领，实际并没有表示他的速度。然而为什么我们都以为他跑得快呢？这是因为我们自己认为一个筋斗用不了多长的时间。看看京剧里的武生，一分钟能够翻十个筋斗，平均一个筋斗不过需要六秒；要是六秒钟走十万八千里，一秒钟就能走一万八千里，所以我们觉得他快。但是这一个筋斗翻下来要是用了一千二百天，平均一天才走九十里，那就还不如我们骑脚踏车快了。所以结果就是猪八戒得了第一。

因此要想说明速度，时间和距离必须都要交代明白，然而这就是我们常常疏忽的一点。

同时，求速度的公式又可以写成一个分数：

$$速度 = \frac{距离}{时间}$$

按照上面比较速度的说法，假如分母一定，分子大的分数之值就大；假如分子一定，分母小的分数之值就大。这就是比较分数大小的一个原则。

不过在我们心里，总觉得有点替孙悟空叫屈，说实在的，他自己也觉得有点冤枉！谁叫人老了，连自己的腿也不争气呢！

然而孙悟空却有个小心机。他告诉猪八戒说："老猪，这次有你的，老孙算是栽在你的手里。可是咱们回去的路上再比比看，要是我再输了，我就拜你为师兄。"

猪八戒张开大嘴，哈哈地笑着说："不敢不敢，只要你不怕丢人，咱们就不妨再试一下！"

这时候沙僧乐得看热闹，拍着手掌说："好好好，说赛就赛，一、二、三！"

不等哨响，猪八戒就大摇大摆地又迈开了腿。这一次孙悟空不敢再翻筋斗了，可是他一个箭步就窜到猪八戒的前头。

"老猪加油啊！"沙僧跟着成了拉拉队。

这一喊，给猪八戒助了威，果然他就越跑越快，连老命也不要了，可是在他的脚底下加的并不是油，只是在加速。这个额外增加的速度叫作加速度。

加速度也是按照单位时间来计算的，如果每一秒钟加一个速度每秒五尺,那么这个加速度就是五个每秒每秒尺。一个每秒尺是一个速度的单位,一个每秒每秒尺是一个加速度的单位。所谓五个每秒每秒尺就是:若第一秒末的速度是每秒五尺,到第二秒末便是每秒一丈,第三秒末是每秒一丈五尺……这样一直加下去。猪八戒的加速度是多少,我们并不知道,不过他总是越走越快,迟早会赶上孙悟空的。

孙悟空一看不好,心中顿生一计。趁着老猪还没有赶到,连忙往四面一瞧,"嗖"地一下,就跳上了火车。

孙悟空坐在车上,"呜呜呜……"火车开了!猪八戒大叫一声"不好"!这一来可就泄了气。一泄气腿就不由地慢下来,这时候加速度反而变成减速度了。速度每秒每秒地减下来,结果又变成了原来的快慢,一个不变的速度叫作常速。

这且不提,我要问你:这时候谁快谁慢?

当然是孙悟空快了!

可是孙悟空到了车上,乐得歇歇脚,心里一痛快,结果就倒下睡了。既然睡着不动,那还讲什么快慢?

话却不能这样说。孙悟空虽然不动,然而车子一动就带着他动,所以车子的速度就变成他的速度了。

然而老孙一觉醒来,却发现猪八戒就正坐在他的对面。

"咦?奇怪,"老孙说,"你怎么上来的?"

猪八戒笑了,他说:"傻人有个傻福。回头来了一班快车,赶上你这慢车,恰好一错车,我就换了车,一车一车的就扯到一块了。"

"什么车呀车呀的,你简直是胡扯!"老孙气红了脸。

不错,这一扯可就又扯出了一个问题。我再问你,这时候你说他俩谁快?

一般快!

是的,不过这是咱们这样说,他们自己可就觉不出来。这又说明了一个事实:论快慢,还要有个标准。

按现在这个情形,就说猪八戒吧。以我们看,他是动的;但是以孙悟空来看,他就变成静的了。动静既然是相对的,所以快慢也是相对的。以一个静止的东西作为标准,这个运动的速度叫作绝对速度;以另外一个运动的东西作为标准,这个速度就叫作相对速度。

相对速度的大小是由两个运动的方向来确定的。譬如,你往东走,速度是每时八里,我也往东走,速度是每时六里,那么你对于我的相对速度就是每时二里,这就是说,每走一小时你就比我多走二里。这是两个速度之差。如果你往东走,我往西走,那么你对于我的相对速度就变成每时十四里,因为每走一小时,咱俩就要多离开十四里。这是两个速度之和。

要想明白这个道理，咱们也得坐火车。走着走着旁边又来了一辆快车，你放心，这是双轨。现在咱们从窗里往外瞧，假设两个车是一个方向，错车的时候还不觉得它是多么快；可是要是方向相反的话，那可就快得多了！这是因为一个是速度之差，一个是速度之和。

假使这两辆车的速度一般快，我们走到哪里，另一车也走到哪里，除非是和别的东西比较，否则，你就看不出它是动的，因为相对速度变成零了。

现在孙悟空既然和猪八戒同坐在一个车里，如果让我们在地面上看，他们俩是一般快；可是让他们自己看，那就觉不出来了。不但他们自己觉不出来，假如我们也上了这一辆车，那么我们也看不出来，因为连你带我，孙悟空、猪八戒，我们彼此的相对速度都变成了零。

孙悟空想到这一点，于是就又心生一计。他向猪八戒打了一个招呼：

"老猪，咱们回头见！"

说时迟，那时快，一言未了他就跑出了车厢，爬上了车头，不但爬上了车头，而且还一跳，就跳上了飞机。

等到猪八戒赶出来的时候，他也想跳，然而胆小，一迟疑，飞机早就飞过去了！

这一次倒是老孙真正得了第一。

第二站　动的话题

在一个动的环境里静止着便要使人产生没落之感，这种心情，在车站里就会觉得格外明显。

火车"呼隆呼隆"地来了，喘着粗气，对着这个庞大的怪物，我们觉得自己很渺小。而且车动我们不动，又是精神上的一个压迫。人人都有个活动的天性，我们就不应当自甘寂寞。那么为什么我们不上车呢？只要我们上了车，车动我们也动，我们和火车变成了一体，这时候心情就畅快得多了！

不但心里畅快，而且眼界也开阔了。原来是车动地不动，现在却是觉得我们自己不动，地倒动起来了。这又是怎么一回事呢？

因为运动是相对的。所谓动和不动，我们要有一个参照物。从一个静止的参照物去观察一个运动的物体，我们看着它动；可是要从一个运动的参照物去观察，那么静止的物体反而变成动的了。这是由于参照物的选择不同。

但是这里还有一个重要之处，即我们从一个动的参照物上去看一个静止的物体，这个物体不但会变成动的，而且还和我们这个参照物运动的方向刚好相反。我们往南，它往北；我们往东，它往西；我们前进，它后退。

这就是一个很好的教训：如果我们不能跟着时代走，那么我们实际就是已经落伍了！正所谓"学如逆水行舟，不进则退"。按照相对的说法，"不前进"就无异于"开倒车"！

你不要认为我又在给你讲什么大道理，不过是借着这个机会打算告诉你一点物理的事实，那就是：论动静还要先确定一个参照物。

譬如说，我们站在月台上等车的时候，火车慢慢地停了下来，这时候，我们不动，车也不动，我们说"车停了"，这是从一个静止的参照物去看动静。等到我们上车以后，车又开了，看着窗外的车站往后溜过去，同时又看到车厢的那边走过来了一个服务员，这就是从一个运动的参照物去看动静。

用静的参照物去看动静，这件事情很简单，不用讲，谁都明白。可是要从动的参照物去看动静，这就来了话题。

最好是我们能够一个人变成两个人，一个坐在车上，一个站在地下，两相对照就可以看出一些道理来。

首先我们说，地上的人看到车往前进，车上的人看到地往后退。究竟谁对谁不对呢？两个都对！这是因为运动是相对的。静的看到动的在动，而动的却又看到静的在动。这两个运动的快慢一样，方向相反。所以太阳绕着地球往西转，同时也就是地球绕着太阳往东转，单就太阳和地球来说，这两个说法实际说的是一个现象。如果不和别的行星比较观察，那就分辨不出来，到底是谁在转谁不转。

可是这种情形只有在相对速度大的时候才会感觉出来，相对速度小的时候就往往不曾注意。当着你在地上散步的时候，你会注意到地是往后退的吗？不说你就不会理会的。

现在让我们在地面上走走看！先确定一个目标，譬如走向校门口。如果你能够忘记了你是往前走，那么你就会觉得那个校门正在向着你挪过来了。不仅是这样，你还会看到，你到校门的这一段路程正在慢慢地缩短，反过来说，也就是你已经走过的那一段路程正在慢慢地变长。你不动的时候，这一切都不动；只要你一动，这一切都要发生变化，有的变近，有的变远。而且，你动得快，它们就变得快；你动得慢，它们也就变得慢。这又说明了一个事实，这一切相关的变化，不管是延长还是缩短，变化的快慢是一致的。

现在让我们再在车上走走看，还是用着散步的那个步伐，溜溜达达地走。你走我也走，咱们谁也不会觉得快。可是站在地上的你和我（我们的化身），他们就对这个说法提出了抗议。火车已经够快的了, 你们在车上再一走, 那岂不是更快了吗?

不错, 这句话有理。因为要是从地面上看, 我们的速度应当是车速加人速。可是就我们自己讲, 却并没有把车速算在里边。一个是以地面为标准, 一个是以车厢为标准, 标准不同, 所以速度也就不同了。

而且, 又是一个而且, 就是在车厢里走, 往哪边走, 这个情形也各有不同。车往东你也往东, 或者车往东你往西, 只要人是同样的快慢, 那么在车上看起来, 仅只是方向的不同, 可是速度却相等。但在地面上看来, 那可就大不一样了! 车往东你也往东, 是车速加人速; 如果车往东你往西, 那就变成车速减人速了, 不但这两个运动变成一致的(都是往东), 而且速度还有一个大小的差别。参照物不同, 看到的事实就恰好相反。也就是说: 在一个进步的环境里, 如果有人能够再进一步, 虽然并不是一件什么了不起的事情, 可是在一个落伍的人看起来, 他就要大惊小怪了! 所谓少见多怪, 这正是表现自己没落的丑态。

同时又使我们了解了一个事实, 所谓动静和快慢不过是描写一个相对位置的变化。无论车动地不动, 或是地动车不动, 只有车和地的相对位置有了变化, 才能知道哪个动哪个不动。假若相对的位置没有变化, 不管两个人一块坐着还是一块走，结果谁也看不出谁动来。现在我们一块坐在车厢里，你能看得出车上的东西都是正在往前动吗？

所谓速度的大小，实际就是说明了这个相对位置变化的快慢。人和人的距离变化得慢，我们说人的速度小；车和人的距离变化得快，所以我们说车的速度大。两辆火车的距离能够变化，所以我们说车是动的；两个车站的距离不能够变化，所以我们说车站是静的。这虽然是一个很浅显的道理，却是一个最重要的关键。

不过有时候，虽然相对的位置没有变，可是如果一个人，意识到自己是在动，那么就会觉得别的东西也在动。例如，你和你的朋友一同骑着脚踏车，只要两辆车子的速度相等，那么相对的位置就没有变更。你和他谈着话，就好像面对面坐在屋子里一样，丝毫没有觉得什么不方便。这时候你根本就没有感觉到你们同时一块动。然而你们两个如果是在比赛骑车，虽然还是速度相等，可是在这个时候，因为你注意到你是正在拼命地往前赶，所以你就会觉得他也在拼命地往前赶了。

而且，再来一个而且，即使有时相对的位置有了一丁点的差异，却是还会遇到同样的情形。例如，在月下散步的时候，在这个很短的时间之内，地球和月亮的相对位置，可以说是保持着一个固定的距离。虽然你在院子里走来走去，有了一个移动，可是这个移动比起你到月亮的距离，那就很小很小，小到可以忽略。换句话说，你们两个相对的位置是没有什么变动的。可是这时候，因为你意识到你是动，所以你就觉得月亮也在动了。你往东，月亮也往东，你往西，月亮也往西；你走它也走，只要你停下来，它就不动了。月亮并不是对你表示好感，实际是相对位置变化得很小很小的缘故。

同样地，我们走在一条很长的马路上，望着天边远处的浮云，虽然它是静止着的，可是我们就会看到它总是跟着我们一块往前移动。这都是同样的道理。

不过，假如相对位置的变化不是一丁点的话，那就不能这么说了。譬如，你现在从疾驰的火车上去看那天边的浮云，它就不会再跟着你一块往前移动了！

好啦，现在就让我们从车窗向外望望吧，看看还有什么好看的没有？

首先映入眼帘的，是铁轨两旁的树和电线杆，一个一个地往后溜，尤其是经过窗口的时候，溜得那么快，几乎使我们不免有点心惊，唯恐对我们有什么损害。其实造成这个景象的是火车，因为它们的速度也就是火车的速度，仅方向相反。看到这个事实，你才想起了我们的火车，它是多么的快！

　　假如我们想要解除这个心理上的压迫,那就要把眼光放远些,再往那些远的地方去看。

　　这就又发现了一件趣事。车外面的地,虽然都是往后移动,然而近的地方动得快,远的地方动得慢,整个看起来却是好像在那里兜圈子,整个的在转,转……就好像留声机上的片子,碾米磨面的磨盘。这又是怎么一回事呢?

　　这就和我们的视角有关系了。

　　无论远的地方或是近的地方,对于我们的火车来说,都在以同一个速度往后移动。可是远的地方和近的地方相对我们的视角,大小却是不同。虽然在同一时间,无论远近都是挪了一个相等的距离,然而近的地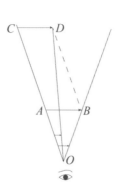方的视角大,远的地方的视角小。这就是说,在一个时间之内,两个角度的变化彼此不等。角度变化的快慢叫作“角速度”。现在我们所感觉到的这个快慢就是由于角速度的不同造成的!

　　所以速度有两种,一种是线速度,一种是角速度。在一个单位时间所走的单位距离,叫作一个线速度的单位;在一个单位时间所移动的单位角度的大小,就叫作一个角速度的单位。现在这些车窗外的景物都是顺着一个直线的方向往后移动，它们角速度的大小和我们的距离成反比，所以越近越觉得快，越远越觉着慢。整个的看起来，便是在那里旋转。这就是说：线速度相等，而角速度却未必相等。

反过来说，角速度相等的，线速度也未必相等。譬如，留声机上的唱片转起来的时候，中间的商标和文字还能够看得清楚，可是越靠边的就越不容易看得清楚了。那就是：虽然角速度相等（一秒钟转几圈是一定的），可是线速度就不一样了。在同一时间之内，转里圈的半径小，转外圈的半径大，也就是距离中心越远的，线速度越大。

家里没有留声机的，不妨看看车轮子，不论什么车轮，只要转起来总是中心慢而边缘快。假如有过推磨压碾的经验那就更清楚了，这些事情是一个道理。

当着莹澈的明月夜，听到小弟弟在那里唱："月亮走，我也走一走，走到老河口。"我们不但觉得歌词有趣，而且还领悟了运动的"相对性"。

第三站　火车究竟多么快

　　火车已经开了, 满车的客人慢慢地都就了座。大家安定下来, 把走道跑路的事交给了火车, 于是彼此就聊起天来。

　　"呵, 这辆车多么快呀!"一位乡下的老先生, 吸着旱烟, 开始为它赞叹。

　　"什么?"旁边一个比他年轻的说,"这辆车快吗? 还有比它快的哩, 特别快车, 小站不停, 坐上去, '嗖嗖嗖嗖嗖', 那才真叫快车呢。"

　　"二哥,"对面的一个小孩说,"特别快车也不算快, 飞机最快, '呜'的一声就飞得没有影了!"

　　小孩的妈说:"飞机也不算快, 还不如我想得快! 千里遥远, 只要我一想就到了。"

　　你听着这些话觉得好笑, 其实这里面倒有一个真理。我们曾经说过, 快慢也是相对的, 论快论慢就需要比较。快的比慢的快, 比起更快的来它就变成慢的; 慢的比快的慢,比起更慢的来它就又变成快的了!

那么究竟哪个快? 哪个慢呢? 这又需要比较速度。知道了时间和距离, 我们就能够算出个眉目来。反正坐在车上没有事, 我们不妨算算火车的速度。

刚才在月台上看到木牌上写着到下一站的距离是六十五公里, 再翻翻火车时间表, 两个到站的时刻, 一个是一点零五分, 一个是两点零十分。那么时间除距离, 我们就算出了火车的速度:

$$65 \div \left(2\frac{1}{6} - 1\frac{1}{12} \right) = 65 \div \left(\frac{13}{6} - \frac{13}{12} \right) = 65 \div \frac{13}{12} = 60 \text{公里} / \text{小时}$$

这不过是一个最简单的算题。

然而, 算是算出来了, 想想却又出了问题。所谓一小时走六十公里, 这个速度到底是什么时候的速度呢? 一开始吗? 还是中途呢?

不错, 这里边话里有话。刚开车的时候当然没有那么快, 刚刚离开车站的那一刹, 就好像一只船离开了水岸, 悠悠的我们觉得有点飘飘然; 可是等到火车开出了站, 就好像抽了一鞭子的马, 跑得浑身都是劲。车到了中途, 就好像这匹马就要发疯了, 恐怕比上面那个速度还要快得多!

那么上面那个速度究竟是什么时候的速度呢? 不问还明白, 一问就糊涂。

我们先研究一个小学生的算题:张三得了三块钱,李四得了四块钱,王五得了八块钱。那么一共得了多少钱?

七加八得一十五。

每一个人合多少钱?

五块钱。

怎么得的?

三除十五。

你的算数本领总算不坏,一点也不错。可是这五块钱,是张三得的?还是李四得的?还是王五得的?

都不是!

那么这五块钱是什么意思呢?

平均数!

对了,平均每一个人五块钱。这就和我们上面那个算式一样了! 平均一小时走六十公里。这是一个平均速度。

然而这是一笔糊涂账! 和真正的情形对照起来,只是一个大致的计算,并不能够和实际的情形完全符合。有时候车的速度也许和它一样,有时候就可能比它还快,也许可能比它还慢。这并不是火车真正的速度。

那么这个火车究竟多么快呢?

你觉得这个问题问得挺好,其实这个问题问得不明又不白。用刚才的问题反过来再问你:究竟你问的是什么时候的速度呢? 这样一来, 你就会觉得那个问题有点太含糊。

不过你的意思我明白。你要问这个火车真正的速度, 真正的快慢。如此说来, 我们还是要借重上面那个算法。

固然求平均速度的算法, 得出来的只是一个大概的速度, 可是你也不能小看它。譬如说, 你要问前一半路程的速度, 那就是前一半的时间去除前一半的距离; 你要问后一半路程的速度, 那就是后一半的时间去除后一半的距离。

假如问开始一小时的速度呢? 那就是开始一小时的时间去除开始一小时通过的距离, 不过这个速度的表示最好就是每一分钟走多少公里。既然你问得仔细, 那么我们回答得也就仔细一点。其实不过是又用六十除了一下, 把小时化为分。虽然结果还是一个平均速度, 可是这样一段一段地来计算, 那就精确、正确的多了!

不过, 像这样的算法和实际的情形还是有一个相当的距离。虽然这一个小时内的速度求出来了, 但是我们能够保证前半个钟头和后半个钟头的快慢是一致的吗?

实际上, 不但前后两半个钟头的快慢不一定一致, 说不定前半分钟和后半分钟的快慢都不一样, 前半秒钟和后半秒钟的快慢也不一样! 所以最理想的办法, 乃是能够求出一刹那的速度。

然而上边那个公式依然能够实用, 那不过是:

（很小的距离）÷（很短的时间）＝（一刹那的速度）

这个一刹那的速度也叫作瞬间速度。这比刚才那个说法可就更精确了。

然而这里边还有个问题。所谓很短的时间，到底是多短的时间？所谓很小的距离，到底是多小的距离？

这就随你的便了！而且因为距离是随着时间变的，在某一个时间，就对应某一个距离，所以我们先要确定时间。这个时间，你愿意它多小就多小。

当然啦，越小越精确，越小越正确，那么就索性叫它最小吧！

什么是最小呢？最小是零。

然而这就不行了！时间要是变成零，距离也就变成了零，于是时间除距离就变成零除零。

从一方面讲，时间是零的时候，距离也是零，那就是说，根本没有运动。既然没有运动，那就谈不上速度了！因此速度也是零。

从另一方面讲，除法是乘法的还原。因为任何数乘零结果都是零：

$$任何数×0=0$$

所以反过来讲，零除零就可以等于任何数，

$$0÷0=任何数$$

这是一个不定式，商数可以随便。那就是说，时间是零的时候，距离也是零，然而速度却是等于什么都行。说它快就是快，说它慢就是慢，说它有快慢，就有快慢，说它没有快慢，就没有快慢。原来想要求精确，结果反而更糊涂了！不但不正确，简直有点胡扯，这岂不是一件怪事？

可是反过来再想：所谓时间是零的时候，正是火车刚要想开，还没有真开，万一开起来的时候，这个速度也许是每小时六十公里，也许是每小时六十五公里，也许是每小时五十八公里，那可就没有准了。所以如果按照这个想法，那倒是说速度是多少都可以的。

然而这个答案只是瞎猜，我们不需要。我们不能拿零作为除数，因此这个思路应当停止。所以我们说，所谓很短的时间，无论多么短都可以，然而却不能等于零。

用这个要多小就多小的时间去计算速度，这个瞬间速度也就够精确的了。

同时在这里还要有一点声明，否则就要发生误会。

刚才我们所谓很短的时间，这个非常之小的时间，你不要认为仅可以求出刚刚开车的那一刹那的速度。即便火车开起来，跑在半路上，我们要想求出某一刹那的速度，依然可以利用同样的办法把它求出来。

譬如说，火车在刚开的头半个钟头，它是越跑越快的一个加速运动。这时候，每一刹那的速度都是在增加。假如我们想求刚刚5秒的时候的瞬间速度，我们可以先把时间从5秒开始，让它增加一个很短的时间，在这个很短的时间内，火车就会跑了一个很短的距离。只要这个时间小到非常之小，那么用时间去除距离得到的那个速度，就是刚刚5秒的瞬间速度，通常我们把它叫作"5秒末速"。

这个5秒末速，当然和5秒内的平均速度并不相同，这是很容易想到的一件事。

因此对于一个运动，不但可以求出一秒钟、一分钟、一小时内的速度，而且还可以求出一秒末、一分末、一小时末的速度。一个是在某一个时间之内的平均速度，一个是在某一个时间末了那一刹那的速度。这个速度就是"瞬间速度。"

不过这个名词还有点不够精确，既是"瞬间"，间就是一个时间，这个瞬间还有一个距离。因为时间既是小到非常之小，那么我们就不如干脆把它叫作一个"瞬速"吧。

所谓"瞬速"，这就是火车的真正速度了。我们要它多么正确就能够多么正确，只有这样才可以表示出火车的真正快慢。

像这样的算法，把每一刹的速度都求出来，那么整个火车运动快慢的状况就可以完全知道了，这才是一个正确的描写。

也许你会觉得这个想法太麻烦，可是这是没法避免的一件事，要想正确便必须精确，要想精确便不能嫌麻烦。原理是这样定了，至于怎样把这个麻烦的步骤想法化简，那只是一个计算的技术问题。

第四站　数的行列

火车走到了原野,听着车响的声音,看着车外边的闪影,我们晓得它是开足了马力。

不知道是因为这声音的单调呢,还是因为震动得使人疲劳,有的乘客已经打着哈欠,有的却已经闭上眼睛入睡了。

可是这正是我们思索的一个好时候。

我们曾经说过,要想求出火车的真正速度,那就要计算那些很小的时间和距离。然而只有不规则的运动才需要这么办,对于规规矩矩的运动就根本用不着。假如运动的快慢是一致的话,那就仅只求它随便某一时间内的平均速度好了。这种运动叫作等速运动,速度既然不变,所以平均速度就是它的真正速度。

假设这个运动不是等速运动,那情形就很繁杂,越走越快的是加速运动,越走越慢的是减速运动。加速度相等的是等加速运动, 减速度相等的是等减速运动。一会快, 一会慢, 快慢不一定的就是变速运动了。

把一个皮球扔到天上去, 这个皮球由于地心的引力, 每一秒钟都减少了一个相等的速度, 这就是一个等减速运动。等到皮球从天上掉下来的时候, 每一秒钟又增加了一个相等的速度, 这就变成了一个等加速运动。大家兴高采烈地去旅行, 越走越快是一个加速运动, 回来带着两条疲乏的腿, 越走越懒得走, 这就又变成一个减速运动了。

假设一个物体, 越跑越快, 比等加速运动还快, 那是一个超加速运动, 通常我们也把它叫作变加速运动。那是一个加速不规则的运动。

无论研究多么复杂的问题, 我们总是先从简单的状态开始, 这是研究的一个方式。无论多少繁乱的问题, 我们应当先归纳出一个抽象的形式, 这又是研究的一个方法。例如, 把火车看成一个点, 把铁轨看成一条线, 火车在铁轨上跑, 那就是一个点在一条线上移动, 研究起来就方便得多了!

假设这个点, 第一秒钟走了一尺, 第二秒钟又走了一尺, 这样一尺一尺地的走下去, 那么它所走的距离就是:

1, 2, 3, 4, 5, 6, 7, 8, 9, 10……

每一个数字表示前进一秒的结果, 整个的把它们排起队来,这就表示出整个路程变化的全部状态。

假设我们只用一个数字,那只是表示一个固定的距离,像这样的一个固定的数叫作常数,常数就是一个不变的数,也就是我们常常写、常常算的一个数。

然而如果把这些常数写成一套、一队、一个行列,这就变成一个变数了,这是一个新的观念,一个新的认识。

首先我们要训练自己,能够从这个数的行列里看出这个变数的变化状况。

这个行列就好像一个上楼的梯子,它是一个台阶接着一个台阶;一个变数,依次从这一个数跳到那一个数,就好像我们一级一级地走了上去或是走了下来。因此这个数的行列也有时叫作级数。

这个行列又好像我们去量布,量过一尺就接着下一尺;又好像我们去翻书,翻过一页又是一页,照这样接连不断地继续下去,因此这个行列也叫作变数的接连数值。所以变数的内容就比常数复杂得多。

然而这只是变数的一个形式。

其次我们还要在这个行列里看出变化的趋势。让我们想想可能有几种趋势。

例如,从一变到二,从二变到三。这个趋势是什么呢?

越变越大! 就好像一个正在打气的皮球,一个正在蒸发的水泡,这个级数叫作发散级数。它所表示的这个变数,是一个越变越大的变数。

反过来说,从三变到二,从二变到一,这个趋势越变越小;就好像用水团泥,用绳打包。这个级数叫作收敛级数,这个变数就是一个越变越小的变数。

那么有没有也变大也变小的变数呢?

有。譬如说,一个数的行列是:

1, 2, 1, 2, 1, 2, 1, 2, 1, 2………

从一到二,变大,从二到一,变小。这好像是一个摆动,摆过来又摆回去,摆来摆去还不过是那一段路程。又好像一个人,前走几步后退几步,走来走去,彷徨,徘徊,游移。因此这个级数便叫游移级数,这个变数便是个游移变数。

有没有也不变大也不变小的变数呢?

有。例如下面这一个数的行列:

1, 1, 1, 1, 1, 1, 1, 1, 1, 1………

既不变大又不变小,始终那个样子,常常保持着一个状态。其实,这就是一个常数,所以常数不过是变数的一个特例。当一个变数无论怎样变,变来变去还是它自己,这个变数就是一个常数了。

除此以外,还有没有例外?

有。奇怪,干吗老是有?譬如说,上体操的口令:

1234、2234、3234、4234······

121、121、121、121······

12334、22334、32334、42334······

这些是什么级数? 这些是什么变数呢?

这些是乱七八糟的级数! 这些是乱七八糟的变数!

对于这些乱七八糟的变数怎么办呢?

也有办法! 把它们扯开来, 一段一段地看, 有时候变大, 有时候变小, 有时候不变, 不就是这三种情形吗? 所谓千变万化, 不过如是而已。所以研究这一类的变数, 就需要一段一段地来研究了!

再则, 我们还要看出这个变化的方式。

所谓"一二三四五六七八九十", 这个变数是怎么变的?

它是走着变的, 常步走, 正步走, 一步一步地走。

假若是"一三五七九", 或是"二四六八十", 这也是一步一步地走, 可是和上面那个走法就不同了。上面那个是, 一个单步一个单步地走, 现在这个是一个复步一个复步地走。左腿一迈是一步, 右腿一迈又是一步, 这是单步。左腿一迈再加右腿一迈, 这也是一步, 却叫作复步。复步的距离比单步的距离长, 所以这个变数就比上面那个变数变化得快。

假若是：五，十，十五，二十，二十五，三十，这就更快了。假若是：十，百，千，万，十万，百万，这就更更快了！所以变数变化也有快慢，这是变数的速度。

就上面这些变化来看，其实都是一个方式，走着变的。除此以外，还可能有另外的方式。

再说说弹钢琴。我们把手指头按在白键上，按了第一个再按第二个。

do, re, mi, fa, sol, la, si……

这就是一个越变越大的变数。反过来：

si, la, sol, fa, mi, re, do……

这就是一个越变越小的变数。

do, re, mi, re, do, re, mi, re, do, re……

这就是一个变大又变小的变数。假若按出歌儿来，听着也许很好听，可是如果按照变数的观点看起来，那就是一个乱七八糟的变数了！

然而这里面还有一个统一的形式。这些都是变完一个数之后，马上就变成另外的一个数。

假如我们是在吹号，虽然吹出来的是一个do，但是能够从一个轻音，连续不断地就能够变成了一个重音。更正确一点说，我们可以把一个弱音连续不断地变成一个强音！这个变化就和上面那些都不一样了！

上面那些变化是一步一步地走,一步一步地爬,现在这个变化却是连续不断地滚! 好像天上的风在刮,河里的水在流。

因此就变化的方式来说,一个是连续的,一个是不连续的。走路,跑道,是一种变化;划船,溜冰,又是一种变化。

马拉车,人拉船,马的蹄和人的脚,与地面接触的是一个点又一个点,车轮压过的地面,船底划过的水面,接触的却是一条连续不断的线。

不连续的变化可以用一列数去表示,连续的变化却不好用一列数去表示了。因为两点之间还有数不清的点,两个数之间还有写不完的数。所以用数来表示这个变化,就不如画一根线来表示得更清楚了。

不连续的变化画出来是些点,不管怎样密,都是些孤点。连续的变化画出来却是一条线,一条连续不断的线,就好像蚕吐出来的丝,或是机器纺出来的线,富贵不断头。

如果用记号来表示,那就要利用一个箭头。譬如一个变数,从一变到二,再变到三,不连续的时候是:

$$1 \ 2 \ 3$$

连续的时候就应当画成:

$$1 \rightarrow 2 \rightarrow 3$$

这是两个不同的变化的方式。

但是一个运动，一个变化，却不见得完全是单纯的连续，也不见得完全是单纯的不连续。就说我们坐的这辆火车吧，从上一站到下一站，这个运动是连续的，但是每到一站停下来，这个运动便停止了。假设用数字代表车站，那么火车的运动就应当是：

$$1→2;\quad 2→3;\quad 3→4;\quad 4→5………$$

牛顿说，假使没有外力的话，一个静止的物体永远静止；一个运动的物体永远运动，永远向着一个直线的方向运动。这是一个惯性定律。现在，"呜"的一声火车鸣笛了，司机突然把火车的速度减下来。但是车上的客人还是由于惯性依然往前运动，于是当车子一停的时候，脸朝前坐的就往前闪了一下，脸朝后坐的就会把脑袋碰在车座上。因此睡着的就又醒过来，醒着的也想站起来活动活动了。

现在让我们暂且走下车，去溜溜腿，换换空气，休息休息脑子。回头车开的时候再上来吧！

第五站　这个年头变了

当着我们回到车上来的时候，火车就又开了。这本来是一件很平常的事情，可是想想就觉得挺停奇怪的。刚才我们还在车站里溜达，如今又上了征途。刚才还停留了一会的地方，现在却渐渐地跑远了。当我们把头伸出车窗外，回头再看，那车站已经没了影。

是动好呢？还是静好呢？动是一个正常的现象吗？还是静是一个正常的现象呢？想着想着，心里面就好像丢失了一件东西，虽然我们也不知道丢失的是什么，可是总觉得有点空虚。

变了，一切都变了！这是我们的一点感慨。

但是转念一想，天地间有什么是不变的呢？有什么是永恒的呢？

屋子里摆着的桌椅，窗外面看见的山，它们是在静止着吗？教地理的先生告诉我们，不但地球自己转，而且还围着太阳转,不但围着太阳转,而且整个的太阳系还一起跟着太阳移。只要地一动就带着我们全体动,那么连桌带椅,以及地上面的山,山上面的庙,庙里的人,不都在那里动吗?

平常我们认为静是常态,动是变态。其实动才是常态,而静不过是一个例外,是速度变成零的时候的一个特殊情形。

就好像看电影,一个故事在银幕上发展着,演变下去,只有偶尔在片子断了的时候,银幕上的一切才会停止下来。我们能够说静止是一个常态吗?

而且就是不这样说,例如,一个地上的建筑物在那里孤立着,它虽然没有腿,不曾爬起来走,可是风吹日晒,雨打水淋,久而久之,墙片掉了,栋梁弯了,一天一天的就会苍老起来。我们能够说它是永远不变的吗?

只有看清楚这一点,我们才能够说,变才是常态,而不变是一个例外。如此说来,我们对于一切变动倒不必感到什么惊异,这原本是一件很平常的事情,我们觉得应对一个变动的局面不容易,太困难,那只是证明我们自己的心理不健康,更具体一点,也就是惰性太深。要想正视现实,那就不能害怕变动。

然而速度的变化却有两种,一种是加速度,一种是减速度。加速度的越来越快,减速度的越来越慢。同时动也有两种,一种是前进的动,一种是后退的动,这也是由于方向的不同。前进的动如果是正动,那么后退的动就是反动。

而且动又是一个进展,也可以说是一种进化。假设由前进的动发展到激动,那就是把速度突然提高了,结果前进变成了激进。在社会现象上来说,那就是革命。在英语里,进化是evolution,革命是revolution,再没有比这两个字表现得更清楚的了,反过来说,所谓反动,再一变就会变成了反革命,这在我们的心里边应当有一个彻底的了解。

同样,变也有正变和反变。也许可能是一个速度,一个变化的速度,然而就方向来说,却是刚刚相反!如果不动不变呢?那就要落伍了!

因此所谓速度,它的意义不仅只是表示快慢,而且还表示着方向。假设方向正的是一个加速度的话,那么方向反的就是一个减速度,也叫作负速度。如果不论方向,而论快慢,那只是一个"速率。"

同样的,对于变化来说,变化的速度叫作变速,变化的速率叫作变率,也是一个带有方向,一个不带方向。这样一来,就把我们关于速度的观念扩大了!

例如我们到水边去钓鱼。当钓鱼的钩子伸到水里的时候,水面上就会发出一个水波,这个水波慢慢地变大了。圆圈一大,圆的面积就增大,这个面积增大的快慢就是一个变速。

又如放风筝。风筝飞起来了，风很稳，而且顺风，于是这个风筝就要在天空上往前跑。风筝一跑，就要放线，风筝跑得快，线也放得快；风筝跑得慢，线也放得慢，它们快慢一致，然而一个是运动的速度，一个却是变化的变速，那就是风筝线长的一个变化的速度。

我们曾经说过，当你走向校门口的时候，只要你一走，那么已经走过的路就要增长，还没有走过的路就要缩短。这两个的快慢当然彼此一样，然而变化的状况却又相反，一个变大，一个变小，一个变长，一个变短。这就是变率相等而变速不等。

照这样的想法，我们可以研究的就太多了。譬如说，现在我们的火车正在走过一个铁桥，那么让我们把手伸在车窗外，丢下去一个石块。这个石块正直的掉下去了，而车却是依然往前跑，那么那个石块和我们的手就越来越远了。我们可以算算这个距离变化的变速，和上面那个走路的问题完全一样。

假如我们把一滴墨水滴在一张吃墨纸上，这个黑点越渗越大，那么这个黑点的变速，就又和那个算水纹的问题一样。同样，当你看到一个吸烟的人，突然从嘴里喷出了一个烟圈，这个烟圈越来越大，你不应当仅只惊讶这个好玩的技术，还应当想想这个烟圈的变速的求法。

这并不仅只是一个有趣的观察，实际是对于一切自然变化的初步了解。例如，按照物理上的定律说，物体的体积与温度和压力都有关系。温度不变的时候，压力越大，体积越小；压力不变的时候，温度越高，体积越大。如果我们想要知道这个体积变化的实况，我们不就应当先求出这个变化的变速吗？

像这些能够变化的量都叫作变量。现在我们已经说过三种变量了：一种是距离的变化，一种是面积的变化，一种是体积的变化。无论一条线，一个面，或是一个物体，只要能变，便应当先求出它的变速。至于一个点的移动，那就只是一个运动的速度了！

对于这些变速应当怎样去求呢？这还是和求速度的那个方法完全一样。先求平均变速，再求真正变速。

首先我们要讲明一个名词。只要是一个变量，那么经过一个时间就要产生出一个变化，这个变化，我们把它叫作变异。变异当然不能等于零，因为如果等于零，那就是没有变异，既然没有变异，那就根本不必算了。

如果知道了变异，我们就可以求它的平均变速。那就是：

$$变异 \div 时间 = 变速$$

但是要想求出真正的变速,还得用那个老法:

(很小的变异)÷(很短的时间)=(一刹的变速)

只要把一刹的变速求出来,那么整个变动的状况就完全明白了。这和求速度还是一个原理。

也许你觉得这些问题有点头痛,可是这是没法子的事。要想透彻地了解一个运动或是一个变化,这都是没法避免的步骤。

为什么会产生这些问题呢?那是因为一切都是变的。变就是整个自然现象的一个共同的形式。

就拿时间来说吧,一会天亮了,一会正午了,一会太阳落山了,一会天黑了,一会太阳又从东边升起来了。你大概听过不少关于神话的故事吧?例如,一个樵夫跑到山里去砍柴,遇到两个老头在下棋,看着下棋就把砍柴的事情忘掉了,不过这时候使他奇怪的却是树叶黄了,黄了又绿了,绿了又黄了。等到他下山回家的时候,已经不晓得经过多少个年代了!所谓"山中方七日,世上已千年",就是类似的道理。我们别的不管,单就那个树叶的变色来说,那无非是形容由秋到冬,由冬到春,由春到夏,绕过来又变成了秋天,我们没法停止这个季节的变化。一天一天都是这样,一年一年也都是这样。

同样的,一个人没几天从婴儿变成幼童了,没几天从幼童又变成大人了，大人转眼就又变成了老头。这种变化却和上面那个季节的变化又有点不同。季节的变化是周期的，绕了一个圈子又绕了回来；可是一个人的变化却是不循环的，因为从来没有一个老头能够又变成一个婴儿。

然而这仅只是对于一个人来说，假设就整个人类的全体来看，这一代虽然过去了，可是接着又来了下一代，老的虽然老了，年轻的却又壮大起来，这实际还是一个周期的变化。就仿佛是演旧剧，一出戏唱完了，所有的角色从下场门走进去了，可是接着就是下一出的开始，不同的角色又从上场门里走了出来。人生固然不是演剧，我们不应当抱着玩世的态度逢场作戏，但是单就变幻的情形来说，却又不妨全作这个看法。

假设一个人的眼光不能看到人类的全体，而仅只注意到个人的演变，那么或早或晚终归就要消极悲观，以致苦闷。而且这种心理越老越厉害，因此年纪越大的人就觉得一切都看不惯，不顺眼，无论什么都别扭。

这种情形太普遍了，即便来到这个火车上，我们也不免听到旁边的那位老先生又在发出这样的感慨：

"唉，这个年头什么都变了！"

其实哪是这个年头变？无论什么年头都在变，根本就没有不变的时候！不过也许现在变得稍微快了点，所以老年人便看不惯了。

然而在一个青年人的眼里就感觉不到那么深刻，所以又有另外的一个人接着说：

"您老人家歇歇心吧，这个年头管不了那么许多了！"

整个的世界就像这辆跑着的火车，一切的万物又像两边的景物，连续不断地在那儿动，动，动……永远地动！变，变，变，永远地变！

第六站　跑到哪里算一站

"哐当哐当，哐当哐当，哐当哐当……"

听着火车响得那么起劲，我们知道它又恢复了正常的速度。从车起动起，一直到现在，没有一会儿不是在增加速度。但是等到开足了马力的时候，它就继续保持着一个固定的速度往前跑。也就是说，从一个加速度运动又变成一个常速运动了。

虽然它的声音那么大，然而可能是太单调的缘故，结果就变成了一首催眠歌，叫人听了困乏。同时车往前动，人虽然几乎察觉不出来，可是由于上下左右的震动，就又会使人觉得疲劳。假设不想法解解闷，岂不就要感觉无聊吗？

我们应当多想，多问，多想出些问题来！

让我先开始吧。

"我问你，火车如果像这样走法，我们结局会跑到什么地方去呢？"

"那还不是跑到下一站吗？"

"不错。可是如果永远不停呢？"

"那就跑到最末一站了！"

"假设铁轨继续延长呢？"

"那也许跑到一个山根。"

"假设连山上也铺了铁轨呢？"

"那就跑到山顶了。不，也许就又跑下来。"

"假设再往前跑呢？"

"也许跑到一个河边。"

"然而河上可以搭桥！"

"那就从这边跑到那边了。"

"假设再继续跑……"

"你怎么老是没有完？再跑，就跑到海边了！再跑就要掉进海里去了！"

"你放心，海上也有桥……"

"那简直是岂有此理！"

"不，还是要往前跑！一定要往前跑！"

"再跑？还跑？再跑就要跑回来了！"

"为什么？"

"地球不是圆的么？再跑就跑一圈了。"

"不，假设地面是平的，譬如说把地球压扁了，而且又压平了,而且又伸长、伸远、伸宽、伸大,长得的没有头,远得没有边,宽得没有岸,大得没有个限制。"

"简直越来越不像话了!"

"不不不,还是要跑,往前跑,一直跑,永远不停地跑!"

"究竟你的话有完没有完?"

"有完。干脆一句话,我要问你……"

"你不要问我,我倒要问你,跑来跑去,究竟跑到哪里算一站啊?"

"不错,这就是我要问的那个问题。"

"这倒中了你的圈套了,咱俩变成了一个问题。干吗要这样唠唠叨叨的?"

"不,我要告诉你一个新的问题。"

"还是按照我们那个化简的办法,把铁轨看成一条线,火车变成一个点,那么这个点沿着那条线,永远向着一个方向跑,结果究竟会跑到什么地方去呢?"

"那只有天知道吧!"

"不,人也可以知道。"

"那不是越跑越远么?"

"对了,老弟。可是到底有多远呢?"

"很远。"

"究竟多远?"

"远,远,远得厉害!"

"厉害也不行。究竟多远?"

"远,远,很远很远,要多远就多远,比什么都远!"

"对了!这就说到了正题。"

"这算什么正题,岂不是和不说一样吗?"

"不,说就比不说强。现在我们要想想那个距离了。跑得远,就是说距离大。远到要多远就有多远的时候,那个距离就是要多大就多大,比什么都大!"

"这么一来,那算个什么数呢?"

"那就是一个无限大!无穷大!"

"无穷大也是个数吗?"

"是,它是个变数。"

"是不是一个最大的数呢?"

"不!不是一个最大的数!"

"这就奇怪了,那么最大的数是什么?"

"根本这个问题就不通,天地间找不到一个最大的数。"

"那么让我们数数看!"

....

"你为什么不说话了呢?"

"数不到头。"

"对了。不是没头，而是没尾。"

"可是我想总该有个最大的数。"

"好，就算承认你这个说法，假设有一个最大的数，要是这个数再加上一个'一'呢？"

"那，那就比它更大了！"

"那么原来的那个数还能够算是一个最大的数吗？"

"那就不是最大的数了！不过，别扭，这个问题有点太那个。"

"一点也不那个。这就是说根本没有一个最大的数。"

"那么无穷大呢？"

"无穷大也不是一个最大的数！它不过是一个能够变成要多大就多大的变数，它能够比什么数都大，然而却不能说是一个最大的数。"

"这是什么意思呢？"

"那就是说：它可以大，大，大到没有限制的大，所以是一个无限大。然而大既然是没有限制的，所以就找不到一个最大的数。"

"究竟这个变数是无限大呢？还是无穷大？"

"既是无限，又是无穷！"

"此话怎讲？"

"没有限制，所以是无限；数不完，所以是无穷。"

"那么反过来说，就该有无限小无穷小了？"

"不，有无穷小，却没有无限小！"

"为什么？"

"无论多么小，小到零就算完了。零不就是一个限制吗？"

"奇怪，让我再想想。假如往前跑，越跑越远，距离越大；那么反过来往后跑，越跑越近，距离越小……"

"这样跑着跑着就跑回来了，那就变成了零。"

"不，还是跑！"

"再跑？还跑？再跑就要又跑远了！

"然而这两个方向不一样，按照你那个说法，如果往前跑是正的，现在就变成负的了！"

"不错，可是这样越跑越远，结果就变成负的无穷大了！"

"为什么有两个无穷大，只有一个无穷小呢？"

"那就好像一根线，可以有两个头，然而只有一个中点。你能说出为什么吗？

"还有，你说'个'也不妥当，你只能说一种、两种，不能说一个、两个。因为每一种都可以有无限多的无穷大和无穷小。譬如说，你变大，我也变大，咱俩都是无穷大；你可以变成正的无穷大，我可以变成负的无穷大，咱俩越来越远，越来越别扭；你变小，我也变小，咱俩都是无穷小，越来越接近，末了都变成一个零。

"这样一扯又扯远了，咱们还是想想那个跑到哪里算一站的问题吧。"

"譬如说，火车往前跑，永远往前跑，那么它能够跑到哪里去呢？"

"实际上你是在说一个点在一条线上跑的问题，现在我能够回答你了，它要跑到无限远，也就是无穷远。"

"问题是了解了，可是答案却不一定对！"

"为什么呢？"

"那还要看它是怎样跑法？"

"无论怎样跑，结局不都是无穷远吗？"

"且慢，我们还是想想看。

"假如从这一站到下一站，永远往前跑，然而先跑一半再跑一半的一半，再跑一半的一半的一半，这样一半一半地跑下去，无论跑到什么时候，结局……你猜怎么着？结局也不过是跑到下一站。"

"是吗？有理倒是有理，可是有点儿莫名其妙。"

"其实一点也不妙，那不过是火车出了毛病，越跑越慢了。因为……"

"虽然越跑越慢,然而它不是永远往前跑吗?"

"虽然永远往前跑,然而它总不能越过下一站。"

"对是对,可是还有一点想不通。虽然越跑越慢,然而永远继续往前跑,结局就不能跑到很远的地方去吗?只要有充分的时间!"

"其实你想的并不错,有时候它是可以跑到很远的地方去的,不过有时候就不行。例如,上边那个跑法就不行!你想的有理是有理,然而不能完全都对。"

"原因是什么?"

"那就是因为受了那一半的限制。所谓一半,是仅就这两站之间来说的,所以无论如何都就不能越过下一站了。假设没有这一类的限制,那倒是可以跑到无限远,不过很慢很慢就是。"

"这还像句话。"

"要是用变数讲,如果一个变数虽然永远变大,但是终究不能大于一个固定的数,这个变数就要有个限制。"

"像这样我也会说,如果一个变数虽然永远变小,但是终究不能小于一个固定的数,这个变数也就会有一个限制。"

"你的脑袋太好了,比刚才灵活多了!可是我们还要想一想，如果一个变数的限制知道了，那么这个变数变来变去，是不是就可以和这个限制变得完全一样呢？"

"当然一样了！譬如你说的那个火车，走着走着不就是到了下一站了吗？"

"然而在理论上可就不能那么说。"

"怎么？你又推翻了你自己的话吗？你简直是，简直是一个变数！变过来也是你，变过去还是你，你到底是怎么一回事？我刚刚想明白了，你就又变了卦！"

"你别急，老弟，咱们好商量。我并不是推翻了我自己的说法，不过为了精确还要加以补充。你应当注意，我们现在讨论的是个变数，要变就永远变，绝对不停止，假若它变到和那个限制相等，岂不就是不变了吗？"

"那么，这倒是一点问题。"

"不错，一丁点儿，相差也就是那么一丁点儿。这个一丁点儿是什么？"

"无穷小！"

"对了，它是近于零而不等于零。对于这一种限制，我们单给它起了个名字，叫作变数的极限。所以我们只能写成：

$$距离\longrightarrow 0 \text{ 而不是距离} = 0$$

"因此，照这种想法，要是那个很小、很小的时间近于零的话，那么一刹的速度就变成真正的速度了，一刹的变速也就变成真正的变速了！这比以前那个说法更精确，更正确。

"上海的饭铺有个陆稿荐，老陆稿荐，真正老陆稿荐；北平的刀剪铺有个王麻子，老王麻子，真正老王麻子；我们也有个平均速度，瞬间速度，真正速度，平均变速，瞬间变速，和真正变速！"

"别嚷，你听火车又在鸣笛了。我想大概快要到下一站了。"

"不错，那就是火车的运动快要到了它的极限值。"

第七站　大和小的赛跑（上）

　　当火车又鸣笛第二遍的时候，我们才发觉并没有跑到下一站，只是要拐弯。旁边有一座塔，很高很好看。我连忙告诉你：

　　"你瞧，你瞧，那个塔！那个塔转起来了！"

　　"是吗？让找瞧瞧！不错，这就是因为我们的火车正在围着它绕了半个圈。"

　　"你的悟性不错，咱们还是坐下再继续谈吧。"

　　"谈什么呀？谈来谈去不还就是那一套吗？"

　　"不，换个题目试试看！我已经告诉你了，无穷大和无穷小都不止一个，而且它们都是变的，那么现在让它们凑到一块变，这不就很好玩了吗？"

　　"这倒有点儿意思！"

　　"那么我们先看无穷大吧。找几个无穷大来试试。

　　"从前我们说过，每一个变数的形式都是一个数的行列, 这个行列就叫作变数的接连数值。所以两个不同的行列就是两个不同的变数。反过来说, 两个不同的变数, 它们的接连数值也就不同。现在你要找哪些无穷大呢? "

"随你的便吧, 只要好玩! "

"那么我们就先找几个简单的, 譬如一个是x, 一个是y, 一个是z。

x:　1, 2, 3, 4, 5, 6, 7, 8, 9, 10……

y:　11, 12, 13, 14, 15, 16, 17, 18, 19, 20……

z:　10, 20, 30, 40, 50, 60, 70, 80, 90, 100……

现在: 一, 二, 三, 就让它们变! 看看谁变得快! "

"这不就和赛跑一样吗? "

"是的, 如果你愿意把它们看成赛跑, 那就是赛跑, 现在我们看看谁跑得顶快? "

"当然z跑得顶快了! z第一, y第二, x第三。"

"不错! 可是你说的是……"

"怎么? 又有问题吗? "

"不, 还没有这么快。现在再来一个u,

u:　12, 22, 32, 42, 52, 62, 72, 82, 92, 102……"

"这是些什么玩意? "

"这也是一个无穷大, 带指数的无穷大。它的接连数值都是些方数, 平方数。"

"带指数的无穷大？这倒很新鲜，可是有点不明白……"

"其实也没有什么，很简单的，我们可以把它们算出来，那不过是：

u：1, 4, 9, 16, 25, 36, 49, 64, 81, 100……

把指数一去，这就很平常了。

"现在让u也来跑，看看谁跑得快？"

…………

"你说呀！"

"别慌，让我想想看。u和x比，当然是u快；u和y比，当然还是u快；u要是和z比呢？这个……这就是问题了！"

"为什么？"

"z跑到一百的时候，u也是一百，似乎一般快，可是再跑呢？让我算算看。

如果再跑z，应当是：

z：100, 110, 120, 130, 140, 150……

u应当是：

u：100, 121, 144, 169, 196, 225……

这样一来，当然是u快了！"

"很好，你居然那么仔细，这就是一个进步。现在又来了两个无穷大，一个是v，一个是w。

v: 1+5, 2^2+5, 3^2+ 5, 4^2+5, 5^2+5, 6^2+5, ………

w: 10×1, 10×2^2, 10×3^2, 10×4^2, 10×5^2, 10×6^2………

v和w也是些带指数的, 然而一个后边扯着个5, 一个前边拉着个10。现在比一比, 看谁能跑得最快? "

"还是别慌, 让我比比看。v和u比, 当然是v快了, 因为每一个数都多了个5。u和w比呢? 当然是w最快了!

"w第一, v第二, u第三, z第四, y第五, x第……末了。"

"好极! 我们还得再想。这些带指数的和不带指数的, 跑起来有什么区别吗? "

"这句话问得我不大明白。"

"换句话说就是, 在快慢上, 这两组有没有不同的地方? "

"什么不同的地方? 我还是不大明白! 你干脆就说吧! "

"不, 一说穿就没意思了。我们先一组一组地看。就x和y来说, 跑起来的时候, 彼此有什么关系呢? "

"让我比比看。我看出来了, y永远比x多10。"

"那么z和x呢? "

"z永远是x的10倍! "

"对了, 也就是说y和x的差, z和x的商, 永远相等! "

"这有什么意思呢?"

"这就是说, 跑起来的时候, 它们彼此之间的位置老是有一个固定的关系。y永远比x多十步, z的距离永远是x距离的十倍。"

"让我再想想……那些带指数的也有这么一种情形。v永远比u多五, w的距离永远是u的距离的十倍! "

"不错, 那就是说, u、v、w跑起来的时候, 它们彼此之间也是保持着一个固定的关系。现在再让我们从每一组里挑出一个来比比看! "

"这倒真像赛跑了! 每一组里选一个第一吧! "

"不, 为了我们自己看着方便, 还是选那些倒数第一吧。譬如x和u:

x: 1, 2, 3, 4, 5, 6, 7, 8, 9, 10……

u: 1^2, 2^2, 3^2, 4^2, 5^2, 6^2, 7^2, 8^2, 9^2, 10^2……

"它们彼此之间也有一个固定的关系, 这个永远是那个的方数。

"现在我要问你, x和u跑起来应当是个什么情形? "

"让我想想看。x和y是一个差数, x和z是一个倍数, x和u是一个方数……那么u和x越离越远, 这个变化可就大得多了! "

"好极啦, 老弟, 真有你的。那就是说, u比x快得太多了! 同时u与v、w, 就跟x与y、z一样, 它们彼此之间的快慢比较还差得少, 但是带指数的和不带指数的, 彼此的快慢就差得太多了! 这是一个重要的分类。因为带指数的和不带指数的简直不能够相比!

"同时, 这些变数既然都是些运动员, 那么我们如果打算分班的话, 不带指数的应当是低年级, 带指数的就应当是高年级。这就是说, 无穷大要分级。有高级的无穷大, 也有低级的无穷大。"

"如此说来, 你不但是我的老师, 而且也是无穷大的老师了!"

"不敢, 不敢。"

"那么这个编级试验有没有一个简单的办法?"

"有, 那还得讲分数。"

"为什么呢?"

"分数有个性质。假设一个分数, 分子不变, 分母越大, 分数之值就越小; 分母越小, 分数之值就越大。"

"不错, 这在讲孙悟空坐火车的时候已经提过了!"

"是吗? 你的记性很好。现在我要告诉你一个新的记号, 那就是无穷大; 无穷大虽然不是一个固定的数, 可是我们为了方便, 也给它规定一个记号, 这个记号就是一个睡觉的8, 我们把它写成∞。因此, 假设分子不变:

如果 分母→0，　则分数之值→∞。

如果 分母→∞，　　则分数之值→0。

同时这也就是无穷小和无穷大的一个关系。"

"按照这个说法，它们两个彼此倒是亲戚了！"

"是的，它们两个是一对宝贝，一对活宝！一个大一个小，一个胖一个瘦。"

"这与无穷大的编级有什么关系呢？"

"这就要告诉你。假设有两个无穷大，我们就先让它们比一比，这一比就变成分数了。譬如x和u：

$$x: 1, 2, 3, 4, 5, 6, 7, 8, 9, 10\cdots\cdots$$

$$u: 1, 2^2, 3^2, 4^2, 5^2, 6^2, 7^2, 8^2, 9^2, 10^2\cdots\cdots$$

$$x:u=\frac{x}{u}:1, \frac{2}{2^2}, \frac{3}{3^2}, \frac{4}{4^2}, \frac{5}{5^2}, \frac{6}{6^2}, \frac{7}{7^2}, \frac{8}{8^2}, \frac{9}{9^2}, \frac{10}{10^2}\cdots\cdots$$

那就是　　$$\frac{x}{u}:1, \frac{1}{2}, \frac{1}{3}, \frac{1}{4}, \frac{1}{5}, \frac{1}{6}, \frac{1}{7}, \frac{1}{8}, \frac{1}{9}, \frac{1}{9}\cdots\cdots$$

这个分数之值也是个变数，越变越小，这是个无穷小。用记号来表示，就是：

$$\frac{x}{u}\longrightarrow 0$$

"你能从这个关系上看出谁跑得快吗？"

"让我想想看！如果一个分数之值变成零，那就是u比x先变成无穷大。所以u比x快！x比u慢！"

"这真是好极了！那么谁是高级？谁是低级？"

"u是高级, x是低级!"

"一点也不错。"

"可是如果u比x呢? 让我自己比比看: 因为u比x和x比u, 彼此是一个倒数, 分子、分母颠倒过来,

如果$\dfrac{x}{u} \longrightarrow 0$, 那么, $\dfrac{x}{u} \longrightarrow \infty$, 这就是$u$比$x$跑得快, 那么还是$u$是高级, x是低级, 结果一样! 这倒有点意思。"

"可是x和y不也是有个快慢吗? "

"然而那就不一样了! 因为:

x: 1, 2, 3, 4, 5, 6, 7, 8, 9, 10……

y: 11, 12, 13, 14, 15, 16, 17, 18, 19, 20……

$\dfrac{y}{x}$: $\dfrac{11}{1}$, $\dfrac{12}{2}$, $\dfrac{13}{3}$, $\dfrac{14}{4}$, $\dfrac{15}{5}$, $\dfrac{16}{6}$, $\dfrac{17}{7}$, $\dfrac{18}{8}$, $\dfrac{19}{9}$, $\dfrac{20}{10}$……

或:

$1+10$, $\quad 1+\dfrac{10}{2}$, $\quad 1+\dfrac{10}{3}$, $\quad 1+\dfrac{10}{4}$, $\quad 1+\dfrac{10}{5}$, $\quad 1+\dfrac{10}{6}$, $\quad 1+\dfrac{10}{7}$, $\quad 1+\dfrac{10}{8}$……

这个分数之值永远是一个1再加一个分数, 但是这个分数, 分子永远是10, 分母却是越来越大。当分母变成无穷大的时候, 这个分数就要变成零, 那么y、x就要变成1了! "

"这倒是件怪事。可是如果x比y呢? "

"x比y和y比x彼此还是倒数。因为:

$$\frac{y}{x}: 1+10, 1+\frac{10}{2}, 1+\frac{10}{3}, 1+\frac{10}{4}, 1+\frac{10}{5}, 1+\frac{10}{6}, 1+\frac{10}{7}, 1+\frac{10}{8}\cdots\cdots$$

那么

$$\frac{y}{x}: \frac{1}{1+\frac{10}{1}}, \frac{1}{1+\frac{10}{2}}, \frac{1}{1+\frac{10}{3}}, \frac{1}{1+\frac{10}{4}}, \frac{1}{1+\frac{10}{5}}, \frac{1}{1+\frac{10}{6}}, \frac{1}{1+\frac{10}{7}}, \frac{1}{1+\frac{10}{8}}\cdots\cdots$$

这样一来，当分母变成1的时候，这个分数也变成1，就和上面那个结果完全一样了。"

"这件事情有点奇怪！让我想想看：如果一个分数之值变成1，那不就是分子、分母变成一样的了吗？"

"你说得很对！"

"对了！我明白了！它俩的快慢一样！它们两个应当是同班！这真是好玩极了！"

"现在再比较x和z，那就更容易了。

x: 1, 2, 3, 4, 5, 6, 7, 8, 9, 10……

z: 10, 20, 30, 40, 50, 60, 70, 80, 90, 100……

z永远是x的10倍，所以无论到什么时候，总是：

$$\frac{z}{x}=10 \quad 或是 \quad \frac{x}{z}=\frac{1}{10}$$

结果变成一个固定的数。

"那么这时候应当怎么分法呢？如果把z放在高级里行不行？"

"z比x跑得快，应当是高级，可是再和u一比呢？不行，和u一比它就不配。"

　　"反过来说，把x放在高级里行不行呢？"

　　"那更不行了！本来z比x跑得快呢！"

　　"这也不行，那也不行，那就只好把它们放在同年级了，这些是同级的无穷大！"

　　"那么x和y不也是同级吗？"

　　"当然是同级啊！可是同级和同班还不一样！"

　　"那怎么讲？"

　　"比值变成常数的时候，是同级；比值变成1的时候，是同班。"

　　"1不也是个常数吗？"

　　"1虽然是常数，然而常数却不一定是1。这就是说同班就是同年级，然而同年级却不一定是同班！"

　　"这倒和我们的学校完全符合了！想不到火车一动，会使我们想出这么多的玩意。"

第八站　大和小的赛跑（下）

"我们的火车这一站跑得太远了，怎么还不到站呢? 你是不是有点饿了? "

"不，我还在想那些问题。你说无穷大和无穷大比较，有高级的，有低级的，有同级的还有同班的。然而无穷大到底并不是些人，它们都是些数，能跑能变的数。我们能说高级的变数，低级的变数，同级的变数，可是要说同班的变数，这个名词有点不像话! "

"好极，你的提议我附议。按说如果一个分数之值变成1的时候，我们应该说分子、分母相等。这就像是数学里的行话了。"

"是吗? 那么x和y就是两个相等的无穷大了? "

"是的，我们可以说它们相等。"

"别慌，我还得想想看:

x: 1, 2, 3, 4, 5, 6, 7, 8, 9, 10……

y: 11, 12, 13, 14, 15, 16, 17, 18, 19, 20……

可是x永远比y少10，我们能够说它们相等吗？而且照这样看来，x是从1开始，y是从11开始，y不就是x的一部分吗？"

"你想得很对，可是你的看法错了！"

"这是什么意思呢？"

"你从这些固定的接连数值来看，x是比y少10，y也的确只是x的一部分。可是你忘记它们都是变数了，它们是在赛跑。你看两个人赛跑的时候，你不能注重开始，你应当注意结果！现在这些数都要跑到无限远，当然这个结果看不到，可是你应当注意这个跑的过程。"

"x和y虽然永远相差10，然而当它们俩都变成无穷大的时候，这点差数就不算什么了！

"譬如平常我们到铺子里去买东西，掌柜的把算盘一拨，三一三十一，三下五除二，算得那么仔细，一共十万零五百。那么你付给他多少钱呢？"

"当然给他十万了，这个年头三百、五百的还算钱吗？"

"是的，你这样想，我也这样想，掌柜的也这样想。这样一来，你就省下了五百。"

"第二天你又去买东西，这一次却只买了一千块钱的东西。那么你再叫他让五百他干不干？"

"那大概就不行了！"

"岂止是大概，那简直就是不行！如果你不给他这五百，那可就要有麻烦了。"

"为什么呢？因为我们对于差误有两种看法，简单一点，看差数的本身；仔细一点，就要比较原数。现在这两次买卖虽然都是相差五百块钱，可是如果和原数比较，第一次相差不到十万分之五百，约合二百分之一；可是第二次相差却是一半，二分之一。你想如果不给他这五百，那不就和白送一样么？"

"这两种差数，一个是绝对的差，一个是相对的差。平常所谓'差一差二不算差'，那只是相对的差。如果就绝对的差来说，那就不行了！"

"还有，我们说'差一点'，这句话肯定应当是一个绝对的差；要是说'差个一星半点的'，那就有点相对的意味了。这两个意义彼此不同。"

"这一扯可就又扯远了！"

"不，我们还是扯到本题。假如两个变数都是无穷大，能够变到要多大就多大，那么即便差个常数，也算不了什么，因为这个常数，就无穷大看来，那简直不值一提。因此，我们就可以说它们相等。"

"然而这和平常的数不一样了!"

"当然不一样,一个变,一个不变,变的能和不变的一样吗?"

"这不就是说,一个数的一部分能够等于它的全体吗?"

"对了!可是只有无穷的时候才有这个性质,不是无穷的时候就不行。所以什么是无穷呢? 要是一部分能够等于全体,这就是无穷;无穷就是数不清的意思,不是数不清,是数不净,数不尽,数不完,数不到头,啊?我又说错了,是数不到尾! 头是头,尾是尾,你明白这个意思吗?"

"明白倒明白,可是我不知研究这个有什么用? 难道你真要办一个无穷大的学校吗?"

"不,这当然有用,譬如说马尔萨斯的人口理论说过食粮的增加仿佛是这样的变数

n: 1, 2, 3, 4, 5, 6, 7, 8, 9, 10……

而人口的增加却又好像这样的变数:

N: 1, 2, 4, 8, 16, 32, 64, 128, 256, 512, 1024……

"这两个都是越变越大,都是无穷大! 然而相等吗?"

"当然不等。"

"那么谁快谁慢?"

"当然是N快了!"

"这就是说，N是高级的无穷大，n是低级的无穷大，因此，将来的食粮就要成问题。不管他的根据对不对，合理不合理，可是在事实上，对于无穷大的分级，并不是没有用处的。"

"你看，火车又要拐弯了！"

"是吗？那么我们的话也要拐弯了！……怎么，你笑什么？"

"我笑你的话也没头，不，不是，我也说错了，你的话老是没有尾！所以我说，你就是一个变数！"

"不管变不变，反正咱们说的是个理！"

"里？什么里？有里就有外，有高就有矮，有长就有短，有大就有小，有无穷大就有无穷小……"

"得啦得啦，再说你也就变成一个变数了！说曹操就来了曹操，说无穷小就来了无穷小。无穷小来了，我们也要分级。"

"怎么，无穷小也要分级？"

"是的，我们可不能厚此薄彼，我们要一视同仁。"

"那么无穷小又是怎么分法？"

"还是让它们跑，谁先跑得快，谁就是高级的无穷小，谁要跑得慢，谁就是低级的无穷小。"

"这不是和无穷大的分级一样了吗？"

"编级试验是一样的，可是那个跑法却不一样。凡是无穷大都是越跑越有劲，越跑越快；然而所有的无穷小却是越跑越泄气，越跑越跑不动。为什么呢？因为无穷大跑起来，是无穷无限，要多远就多远；无穷小跑起来，无穷而有限，跑着跑着就跑不动了！"

"那真是太没出息了！"

"不管有出息没出息，既然来了我们就得收容。虽然越跑越跑不动，可是也能够比较出个快慢来。"

"那么这些无穷小找谁呢？"

"不必多费事了，因为我们已经知道，无穷大和无穷小是亲戚，一个带着一个。只要x是个无穷大，那么$\frac{1}{x}$就是一个无穷小，它们两个互为倒数。无穷小倒过来就是无穷大，无穷大倒过来就是无穷小。这是一对难兄难弟。"

"那倒很方便！"

"所以，要找无穷小那就不必另外找，只要把上面那些x、y、z倒过来好了。"

"可是无穷大和无穷小，两个跑的方向刚刚相反（以前我已经告诉过你），所以这两个甄别试验的判断也就要相反了。"

"譬如三个无穷小，一个是α，一个是β，一个是γ……"

"乖乖，这是些什么玩意啊？"

"你不认得是不是？乍看怪别扭的，一熟就顺眼啦。现在我们要求 β 和 α 的比值……"

"别慌别慌，α、β、γ 到底是些什么玩意儿，我还不大明白。"

"刚才不是说过了么？α 就是 x 的倒数，

因为 x: 1, 2, 3, 4, 5, 6, 7, 8, 9, 10……

所以 a: $1, \dfrac{1}{2}, \dfrac{1}{3}, \dfrac{1}{4}, \dfrac{1}{5}, \dfrac{1}{6}, \dfrac{1}{7}, \dfrac{1}{8}, \dfrac{1}{9}, \dfrac{1}{10}$ ……

同样地，β 是 y 的倒数，γ 是 z 的倒数：

$$\beta: \frac{1}{11}, \frac{1}{12}, \frac{1}{13}, \frac{1}{14}, \frac{1}{15}, \frac{1}{16}, \frac{1}{17}, \frac{1}{18}, \frac{1}{19}, \frac{1}{20} \cdots\cdots$$

$$\gamma: \frac{1}{10}, \frac{1}{20}, \frac{1}{30}, \frac{1}{40}, \frac{1}{50}, \frac{1}{60}, \frac{1}{70}, \frac{1}{80}, \frac{1}{90}, \frac{1}{100} \cdots\cdots$$

"这不就越来越小了吗？"

"当然啦，要不还是无穷小吗？现在求 β 与 α 的比值，也是一个分数，那么只要按照分数除分数的办法，我们就得到："

$$\frac{\beta}{\alpha}: \frac{1}{11}, \frac{2}{12}, \frac{3}{13}, \frac{4}{14}, \frac{5}{15}, \frac{6}{16}, \frac{7}{17}, \frac{8}{18}, \frac{9}{19}, \frac{10}{20} \qquad \cdots\cdots$$

那么这个分数越变越大呢？还是越变越小？"

"让我比比看，原来是 $\dfrac{1}{11}$ 现在变成 $\dfrac{10}{20}$，那就是 $\dfrac{1}{2}$ 了，越变越大！"

"它能变成无穷大吗？"

"让我再想一想：虽然分子和分母同时变大，然而分子总比分母小，所以这些都是真分数，既然是真分数，那就不能变成无穷大！"

"不错。照这样变下去，至多变成个什么？"

"至多是个1！"

"那么和1差多少呢？"

"让我再比一比，一个一个地比，这个差数是：

$$1-\frac{\beta}{\alpha}: \frac{10}{11},\frac{10}{12},\frac{10}{13},\frac{10}{14},\frac{10}{15},\frac{10}{16},\frac{10}{17},\frac{10}{18},\frac{10}{19},\frac{10}{20}\cdots\cdots$$

分子永远是10，分母却是越来越大，所以相差是个无穷小，越来越小！"

"无穷小的极限是什么？"

"零。"

"那么这个差数最后要变成什么？"

"当然也是零了！"

"那就是说：β、α和1有什么关系？"

"越来越相等。"

"这就是说：

$$\frac{\beta}{\alpha}\to 1$$

所以：α和β应当怎样分呢？"

"它们是同年级！"

"对了，这是同级的无穷小，不但同级，而且还……"

"我明白啦，不但同级而且还是同班！"

"那就是说，它们不但同级而且还相等。"

"那么让我们再看看γ和α好吗？"

"好啊！

$$\alpha : 1, \frac{1}{2}, \frac{1}{3}, \frac{1}{4}, \frac{1}{5}, \frac{1}{6}, \frac{1}{7}, \frac{1}{8}, \frac{1}{9}, \frac{1}{10} \cdots\cdots$$

$$\gamma : \frac{1}{10}, \frac{1}{20}, \frac{1}{30}, \frac{1}{40}, \frac{1}{50}, \frac{1}{60}, \frac{1}{70}, \frac{1}{80}, \frac{1}{90}, \frac{1}{100} \cdots\cdots$$

$$\frac{\gamma}{\alpha} : \frac{1}{10}, \frac{1}{10}, \frac{1}{10}, \frac{1}{10}, \frac{1}{10}, \frac{1}{10}, \frac{1}{10}, \frac{1}{10}, \frac{1}{10}, \frac{1}{10} \cdots\cdots,"$$

"这是什么意思？"

"因为α永远是γ的10倍，所以反过来说，γ就永远是α的$\frac{1}{10}$！"

"这不就意为着它们两个也是同级吗？"

"同级是同级，然而不同班，比值不能变成1！"

"这完全和无穷大的办法一样！"

"是的，单就同级说，完全一样。不过关于高级和低级，那就刚刚相反了。"

"假设x和y都是无穷大，α和β都是无穷小，那么：

如果$\frac{y}{x} \to 0$，那就是x先变成∞，所以x是高级y是低

级,

如果 $\dfrac{y}{x} \to \infty$, 那就是 y 先变成 ∞ , 所以 y 是高级 x 是低级;

如果 $\dfrac{\beta}{\alpha} \to 0$, 那就是 β 先变成 0 , 所以 β 是高级 α 是低级;

如果 $\dfrac{\beta}{\alpha} \to \infty$, 那就是 α 先变成 0 , 所以 α 是高级 β 是低级。"

"让我再想想……我明白了! 那不过是一个道理: 谁能跑得快, 谁就是高级!"

"不错不错, 老弟真有你的。你完全明白了! 可是你知道你是怎么明白的吗?"

"怎么, 你又要耍什么花腔?"

"不是耍花腔, 我刚才偷偷地做了一个小统计, 前前后后你已经说了七个'想一想'、五个'比一比', 比了再想, 想了再比, 想过来比过去, 你才能够明白这个道理。"

"是吗? 我可没有那么细心。我只记得, 你一会'这就是说', 一会'那就是说', 说来说去, 一不留神几乎就要把我搞糊涂了!"

现在再看看时间, 这可就快要跑到下一站了!

第九站 一个跟着一个变

"呜——呜——呜——"火车又在叫，伸出头去望望，这一次可真是要到站了。我们既然不是无穷大，那可就不能老是跑下去没有完，而且在车上坐得那么久，也应当下去活动活动。看看表，干脆就在这里下车吧，再有五分钟还有一班回头车，回去正好还耽误不了晚饭。

火车进站了，慢慢地停止下来。车里边的客人下来的虽是不少，可是从这里上车的客人也很多，于是上的上，下的下，马上这个车站就热闹起来了。

火车仿佛是跑乏了，虽是停着不动，可是还在那里不断地喘着粗气。也许对于这些乘客在它肚子里爬出爬进，爬得它不耐烦，所以有时候还"吁"一下。

只要这口闷气一出，火车的心里就松快多了，接着咳嗽了一下，一会又好像是在撒尿，一会又好像浑身通过了一股气儿，于是火车就又有点不大安静了。

因为我们并没有别的事情,而且还打算乘下一班车回去,所以我们就站在月台上,对着眼前这一列车,倒是觉得有点儿留恋。

这时候,上车、下车的人慢慢地少了,只有站上的小贩在车窗外面兜生意,这边喊喊,那边跑跑,希望能够多找到一个顾主。除此之外,无论是车上、车下,大家都在等候着……有时候彼此狠狠地看了一眼,因为知道车一开就会看不见了。

突然一声哨响,同时还有几个人急急忙忙地爬上爬下,可是马上都觉得紧张起来。静候火车一声长鸣,"呜——"的一声,坐着的坐稳了,站着的也站稳了,大家都以珍惜的眼光彼此告别……

于是车慢慢地又动了。第一辆车一动,第二辆车就动,第二辆车一动,第三辆车就动,一个跟着一个动,马上就全体都动了!

从月台上看火车,又好像在码头上看船,悠悠地就走开了,但是接着就听到那个熟悉的声音:

"哐当哐当,哐当哐当,哐当哐当……"火车是越走越快,越走越远了!

看着这个开车的情况,我又想到了一个话题。所谓这辆车一动,那辆车就跟着动,这就表明两个变化可以有一个联系。这又像那个分数,分子固定的分数,只要分母一变,分数之值就要跟着变。

像这样,一个跟着一个变,这是一个很重要的联系。从这一点,我们可以找出一个因果来,从这一点,也可以看出一切变化的状况。

为了说明的方便,我们先要起几个名字。

一个领头变的叫作自变数,它可以要怎么变就怎么变,变成什么都可以。一个跟着人家变的叫作因变数,处处受别人的影响,受别人的牵制。这是两个不同的变数。一个是独断独行,自己支配自己;一个是服从随和,叫它怎样,它便怎样。

当然它们两个也不能分家,因为彼此比较起来,也是一个相对的关系。自变数是因变数的自变数,因变数又是自变数的因变数。这就好像说,哥哥是弟弟的哥哥,弟弟是哥哥的弟弟。

可是这个说法太麻烦,所以因变数也叫作"函数",当然是自变数的函数。

所以如果y跟着x变,那么y就是x的函数。有人说,女人就是男人的函数,因为男的是少爷的时候,女的是少奶奶;男的是老爷的时候,女的是太太;男的变成老太爷,女的就变成老太太了。

可是你也不要把它们两个看得那么呆板，因为y跟着x变的时候，反过来说，也就是x跟着y变。譬如说：男的当了老师，女的便是师母；要是女的当了老师的时候，男的叫作什么呢？论说，那就应当叫他师爸爸了。可是这个称呼有点别扭，我们只听过有人叫干爹、干爸爸，却没有听过师爹、师爸爸。其实这只是一个习惯，事实上不叫师爹也得叫老师，虽然我们并不跟他上学。其实，如果比照师母的称呼，我们叫他师公，倒也满好，师公、师母不就是公母俩吗？现在我们所称的公鸡、母鸡，在以前就叫作鸡公、鸡母，可见这也并不是一个新名词。

假设女的做了县长，那么对于这位女县长的先生应当怎么称呼？这可就更麻烦了！叫他县长老爷，不行；县长先生，也不行；县长跟班的，那更不行了！到底应当叫什么，我们暂且不管他，可是总不能不尊称他一点，县长的先生吗？如果你觉得应当高看他一眼，那么男人就又变成女人的函数了。

女人是男人的函数，男人也是女人的函数。然而这两个函数却有一点不同，自变数和因变数倒过来了。这个的自变数是那个的因变数，这个的因变数又成了那个的自变数，所以我们说这两个函数彼此相反。如果y是x的函数，那么x就是y的反函数。

再举一个例子。譬如说，现在这个年头，物价一天比一天高，因此物价就是一个变数。物价涨了想不出好办法，便只好多发票子，所以票子就是物价的函数。可是票子越发越多，越多越不值钱，越不值钱物价就要越涨，结果物价又成了票子的函数。

物价和票子一赛跑，这一跑可就把我们跑苦了，小报上的标题说："物价与大票齐飞，人民共小菜一色"，这个例子有点太惨！惨是惨，可却是事实，而且论物价就要计算物价指数，说票子就要质问发行额，这完全是个数字的问题，却没有越出我们所讲的范围，因为我们讲的都是些变数，所以上面那个男女函数，不过是个比喻，这个物价和钞票的关系才真正是一个算例。

同时，由于通货膨胀，不仅刺激物价，而且扰乱社会，影响民生。所以生活指数也是票子的一个函数。要想具体地指出这个因果的关系，那么我们就需要调查统计，然后列表，画曲线，找算式。所以关于函数的表示就有三种不同的办法。

随便一个数字对照表，随便一个任意曲线，都可以表示一个函数的关系。然而一个函数却不一定非要化成算式不可，这倒是一个重要之点。

不过我们为了说明的方便，还是先从算式开始。例如：

$$y=10x$$

y永远是x的10倍。x是零,y也是零;x是1,y是10;x是2,y是20;x是3,y是30……所以y是x的函数。反过来讲:

$$x=\frac{y}{10}$$

y是零,x还是零;y是1,x是$\frac{1}{10}$;y是2,x是$\frac{2}{10}$;y是3,x是$\frac{3}{10}$……所以x也是y的函数,然而这就是上面那个函数的反函数。

如果从因果上来讲,自变数就是因,函数就是果。同一结果不见得只有一个原因,所以一个函数也可以同时是许多变数的函数。反过来说,同一原因也不见得只有一个结果,所以一个变数也可以有许多的函数。

代表一个函数的算式可以是一个代数式,这里面仅有加、减、乘、除、乘方和开方这就是一个代数函数;有时候也许是一个三角算式、对数算式,那就是一个超越函数了。

假设把这个函数的变化看成一个运动,按照我们以前所讲的,有连续的运动和不连续的运动,所以函数也有连续的函数和不连续的函数。

怎么,你又不说话了?听着有点烦是不是?那么我们一块到附近去散散步。

　　我走你也走，你就是我的函数，我在前边，你在后边，我先走了一步。咱俩一个步伐，一二一，二一……这样一来，我走了x步，你走了y步。因为你比我少走一步，所以：

y=x–1

　　这就是一个代数函数。回头再来个向后转——走，那就变成你在前边我在后边，这时候我跟着你走，所以我又成了你的函数，而且我落后了一步，如果论距离，以刚才的出发点为标准，就变成：

x=y+1

　　这还是一个代数函数，却是上面那个函数的反函数。

　　现在我就又想起了那个速度。在运动的时候，时间越久，跑得越远，所以距离就是时间的函数。假设s代表距离，t代表时间，f后边带个括号代表函数，那就是：

s=f(t)

　　如果△代表"很小的"，

因为　　　　　　　　$s \div t = \dfrac{s}{t} = $ 平均速度

所以　　　　　　　$\Delta s \div \Delta t = \dfrac{\Delta s}{\Delta t} = $ 瞬速

而且当　　　　　　$\Delta t \to 0$ 的时候

　　　　$\dfrac{\Delta s}{\Delta t} \to $ 真正的速度

这就是对于真正速度的一个数学的表示。

　　然而时间近于零的时候，距离也要近于零，所以△s和

△t都是无穷小，不但是无穷小，而且多半还是同级的无穷小。这个分数的极限，就是那个真正速度的数值。平常我们把这个极限写成 $\dfrac{ds}{dt}$ ，所以：

当 $\Delta t \to 0$ ， $\dfrac{\Delta s}{\Delta t} \to \dfrac{ds}{dt}$ =真正速度。

这样一来，我们就完全用记号来表示了，这就是数学研究的一个方法。其实这里面并没有什么新的意义，仅只是把我们说的话、写的字，统统换了一些记号。假设你把这些记号的意义都搞清楚，那么看算式就和看书、听演讲一样的方便，一样的自然！

同样，假设用u代表变量，一个变化的量（譬如放风筝的线长，水面上圆圈的面积，以及任何物体的体积，那就是变动的线，变动的面，变动的体以及温度、压力、反射、摩擦、声音的高低、光亮的强弱、电流的快慢、磁性的大小、振幅的宽窄、密度的厚薄，质量的大小，以及什么的什么），只要是时间的函数，我们都可以求出它的 $\dfrac{\Delta s}{\Delta t}$ ，而且当 $\Delta t \to 0$ ， $\dfrac{\Delta u}{\Delta t} \to \dfrac{du}{dt}$ =真正变度。现在把上面这两个算例对照起来，又可以统一成下面这一个形式：

如果y=f(t)，那么当 $\Delta t \to 0$ ， $\dfrac{\Delta y}{\Delta x} \to \dfrac{dy}{dx}$ 。

末了这个记号再翻译成语言文字，就叫作"微商""微系数""微纪数""微变率""微变速""诱导函数""导来

式""导来微变速"……说到这里你可能就忍不住了："什么
do re mi fa so, 你说的是人话还是鬼话"?

不错，这是个不中不西的名词，英文叫作derivative, 有
人喜欢译音，有人喜欢译义，有人又要音义兼顾，于是译来
译去，就变成了这么多的不三不四的名称，结果哪一个也没
有确定。

话又说回来了，咱们还要回去是不是? 五分钟到了，咱
们还得上车。

第十站　Do Re Mi

当我们再上火车的时候,可就往回跑了。就我们的出发站来说,原来是越走越远,现在是越走越近。刚才我们都是无穷大,现在就又变成无穷小了。

跑着跑着我们想起了那个do re mi derivative,微,微……微什么来着?

微变速,微系数,导来式! 那就是:

$$y=f(x)的\frac{dy}{dx}.$$

这是一个极限值,一个极限值的记号。可是也可以看成一个分数。因为:

当 $\Delta t \to 0$ 的时候, $\frac{\Delta y}{\Delta x} \to \frac{dy}{dx}$,所以 dy 就是一个很小、很小的 $\triangle y$, dx 就是一个很小、很小的 $\triangle x$, 同时 $\triangle x$ 和 $\triangle y$ 又叫作 x 和 y 的微分; 所以 $\frac{dy}{dx}$ 也可以叫作函数的微分比。

有了这个微分比,我们的本领可就大得多了! 有了它,我们就可以算出一切变量的真正变速,有了它,我们就可以求出一切曲线的正确方向。你不要小看这两句话,所谓一切,便包括了各种各样的变量、各式各样的曲线。这个一,实际就是含有百千万个的种类在里边!

如果你想要知道一点实际的应用,那我也不难随便指出几个简单的问题。

不过,首先我们还要对于那个微、微、微什么来着?——微分比,再加一研究。

所谓y是x的函数的时候,y对于x就有个微分比。要想求这个微分比,当然先要知道这个函数。

y是跟着x变的,说不定y的微分比也是跟着x变的,那就是说,y是x的函数,可能y的微分比还是x的函数。

则在这个时候,我们又可以求出微分比的微分比,以及微分比的微分比的微分比。像这样,多微分一次,便可以多得到一个微分比。因此这些微分比,我们就叫作第一微分比,第二微分比,以及第多少多少微分比。不过照这样一次一次地微分下去,结果不是一个常数就是零,所以这个微分比倒不是无限的。然而有时候却也不一定。

这些微分比也有固定的记号,譬如:

$$y = f(x) \quad \frac{dy}{dx} \text{是第一微分比。}$$

$$\frac{d}{dx}\left[\frac{d}{dx}\left(\frac{dy}{dx}\right)\right]=\frac{d^3y}{dx^3}$$ 是第三微分比。

我们曾经说过,在运动里距离是时间的函数,距离对于时间的微分比就是速度。那么速度对于时间的微分比是什么呢? 我们知道,每一个单位时间所增加的距离是速度,那么每一个单位时间所增加的速度是什么呢?

那就是加速度! 用记号来表示:

$$s=f(t)\ ,\quad \frac{ds}{dt}=速度。$$

$$\frac{d^2s}{dt^2}=加速度。$$

同理, $u=f(t)$, $\frac{ds}{dt}$ =变速。

$$\frac{d^2s}{dt^2}=变加速度。$$

譬如说,我们在太阳底下走路,地上就会有个影子,你走影也走,速度当然一样,假如你是背着太阳,对着一堵墙走,这样走着走着,你的影子就会先到了墙根;再往前走,影子没处去了,它就要爬墙。这时候你的影子成了两截,一部分在地上,一部分在墙上。人往前走,影子向上爬,这时候两部分影子的速度就不一样了! 可是只要知道人的速度,我们就可以求出影子的速度。

假设我们有一个水车井,套上一头小驴,在井台上转圈,驴一转,水车上的轮子就要转;轮子一转,那一串十五个小水斗子就要七上八下。驴转得快,水斗子上来得也快;驴转得慢,水斗子上来得也慢;驴要是提出了抗议,水斗子就要跟着罢工。因此,根据驴的速度又可以求出水桶的速度,不过因为驴转的是圈,所以这个算题里就要用到角速度。

像这类关于速度的算题,我们就得用微分比。

同时微分比又可以表示出一个曲线的方向。所以要想知道一个曲线的形状,哪里往上?哪里往下?哪里弯上去?哪里弯下来?哪里弯得厉害?哪里变得差?哪里平?哪里陡?哪里坡?哪里转弯?哪里平?哪里尖?哪里连续?哪里断了……这一切问题都需要微分比才能解决!

还有,借重微分比,我们又可以断定极大和极小的问题。

说到这里你又该问了:

"极大是不是最大?"

"是最大!"

"极小是不是最小?"

"是最小!"

"然而最大不是没有吗?最小不就是零吗"?

你的质问的确不错!可是极大、极小却另外还有个解释,那就是相对的极大和相对的极小。

假设没有限制的话, 当然没有极大, 可是如果有限制的话, 那就有极大了! 假设没有限制的话, 极小是个零, 假设有限制的话, 那就不一定还是零了!

就以你的同班同学为例, 他们当中有没有最高的? 有! 有没有最矮的? 有! 是不是零? 不是! 单拿一本字帖来说, 其中有没有顶大的字? 有! 有没有顶小的字? 有! 是不是零? 不是! 再以你手里的一把线来说: 有没有极长的? 有! 有没有极短的? 有! 是不是零? 不是!

好啦, 这些最高、顶大、极长是什么? 是比较着最高、比较着顶大、比较着极长。这些最矮、顶小、极短是什么? 也是比较着最矮、比较着顶小、比较着极短。所以相对的极大就是比较着极大, 相对的极小就是比较着极小。一有限制, 就出来了极大、极小的问题。

假如我们要搭起一个圆帐篷, 那就好像撑起一把纸伞。我们问: 什么时候这个帐篷里容的人最多? 那就是问: 什么时候一个圆锥体的容积最大? 就拿纸伞来说吧, 没有撑开的时候, 容积是零, 最小; 撑开以后, 容积慢慢地变大了; 可是等到把伞撑平了的时候, 那就变成一张荷叶了, 容积呢, 又没有了, 还是零, 还是最小。那么这中间就该有一个容积最大的时候。

这个容积与什么有关系? 和那个伞顶上的角度有关

系, 容积是那个角度的函数! 要解决这个问题, 就要先求微分比。

再说一个最简单的事实。假设我们用绳子围起一个长方形来, 我们问, 怎样围法才能够使它的面积最大? 这根绳长当然是一定的, 拉得太长, 它就太窄; 拉得太宽, 它就太短, 都不是最大。那么什么时候最大呢? 三拉两拉就拉出来了, 正方形! 不错, 正方形最大。

你怎么知道的? 想的。有理由吗? 说不大详细。可是用微分比就能够正确地计算出来!

再说一个例子。我们要装一盏电灯, 譬如说在戏院的墙上, 为的是要把光线集中在舞台的中间。舞台和墙的距离当然是一定的, 那么应当装在哪里? 物理实验告诉我们, 照明的亮度和光线的斜角有关系, 同时和距离也有关系。装得过高了不行, 过低了也不行。用微分比就可以求出来, 离地的高度应当是到舞台距离的 $\frac{7}{10}$。

以上都是关于极大的问题。

假如现在我们这辆火车是沿着东西方向运动, 另外还有一辆火车是沿着南北方向走。同时从无限远来, 到无限远去, 一块开车, 却不是一个速度。假如一样快慢的话, 当然同时走到十字路口, 就会碰了车。现在既然快慢不一样, 那就不必顾虑了。原来两辆车相距无穷远, 结果两辆车还是无穷远,这中间就要有个最近的时候,那就是一个求距离最小的问题。

再说一个最简单的问题,和上面已经讲过的那个问题相仿,还是用一根绳子围起一个长方形来。假设这个长方形的面积是一定的,那么怎样围法用的绳子最短?让我们想想看!假设挤得太窄了就要变长,挤得太短了又要变宽。挤来挤去还是挤出一个正方形来,对了,正方形用的绳子最短。不信你就试试看!

再说一个例子,譬如我们开个食品店,要做罐头。你知道罐头是个什么形状吗?圆的。不错,可那不是个圆圈,那是圆柱。里面的容积当然是一定的,高矮粗细那就随你的便。随便是随便,可是我们不能不打算盘!要想省钱那就要用的材料最少,要想材料少就得表面积最小!我们想想应该怎样决定?如果底小了,那就得高,底越小,罐头越高,算起来不经济。那么让它矮一点吧,一矮,底可就要大了,也不经济。那么怎么办?用微分比可以算出来,最经济的办法,是高等于底的直径。

同理,你也可以设计一个煤油筒、汽油筒。无论什么筒,那不过是一个正立的方柱体。假设这个方柱体的容积也是一定的,那么什么样子的做出来最省钱呢?想,想不如算,一算就算出来了,应当是一个长、宽、高都相等的正立方体。

　　然而常见的煤油筒却不是这样的，那是一个近于二倍的正立方体。难道卖油的老板没有打好算盘吗？其实不然，因为筒皮比煤油便宜得多，所以他乐得把筒做得顺眼好看，而且提起来方便。这样一来，筒的形状就变成了广告术。只要煤油推销得好，还不是情吃坐穿，一样发财么？

　　这叫作"小处不算大处算"，卖油的老板可比我们的心眼活泛得多。

　　说到这里，我们就要发感慨了！我们的研究不过是找真理，找出真理来就能够增加智识，智识增加了就可以利用自然来增进人类的幸福。然而如果这个智识传授给那些自私自利的人，他们就要借此想法发财，发财倒不要紧，有时候他们还要用来杀人！

　　一颗原子弹可以提早结束反侵略的战争，同时一颗原子弹也可以变成侵略者的护身佛！如今研究科学的人也要活动、活动心眼了，我们应该利用科学知识来增加大家的幸福感，提高大家的生活质量，我们应该防止违反这信念的个人操纵以及组织操纵！

　　一个人不能老是那么死啃，我们应当四面八方注意得远一点！你瞧，你瞧，那座塔！我们的火车又要拐弯了！

第十一站　一切都是时间的函数

刚才我们看见那个塔, 现在又看见那个塔。是不是一个塔呢? 当然是一个塔! 是不是一个地方呢? 当然是一个地方。

可是末了这一句话就有毛病!

果真还是那一个地方吗? 那要看对谁说! 以地球为标准, 还是那一个地方; 以大自然界的天空说, 那就不是原来的那个地方了! 不但地球转了一个角度, 而且地球还挪了一个位置, 那么我们还能说是原来的位置吗?

变了, 变了, 什么都变了! 一切都变了!

这也是一个变数。

那么这个变数的自变数是什么呢?

是时间! 是time! 是t!

一切都是时间的函数, 一切都是t的函数!

就宇宙来说, 时间变了, 一切都变了, 宇宙是时间的函数!

就人生说，时间变了，一切都变了，人生也是时间的函数!

整个人类的活动是时间的函数，一个国家，或是个人的活动，也是时间的函数。

打开一部历史来看，人类活动的地域并没有变，人类活动的事实变了，不同的时间就有不同的活动。

时间推移了，人类进化了，随着时间的增加而人类的智慧也增加了，这一种函数叫作升函数。

但是达尔文的《进化论》说："物竞天择，适者生存"。在这个时间的推移里，同时又有多少生物被淘汰了。这些随着时间的增加反而减少的现象，这就是一个降函数。

单升不降或是单降不升那就叫作单调函数，但是平常多半是忽升忽降、忽降忽升。于是从升到降或是从降到升，那就必然有一个拐点。

现在我们这辆火车要转弯了，你瞧，你瞧，就是这里，这里，这一点，说着说着就拐过来了，那就是一个拐点。

这一转，就转出了一个弯，你看，刚才我们走过的铁轨就在那边呢! 要是直着的话，你在车窗里就不容易看到了，因为它在我们的后边。现在，却是在我们的旁边。

弯有几种弯法? 让我们想想! 把它画在纸上，像一个

Ц，这就是向上弯；像一个Π，这就是向下弯，画曲线也有个规定，按照习惯，我们是自左而右。所以"乙"心，都是向上弯；"刀、乃"都是向下弯。"u、v"都是向上弯；"m、n"都是向下弯。

但是弯和弯还不一样！有的弯得圆滑，有的弯得突然。譬如向下弯的"人"，向上弯的"V"，这些弯都是尖的，那么弯点就变成一个尖点了。

有时候这个拐点也许跑到无限远，好像一个"儿"字，于是这个曲线就断了。断，就是不连续。

同时，一个曲线又不见得永远往上弯，或是永远往下弯。常常会弯上去再弯下来，弯下来又弯上去。譬如去了点的"之"字，倒插笔的"s"，一个是先向下弯再向上弯，一个是先向上弯再向下弯。

于是就有一个拐弯点。

像这些曲线的性质都与微分比有关系。因为曲线也是函数的一种表示，所以知道了函数就可以画出图形来。即便不把曲线画出来，我们也可以用函数的微分比，看出它的形式，并且知道有几个转弯点，哪里向上弯，哪里向下弯。

平常我们说，一个人好走直线，一个人好走曲线，那就是表示他的生活态度不一样。

不但每一个人的生活态度不一样，同时每一个人的生活遭遇也不一样。

譬如说，一个人的生活越来越好，这就是一个升函数；一个人的生活越来越坏，这就是一个降函数。假设一个人，从好的生活变坏了，或是从坏的生活变好了，这就是一个运气。从好变坏或是从坏变好，算卦的瞎子叫作转运，这个转运，就是我们说的那个转弯点。

同时运气也有变化。从好运可以变成坏运，从坏运也可以变成好运，这是什么？这就是命！

从坏运变成好运，这是好命；从好运变成坏运，这就是坏命。好命坏命，也叫作大命小命；命论大小，那倒真像一个数学名词了。

命是不是也有变化呢？迷信的说法，命不能变化，所谓命定，就是表示命是一个固定的常数。但是我们认为命也能够变化，那全看我们自己能不能上进！如果能上进，坏命就可以变成好命；不能上进，好命也可以变成坏命。

命既然能够变化，那么从好变坏，或是从坏变好，又要经过一个转命点，这就是那个拐弯点了。

谈运，说命，似乎是迷信；其实运就是一个机会，命就是一个遭遇。就一个短时间来说，是运；就一个长时期来说，就是命。一个人的命运不但看四周的环境，而且还要凭自己的支配。假使我们能够支配环境，我们就能够变更命运；假使不能够支配环境，那可就只好听天由命了！这样解释起来，一点也不迷信。

为什么好好的又忽然讲起命运来？这个原因很简单，那不过是因为人生也是时间的函数，时间变了，人生也要变了！

同时时间的变化是连续的，人生的变化也是连续的，虽然钟表告诉我们，现在是一点、两点、三点、一分、两分、三分。可是时间却不是在那里跳，从一点跳到两点，它是在那里流，从第一分钟流到第二分钟。人也不是从婴儿一蹦就蹦成了儿童，从儿童一蹦就蹦成了大人，他也是在那里不断地变，儿童变成了大人，大人又变成了老头。所以不但人生是时间的函数，而且还是一个连续的函数。

但是"时乎时乎不再来"，时间又永远是一个升函数。这对于人生是一个最大的威胁。所谓人生最大的悲剧，也就是因为时间的变化不循环，滑过去就滑不回来了。

也许你对于这个循环的字样要挑字眼，因为你想到了"一年容易又春风"，所谓春夏秋冬，一年四季，不就是循环的吗？其实这个变化就和我们的地球一样，虽然是转圈，然而还往前跑！昨天的这个地方和今天的这个地方不同，去年的春天和今年的春天也不一样。所谓周而复始那只是表明季节是周期的，然而时间不循环！

函数也有周期的函数。可是人生和时间，既不是周期的，同时也不循环。或者更准确地说，从形式上肤浅地看，人生也许像是周期的，譬如吃了睡、睡了吃，然而实际上却不是周期的，譬如，以今日之我就可以攻击昨日之我。为什么呢? 因为变了!

而且时间这个自变数，对于人生的影响又太大，一切文学作品，一大部分都是对于时间的感慨!

曹操的《短歌行》:

对酒当歌，人生几何?

譬如朝露，去日苦多!

李白的《将进酒》:

君不见黄河之水天上来，奔流到海不复回。

君不见高堂明镜悲白发，朝如青丝暮成雪!

《春夜宴桃李园序》:

夫天地者，万物之逆旅。光阴者，百代之过客也。而浮生若梦，为欢几何?

苏东坡的《前赤壁赋》:

哀吾生之须臾，

羡长江之无穷。

释慧远的《颂古四十五首》之一:

将军战马今何在?

野草闲花满地愁。

即便在近代, 我们也不难找出朱自清先生的一首短诗, 《仅存的》:

发上依稀的残香里,

我看见了渺茫的昨日的影子——

远了, 远了。

但是最沉痛的还是雪莱(P.B.Shelley)的哀歌 《Lament》:

O World!　O Life!　O Time!

On whose last steps I climb,

Trembling at that where I had stood before;

When will return the glory of your prime?

No more, —oh,　never more!

Out of the day and night

A joy has taken flight,

Fresh spring,　and summer,　and winter hoar,

Move my faint heart with grief , but with delight,

No more, —oh, never more! !

这一切, 都不过是说: 人生是时间的函数; 时间变了, 人生也变了!

既然人生是时间的函数, 那么是不是也可以求出它的微分比呢?

是的,可以求! 如果能够求出它的微分比,那么任何时间、任何时刻的变化就都可以求出来了! 这倒是真正能够细批流年,评定终身,吉凶祸福,未卜先知,可以摆个算卦摊了。

可惜,我们不知道这个函数的算式! 而且也不可能化为一个算式,因为除去时间而外,还有许多许多的自变数,例如个人的环境,经济的状况,时事的趋势,思想的变迁,生理和心理的条件,精神和物质的配合……以及什么的什么,还有许多的许多。

我们说,人生是时间的函数,这不过是从形式上取决于这个自变数。而且,如果按照这个看法,那么不但是人生,即便世间的一切,统统都是时间的函数!

这个时间的变化,时间的流,就好像车窗外边的那些景物,永远地流,不断地流,那真是"奔流到海不复回"了!

怎么,你又沉闷起来了? ——走,咱们到餐车上去吃点什么。

第十二站　用算式来描写这世界

现在我们坐在餐车里，这儿有舒服的沙发。

桌子上铺着白布，摆着一个玻璃花瓶，里边插着一束青枝绿叶的鲜花，红得那么娇艳，像是在发光。我们喝着甜牛奶，眼睛望着车窗外那一幅幅流动的画片，于是什么心事也没有了！忘掉了你和我，忘掉了这火车。仿佛我们就是火车，火车就是我们，眼睛望着这世界。

可是，就是对于这同一个自然界，人人却可以有种种不同的看法，和种种不同的印象。在一个画家的眼里，看到那些红的、绿的、黄的、白的，一片片的颜色。一个音乐家的耳朵，却又辨别出各种不同声音的高低，因为在他的心里那只是一支交响的旋律。

就以这一列车来说，在各个车厢里都坐满了不同的乘客。有人从铁道的被压迫上引起了对于世间一切不平的愤慨；有人会因为眼前的这些变动而觉得发晕；又有人显然是在奔波的道路上，看上去异常疲乏。

一个经济学者，也许正在从火车的运行上，考虑到物资的流通和供应的状况；一个诗人正在推敲如何用那生动的字眼，去描写这旅途上的寂寞。可是在我们心里注意的，却是动力、速度、加速度、位移、方向，一切形状和物理的性质。

我们也要描写这世界，然而不是词句，不是色彩，也不是音调。我们的作品，乃是一行一行的数目，一列一列的算式。

就如这桌面，这车窗，那个车门，以及车厢上贴的标语，我们不管它们的作用和意义，我们眼里注意的却是一个长方形或是正方形。

这些碟子，盘子，茶杯的口，花瓶的底，不管它的成分，它的用途，它的构造，或是它的年代，我们只注意一个形式，一个相似的形式，圆或是椭圆。

提到方，也许就有人联想到方正、规矩、整齐、稳定、四平八稳；提到圆，也许有人想到圆滑、圆满、团圆，一个顺利的发展和毫无缺陷的结束。

但是我们感兴趣的，乃是四边相等，四个角都是直角，以及圆周到圆心的距离处处相等。

然而这仅只是一个静止的看法，我们另外还有一个运动的观点。

假设有一个人，站在操场上，现在让他立定，站好，向前五步走；然后向左转，五步走；再向左转，五步走；再向左转，五步走，结果就又回到了原来的地方。

像这样，他走了一个什么样的路线呢？

正方形！

假设在地面上安起一个木桩，系上一根绳子，拴上一匹小驴。让我们来个鞭打小驴！

驴一被打，当然要跑，照直地跑。然而绳子拴着它，跑不动，那就只好转，转，转圈。这一转就又转出了一个圆。

还是按照我们那个看法，把人，把小驴，都看成一个点，一个动点，那么这些动点的路线便是方和圆。用一个数学的名词，就叫动点的轨迹。

火车在地面上跑，每一个车轮都是一个动点，然而这些动点只能在车轨上移动，如果不是火车，而是一辆脚踏车，或是一辆汽车，那就可以随便地跑。这些动点的轨迹就不一定是直的或是圆的了，它可能是一条任意曲线！

这就是根据图形的发展到完成的过程，发现它们变化的状况。生活中的描红、摹帖，或是描花、缝线，都是同一个过程。有时候，也许你可以在银幕上看到一个白点，在那里伸长，转来转去就转成了一个字。这都是轨迹的一些具体例子。

当然这些轨迹，它们之间还是有区别的。一种是密集的孤点，一种是接连不断的连线。我曾经告诉过你，用数学的形容词，那就是说，一种是连续的，一种是不连续的。同时所谓密集和连续，它们彼此既是不同，所以我们也就不能把它们混为一谈。

又如，你看，那边是一个乡村，有树，有屋，有河，有桥，仿佛是一套模型。那么小，小得怪有趣的！但是我们注意的，却不是"枯藤，老树，昏鸦，小桥，流水，人家"。我们眼里分辨出，那都是一些几何的图形。一棵树，仿佛是一个细长的圆柱上顶着一个正圆锥体；一间屋，就是一个三棱锥体躺在一个横的立方体上；一座桥，从旁边来看是一条折线，或是一段圆弧；一条河，那就是一条窄的曲面。

同时一个体的界限是面，一个面的界限是线，一条线的界限是点，这是一个静止的看法。反过来说，一个动点的轨迹是线，一条动线的轨迹是体，这就又换成一个运动的观点了。

所以，在我们看起来，这世间的一切，都不过是构成于点，一个点应该是一个基本元素。同时世间的一切现象，都不过是发源于运动，动，又是一切现象的基本原因。因此一个动点的轨迹，应当是我们最重要的课题。

这个轨迹，当然可以千万变化，然而描写出来，却不外是一个函数的表达式，这个函数可以表明它的种种形式和种种性质，假设这个函数可以化为算式，那么我们看一个算式和看一个曲线，同样的亲切而有趣味。

不仅是一个图形，即便一个观念，一个现象，一个事实，我们也可以利用一个算式去描写。

例如，力量就是一个抽象的观念。要想描写这个观念，那就要说明它的具体的现象。为什么一个静止的物体会运动起来？为什么一个运动的物体又会静止下来？为什么一个动得慢的会变快了？这不过都是受了一力量的影响。

一个力可以引起一个物体速度的变化，所以我们就用物体的质量和它的加速度来规定这个力量的大小。因此一个单位的质量去乘一个单位的加速度，就叫作一个单位的力量。然后关于力量的大小才能够有一个具体的表示。

譬如，建筑一条公路，要想描写这条公路效能的大小，那就要看它在每一个单位时间里可以走过多少车辆。然而车辆经过的多少，又要看车身的长短和车开的速度。车跑得快了，当然走过的车辆多；然而车身过长了，走过的车辆反要减少。假设一列火车，连头带尾一共十节，而每一节车厢的身长相当于三辆汽车。当这一列火车通过的时候，汽车却可以走过三十辆。所以要想表示这条公路的效能，就不能忽略这些汽车的长短。

但是一列汽车跑起来，终究是不能和一列火车相比，因为一列火车是一节一节的用挂钩挂起来的，然而汽车却是一辆一辆地单跑。所以两部汽车跑起来的时候，前后必须要保持一个相当的距离，否则就会容易发生危险。过远了固然不经济，过近了就会碰车。为了这个原因，所以计算实际能够通过的车辆，不仅要顾及车长，而且还要顾及两车之间的距离，就是从第一辆的车尾到第二辆的车头的间隔。

知道了这些事实，我们就可以把这条公路的效能具体地用算式来表示，这个效能叫作公路对于车辆的容量。所以：

$$公路对于车辆的容量 = \frac{车速}{车长+车距}$$

从这个例子里，你可以看出来，我们还是一贯地应用着那个速度的观念，现在用来表示一个效能。

这条公路好比是一条河，汽车就是水。我们能够计算一条河在一个单位时间之内所流过的水量，同样地，我们也可以算出来一条公路在一个单位时间之内所通过的车辆。照这样的想法，把车子看作水。所谓"车如流水马如龙"，一个文学的描写就变成一个科学的描写了！

又如在球场上扔一个篮球，在运动场上掷一个铁饼或是铅球，公园里喷水池里喷出来的水，战场上枪炮放出来的子弹。这许多许多的事实，彼此的意义不同，作用不同，方式不同，效果也不同。然而无论怎样不同，我们却发现了一个相同的性质，那不过是把一个物体给了它一个固定的力量，由于这个力量就使它增加了一个速度。但是这个速度同时又受地心的吸引，因此便发生了一个先往上升而后下降的运动。这些运动的因素是一样的，因此这些运动的轨迹就是一个形式。

任何人都可以看出来，这些轨迹都是一个先升后降往下弯的曲线，但是我们还可以进一步找出来，这些曲线都是一种，我们把它叫作抛物线。

同时，无论直线、圆、椭圆、抛物线、双曲线，以及那些像6，像8，像9，像树叶，像花瓣，像波纹，像下垂的链子，像一孔一孔的桥……在我们的眼里都是些算式，一个图形一个算式。

一个饭碗，一只茶杯，一个花瓶，一串糖葫芦，一对长喇叭，一个石鼓，一个漏斗，一个鱼缸……都不过是由于一段直线，或是一段曲线绕着一根直线旋转出来的空间立体，我们不但可以算出它们的面积，而且可以求出它们的体积。照这样说来，这些立体都是线的轨迹，而线又是点的轨迹。只要这个点是动点，线是动线，那么，我们就可以找出这许多许多的花样来。

所以，我们眼中这世界的一切，都不过是一行一行的数，一列一列的算式。说到这里，你应该将车窗外边的这一切景象，看作一本好像打开了的数学书摆在你的面前。

我们不是文学家，不是画家，然而我们能够利用算式来描写这世界，更具体，更正确。静的物体是算式，动的现象依然还是算式。

有人说，把一切自然现象，从性质归纳成数量，这是科学的一个最大的特征，同时把一切数量，从比较对照上再归纳成综合的算式，这又是数学的一个任务。从驳到纯，从繁到简，从变化到统一，从零乱的事实到整理出一个系统的说明，这就是我们研究自然、认识自然、了解自然的一条道路。

我们要虚心，要理智，要客观，要精密，要正确，要有耐性。

现在我们面对着这车窗外的自然景象，

一切都觉得那么亲切，

同时又好像那么疏远，

一切都无所谓，我们在想，

其实什么也没有想，

我们在休息, 好像是在做梦,

"先生, 您还要吃点什么?"

一个突兀的声音把我们惊醒了, 原来是一位列车员。

我们依然坐在火车里, 而车, 还正在往前冲!

第十三站　化零为整

现在我们从餐车里再回到我们原来坐的那一节车厢，因为我们的车厢在前边，餐车在后边，所以现在我们走的方向就和火车行进的方向完全一致，车往前走，我们也往前走。

走过了一节车厢，又走过了第二节车厢，我忽然回过头来问你：

"你说一个人，能够比火车跑得还快吗"？

你摇摇头。你以为这是不可能的。一个人，拼上命也不会比火车跑得还快，这又是一个玄想。

可是这就错了！我曾经告诉过你，人是可以比火车跑得还快的，单看从什么地方来看。

譬如，现在我们在火车上走，而且是一个方向。假设以餐车为标准，餐车的速度就是火车的速度，可是我们走着走着就走到餐车的前边来了！如果从地面上看，我们实际就比火车还要快呢!

这件事情一点也不奇怪。对于任何一个问题,千万不要不加考虑就贸然回答。

现在我们走到原来的座位,坐下去。这一坐,我又想到了另外的一个问题。

刚才我们是"走过去",现在是"退回来";刚才是"站起来",现在是"坐下去"。这样对照比较,两个动作彼此不同,不但不同,而且相反。这是两个相反的运动。

同时,如果把这两个相反的运动连续起来,譬如说:拉上去再掉下来,收进来再放出去,放大了再缩小,缩短了再延长,一进一退,一松一紧,一左一右,一前一后,一弯一直,一翻一覆……像这样翻来覆去的,结果就还了原。

在数学里边,关于运算也有同样的情形,两个相反的运算就叫作"彼此互为逆运算",有时候也叫作"彼此还原"。例如加和减,乘和除,乘方和开方,指数和对数,三角函数和反三角函数。

以前我们所讲的,都是把整体分解成零星的部分,然后再研究这些很小、很小的部分。现在我们把这些零星的部分都搞清楚了,我们就可以把它们再聚集起来,零星的又恢复成了整体。

化整为零,是求微分;反过来说,化零为整,就是求积分。这个零，不是常数的零，而是以零为极限的变数，要多小就多小，应该是一个无穷小，所谓"化整为零，化零为整"，这是一个最简洁的说明，然而这两种步骤恰好相反。所以我们说，求微分和求积分，也是互为逆运算，彼此还原。

例如，吃水果的时候，我们可以把它切成一片一片的；一片，又可以切成一条一条的；一条，又可以切成一段一段的。这就是整个的解体。

反过来说，一个米粒、一个米粒的就可以摆成一条线；一条线、一条线的就可以连成一个面；一片纸、一片纸的就可以堆成一个体。一颗珠子看成一个点，一串珠子便是一条线。一根竹子是一条线，一挂竹帘便是一个面。一页稿纸是一个面，一本稿纸便是一个体。所以我们说：点集成线，线集成面，面集成体。这就是点滴的累积。

这个累积的算法是什么呢？那太简单了，原来不过就是一个加法。譬如，我们现在看着车窗外，火车"呼隆呼隆"地又在经过那个桥。看着那个桥上面的架子，一根横着的钢筋。如果把车窗看成静止的，那么那根钢筋是往后溜，可是如果把钢筋看成静止的，那么这个车窗的框就一点一点地滑过来了。那就是说，一点一点地加起来便成了一段距离，即火车跑过的距离。

所谓一点一点地，其实就是一个很小很小的距离，也就是从前我告诉过你的那个△s。现在我们要求这些△s的总和，用一个数学的记号把它写成Σ△s。

这个横着写的Σ，不过是表示许多许多的△s相加。

也许你会觉得，这又是一件庸人自扰的事，分割开，再凑起来，这不是自找麻烦吗？

然而这里边，却是大有妙用。

第一，平常我们认识一件东西，并不见得先认识全体。如果认识了全体，当然可以用解析的方法，来研究它的任何一部分。但是现在知道了这个观念，只要我们能够认识每一部分，我们也就可以反过来把握它的整体。

例如，我们知道了一条曲线，我们就可以求出这条曲线上的每一点的方向。一条曲线，在平面上，可以看成一个函数：

$$y=f(x)$$

那么每一点的方向就是这个函数的微分比 $\dfrac{dy}{dx}$。因为线是点的轨迹，是一个动点所走的途径，那么曲线的方向，也就是这个点运动的方向。换句话讲，也就是这个运动的趋势。

反过来说，如果能够知道这个动点时时刻刻的趋势，也就是处处的动向，那么这个动点整个的途径也就知道了！一个是从静的途径上来研究动的方向，一个是由动的方向来研究静的途径。这两件事情，彼此刚好相反。但是无论从全体到部分，或是从部分到全体，结局终归是一个问题，可是在认识上就方便得多了。因因果果，知道了这一个就可以研究出那一个。

第二，这就说来话长了！

假设一条线是直线，那么它的方向处处一致。如果现在要想测量这条直线的长短，那么我们一段一段地量完了再加起来，似乎是一件迂阔的事情（假设这条线并不太长的话）。可是假设这条线是一条曲线，那么我们就想不出有什么好的方法去测量它的长度，因为一条曲线是没法用直尺去测量的。

也许你觉得这句话有点过分，譬如一个圆圈，一个抛物线，我们不会用尺子沿着它的边，一点一点地量下去吗？

是的，可是所谓一点一点地量下去，这就是先量出了它的各个部分，然后再加起来，凑成一个整体，和上面那个说法并没有两样。

你或许还会想到，我们也可以用一根绳子去测量，譬如说用皮尺。然而仔细想想，这还是和上面那个办法完全一样，还是一点一点地测量的。其实不仅曲线，即便是一条直线，我们的眼光也是从头到尾，沿着那个直尺看下去的。这统统是一种方法，一个道理。

　　而且，用尺量距离或直线的时候没问题，很简单，像圆或是抛物线，量起来也没有什么麻烦。可是假若是一条任意曲线，那就是说，它的方向处处变更，这就麻烦了。结果我们还是用上面那个办法比较方便。

　　同时我们又可以看出来，直线也就是曲线。一根线的方向处处变更时就是曲线，方向处处不变时就是直线，可是不变不就是变的一个特殊情形吗？

　　因此，研究一个任意曲线的量法，实际是一个更宽广的问题。

　　其次，我们还要把这个问题想得更普遍一点。

　　一根线的长短既然可以用一点一点测量后相加的方式去计量，那么一个面的宽广就可以用一根线一根线的方法去计量，一个体的大小就可以用一个面一个面的方法去计量。

　　然而这个分割、解体，还有问题。例如，做菜的时候，我们切肉，把肉块切成肉片，肉片再改成肉丝，肉丝再剁成肉丁，这就是一个分割。一个手艺好的厨师固然可以把它切得非常整齐，非常均匀，一般厚，一般长，一般小。这样一来，相加就可以变成相乘。但是一般人却不见得那么精细灵巧。我们把一个体解成面，面解成线，线解成段，也未必能够统统整齐划一。

　　其实，这也是一个不必要的规定。我们先应当搞清楚，分解的用意是什么。我们不是想要量长、量宽、量厚、量大小吗？

就说量一段曲线吧。两头有两个点，中间是一条曲线。两头的这两个点，我们可以用直线连接。这个直线好比一张弓的弦，那个曲线就好比弓的背。弓弦是直的，弓背是弯的，当然二者的长短不等。可是如果把这个弓背截成一段一段的，然后每一段再连起一个小的弓弦，弓背变小了，弓弦也变小了，它们的差数也就更小了！

弓背变到非常之小，弓弦也就变成非常之小，它们都是无穷小，两个无穷小之差更是无穷小了。弓背和弓弦，不但都是无穷小，而且还是同级又同班，它们两个比值的极限是1，它们相等。讲到这个地方，我们就可以拿着这个无穷小的直线去代替那个无穷小的曲线。于是求曲线之长，就又变成一个直线长的累积问题。

知道了这个事实，我们才能够说，把线分成段，实际并不需要每段一定相等。因为无论怎样分法，最后，我们必须把它们都分解成无穷小！

假设把△s再分，分得很小很小，结果就变成了ds，那么这些ds的总和就等于全长，用数学的符号，就是：

$$\int ds = s$$

这个伸长了的s也是表示相加的意思。英语里的和是

sum，这个*s*也就是那个*sum*的第一个字母。

*ds*叫作*s*的微分，反过来说，*s*就是*ds*的积分。微分和积分，就是两个相反运算的结果。一个是从整体里求部分，一个是从部分求整体，对于我们，实际是同样的重要。

这个办法，不仅只求直线可以用，即便求曲线，求任何一条曲线都能用，这是一个最重要之点。

当然这个*ds*不能等于零。如果*ds*等于零，那么无论多少零相加还是零，那就没有意义了!

《庄子·天下》里说："集无厚而至千里"，所谓无厚，并不是没有厚，而是这个厚可以非常之薄，薄到要多薄就多薄，它也是个无穷小。把这些无穷小堆集起来，就可以堆集成千里之厚。如果仅从字面上来讲，这句话就不通。如果用变动的看法，应用极限的观念，这句话实际就是讲到集面成体的一个问题。

所以薄就是厚的微分，厚就是薄的积分。把微分和积分两个联合起来，就叫作"微积分"。这样一来就把题目指明了，我们现在谈的这一套，都是些微积分的问题，微积分也是数学的一种。

现在火车到站了，车上的乘客纷纷走下车，这时候化整为零;回头车快开的时候，乘客又纷纷回到车上，就又化零为整了!

第十四站　点线面体

再有一站我们就要到家了，现在我们不打算下车去溜达，还是继续谈我们的问题。

刚才我们已经说过：从整体求部分是微分，从部分求整体是积分，微分和积分是两个相反的运算。

拿算式来讲微分的问题是：

已知函数$y=f(x)$，求$\dfrac{dy}{dx}$或是dy。

积分的问题是：

已知$\dfrac{dy}{dx}$或是dy，求原函数y。

y是x的函数，$\dfrac{dx}{dy}$还是x的函数，所以积分的问题又可以写成：

已知dy，求$\displaystyle\int dy$。

或 已知$\dfrac{dx}{dy}$求$\displaystyle\int\dfrac{dy}{dx}$。

所谓$\dfrac{dy}{dx}$是y对于x的微分比，$\displaystyle\int\dfrac{dy}{dx}$就是那个微分比对

于x的积分，前边一个长s，后边一个dx，就好比一个括号，那就是"对于x求积分"的一个符号。

所以关于求积分的问题，又可以写成：

已知函数$y=f(x)$，求$\int ydx$。

这可有点像讲书了，在课堂上那样板起面孔来讲，但是这也是没法避免的事情。

所谓数学，从形式上来讲，就是一门研究符号的科学。这些符号代表的都是些"量"，把这些量找出一个统一的形式，而做整个的研究、集体的讨论，这就是数学的一个特色。

所以这究竟和画符不一样。画符，没有意义，数学的符号却有具体的内容；画符，据说可以捉妖拿邪，那只是一个迷信，一个心理上的欺骗，自欺欺人；研究数学符号，却能真正分析自然现象，客观如实地素描，精密正确地把握，这是一种科学。

因此，要研究数学，便没法避免符号，其实这就是我们的法宝！

应用这些法宝，我们已经知道：$s=\sum \triangle s$和$s=\int ds$。

但是这两个算式还应当再加以说明，所谓$\triangle s$的总和是s，这是一段一段加的，所谓ds的总和是s，却是一点一点加的；在直线的时候，两个算式都对，在曲线的时候，却一个是概算，一个是极限值，这两个算式在精确程度，就有一个差别。

上面说的是点集成线。

其次，假若有一个求面积的问题，就说一把小刀吧。如果这把刀子是一个正方形，长方形、三角形、菱形、平行四边形……总而言之一句话，是直线图形，那么我们总有办法，在算术里差不多都已经讲过了。如果是一个多边形，也就是多角形，譬如八角形吧，那就多少麻烦一点，我们需要先把这个八角形分成七个或八个三角形，分别算出来。然后再相加。

如果这些边，有一个边不是直的，那就麻烦极了！譬如，现在有一把吃西餐用的刀子，三边是直的，而尽头处，一边是个半圆形的，那么这个面积应当怎样求法呢？

还是按照我们那个祖传妙法，先把它来个解体，分成一条一条的。当然啦，你可以说，无论怎样分法，反正每一条都还是和原来的那个形状相似，三边是直的，一边是曲的。

不错，话是有理。可是如果每一条的宽度足够分到非常之小，变成一个无限小，那么这个长条，就差不多可以看成一个长方形了。

不但差不多，而且实际也就只差一点，差一个无限小。

因为我们这个分法,可以继续不断地接连下去,分了再分,一直分到你可以承认这句话的时候为止。

这样一来,每一个长条的宽,从$\triangle x$就变成dx了,这一个长条几乎就是一条直线,它的长是y,那么这把刀子的总面积就是:

$$A = \int y dx$$

这就是说的线集成面。

如果现在有个大面包,我们要求它的体积。我们先把它横着切成一片一片的。非常之薄、非常之薄的,然后再把它加起来求总和。每一个薄片的面积是:

$$A = \int y dx$$

假若它的厚,非常之薄的厚,是dz,那么这个面包的总体积,就是

$$V = \iint y dx \ dz$$

按照上面的解释,就是先求对于x的积分,再求对于z的积分,积来积去,就积成了整体。

这就是说,面集成体。

因此,所谓积分,可以有两个不同的看法,一种是微分的还原,求微分的逆算;一种是总和的极限,求微分相加的极限值。

但是这两种情形, 彼此还有一点差别。

从微分的还原这一方面讲, 一个积分的微分是真正的还原。例如, y是x的函数, y对于x的积分是$\int ydx$, 这个积分再对于x求微分, 就变成:

$$\frac{d}{dx}\int ydx=y \ \text{因为}d\int ydx=ydx \ \text{即}ydx=ydx$$

但是一个微分的积分, 却是一个更广泛的还原, 例如, y对于x的微分比是$\frac{dy}{dx}$, 这个微分比再对x求积分, 却变成:

$$\int \frac{dy}{dx}dx=y+c$$

在这里, y是原函数, c是一个任意常数, 一个不变的数。因为:

$$\frac{d}{dx}\int \frac{dy}{dx}dx=\frac{dy}{dx} \ \ \text{而}\frac{d}{dx}(y+c)=\frac{dy}{dx}$$

你有点糊涂是不是? 你听, "呜——"火车又开了! 现在我们还是再谈火车。

假设y是表示距离, x是表示时间, 那么:

$y=f(x)$就是: $s=f(t)$

这是表示一个运动的状况, 因为距离随着时间变, 就是关于运动状况的一个描写。

那么s对于t的微分比是什么呢? 刹那速度。

不错, 反过来说, 这个微分比对于t的积分是什么呢?

$\dfrac{dy}{dt}$ 是刹那速度；

$\dfrac{dy}{dt}dt$ 是：刹那速度×刹那时间=刹那距离；

$\displaystyle\int\dfrac{dy}{dt}dt$ 是：刹那距离总和的极限=整个距离。

好啦，问题就在这儿啦。我要问你，量距离当然要有个起点，我们从哪里量起呢？

譬如我们现在量这个火车所走的距离，我们应当从什么地方开始呢？

当然要从刚才离开的那个车站量起。

是的，这不过是"一个"办法。其实我们也可以从前一站量，又或是从再前一站量起。假设前站到刚才这一站的距离是a，那么求出的积分就应当再加a；假设到再前一站的距离是b，那么求出的积分就应当再加a+b。无论a或是a+b，都不过是一个固定的常数。

再举一个例子。你总还记得运动会上跑长跑的情形，因为里圈和外圈的长短不一样，要想终点都在一个地方、一条线上，那么起点就得有参差，跑外圈的在前，跑里圈的在后。如果这些运动员的速度一般大，跑起来一般快，当然就会同时到达终点，时间是一致的，距离也是一致的。现在让我们把这些跑道拉直，我们站在最后一个人的起点上。现在问，这些运动员跑到终点之后，每一个人都距离我们一般远吗?

当然不一般远! 从里圈往外圈数, 一个比一个远。他们彼此之间, 相差一个常数, 这就是起点不在一起的缘故。

所以, 虽是一个速度, 一个微分比, 但是它的积分的结果却不一定相等, 因为彼此可以相差, 差一个常数, 一个任意的常数。

反过来说, 对于这些总距离, 如果求它们的速度却是一致的。跑外圈的虽距离我们远, 可是求速度的时候, 这个距离却只能从起点算起, 因为起点以前的这一段路, 他并没有跑, 没跑当然就是没有运动, 没有运动就谈不到速度了。

把这些性质用微积分的术语来讲, 就是如果两个函数相差的是一个常数, 那么它们的微分比是相等的; 反过来如果两个函数相等, 它们的积分却是可以彼此相差一个常数。

因为这个原因, 所以对于一个函数, 如果先积分再微分, 结果还原等于原函数; 如果先微分再积分, 结果也许还原成原函数, 也许就比原函数还多一个常数。

你觉得有点头痛, 有点麻烦, 是不是? 可是这正是我们的得意之作。

你总该还知道一点代数。譬如, 乘方或开方彼此还原,可是这也要看先后的次序。先开方再乘方，是还原，没有错，可是先乘方再开方，却不仅只还原。你没有听说过吗？其实这也很简单。譬如说，2的平是4，4再开平方，却是±2。4的平方根可能是正2，也可能是负2，一共两个答案。然而反过来讲，4的平方根是±2，但是无论正2或是负2，平方总是4，这就和原来的完全一样了。

按照上面那个说法，我们说，一个数如果先开平方再平方，结果还等于原数。如果先平方再开平方，结果也许还是原数，也许就和原数相差一个正负号。

难道这还叫作还原吗？是的，这还是一个还原，一个更广泛的还原。所谓±2实际是得到了两个答案，正2或是负2，原来的数不过是其中的一个，而且原数只有这两个可能。

所谓y的微分的积分是$y+c$，如果c等于零，那么$y+c$就是y，我们的原函数不过是$y+c$的一个特例。所以不但是还原，而且是包括了一切可能的还原，我们这个答案是值得给一百分的。

你的神情告诉我，你已经有点疲倦了。这也难怪，我们已经来回坐了几个钟头的火车，而且还说了不少的话，用了不少的心思。我们暂且休息一会儿吧，好在就要到家了。

第十五站　求积的设计

看着你坐在我的对面，那一副困倦的样子，我忍不住笑了。

"你笑什么？"你忽然睁开眼睛奇怪地问我。

我更忍不住了："因为我想起了孙悟空，那个在火车里睡觉的孙猴子！"

"是吗？"你也笑了，"小心！你说不定就会变成猪八戒！"

"得啦，得啦，咱们彼此说和。"

"说和就说和，还是你说你的，我听我的。"

是吗？那么无论如何，我打算在下车以前，完成一个段落。你且听着：

我们已经说过，积分是微分的还原，同时又是一个总和的极限。要是从第二方面来讲，那就还得加以补充。

所谓研究一个总和的极限，从这个题目的本身来讲，我们总得有个范围, 这才有意义。

譬如, 现在要求一条曲线段的长, 实际上就是先要在这个曲线上选择两个定点 P 和 Q, 然后再求 PQ 之长。同时所谓求一条曲线下的面积, 就是要求 PQ 这一段曲线下的面积。我们曾经讲过求一把刀子的面积, 这把刀子三边是直的, 只有刀头有一边是曲线。如果这个曲线是:

$c: y-f(x)$

那么这个曲线下的面积就是:

$$A=\int ydx=\int f(x)dx$$

可是刚才我们曾经说过, 一个函数的积分, 它的结果可能还有一个任意常数, 所以我们实际应当写成:

$$A=\int ydx+c=\int f(x)dx+c$$

这样一来, y 是 x 的函数, 它对 x 的积分还是 x 的函数, 所以 A 也就是 x 的函数。

假设我们要求 PQ 这一段曲线下的面积, 那么面积是从 P 点下的这一边量起, 一直量到 Q 点下的那一边为止。同时 P 和 Q 既然都是曲线 c 上的点, 所以它们的位置也是由 x 来决定的。譬如说, x 等于 a 的时候决定 P 点, x 等于 b 的时候决定 Q 点, 那么 x 等于 a 的时候 A 等于零, 这就是面积开始的一个条件。把这个条件代入上边那个结果, 我们可以写成:

$$0=\left[\int f(x)dx\right]_{x=a}+c \quad \therefore c=-\left[\int f(x)dx\right]_{x=a}$$

于是这个常数c就确定了, 因此:

$$A=\int f(x)dx \left[\int f(x)dx\right]_{x=a}$$

A既然是x的函数, 那么x等于b的时候:

$$A=\left[\int f(x)dx\right]_{x=a}-\left[\int f(x)dx\right]_{x=a}$$

因而这个面积也就求出来了。

从另一方面想, 我们也曾说过, 把它分成一条一条的, 譬如说一共分成n条, 这n个长方形, 长是y, 宽是$\triangle x$, 总和是:

$$\sum y\triangle x$$

而且$n\to\infty$, $\quad \triangle x \to 0$, $\quad \sum y\triangle x\to A$

平常我们把这个极限值写成下而这样一个记号:

$$\int_a^b f(x)dx$$

叫作从a到b, y对于x的积分, 这是表示面积的另外一个写法, 现在把这两个结果联合起来, 就得到一个等式:

$$\int_a^b f(x)dx=\left[\int f(x)dx\right]_{x=b}-\left[\int f(x)dx\right]_{x=a}$$

把右边这个结果再换一个新记号, 我们通常把它写成:

$$\int_a^b f(x)dx=\left[\int f(x)dx\right]_{x=a}^{x=b}$$

这就是积分里最重要、最基本的一个定理。

这个定理告诉我们,求积分就是一个求总和的极限的方法。换句话说积分也就是一个总和的极限值。

上面那个算式:

$$A=\int ydx+c$$

c 可以是一个任意常数,所以这个积分叫作不定积分。

现在这个算式:

$$\int_a^b f(x)dx=\left[\int f(x)dx\right]_{x=a}^{x=b}$$

没有那个任意常数了,然而另外却加了两个限制,所以就叫作有限积分。有了这个有限积分,我们对于一切自然现象的研究,就得到了一个有力的武器。

譬如说,我们把上面那一段曲线绕着一根直线转一圈,结果就成了一个体,这种体叫作旋转体。

怎么,你又觉得有点太沉闷了吗?你看,那边来了一个小贩,让我们买点什么吃。

买什么?买几个梨,几个苹果。再来瓶汽水和一包糖,一包用圆纸筒包好的糖,里边一片一片的,又圆又甜,蛮好吃的。

你觉得有点开心。

可是这就是些现成的数学问题。

咱们先吃糖,别慌,我且问你,这包糖是个什么形状?

直圆柱!

不错。它的体积怎么求法?

不知道!

让我们打开看一看,里边是一个糖片,又一个糖片,累积起来就成了一个圆柱。好啦,这对于我们是一个很好的启发。

假如我们把这个圆柱横着切成一片一片的,切到非常之薄,每一个看成一个圆,圆的面积是π乘半径r的平方,然后再把它们一个一个地累积起来,你想可以有多少个圆?

那就要看这个圆柱多么高了!

是的,所以求圆柱的体积就是:

$$V=\pi r2h$$

h就是圆柱的高。当每一片的厚变成无穷小的时候,那么圆柱的体积就是这些圆片相加的总和,这也是包含着一个极限观念的积分方法。

然后再吃梨。这个梨不是别的,在我们的眼里就是一个旋转体。譬如,把这个梨从头到尾一切两半,这半个梨的边缘是一段曲线;把这条曲线绕着中轴线转一圈,结果就成了这个梨,所以它就是一个旋转体。

好啦,现在让我们求出这个旋转体的体积。

怎么求法呢?还是用那个方法,先把这个梨横着切成一片一片的。那么这一片一片的是些什么形状呢?

近似糖片。对了,那就是说,它们差不多都是些圆柱体,不过这个圆的半径太大,而且高度又太矮,不大好看,好看不好看的,先不要管它,反正是近于圆柱,这倒是事实。

如果那个曲线是$y=f(x)$,那么这些圆半径就是y,而高却是$\triangle x$。y的大小是随着曲线变的,所以它是一个变数;$\triangle x$是个很小的量,暂且让它是一个常数。现在把这些体积加起来就应当是:

$$\sum \pi y^2 \triangle x$$

可是这个总和和那个真正的体积还差一点。

不错,差一点当然就不能算对,这只是一个近似值。

然而我们还有的是办法! 我们现在再继续切,再切,那就是让$\triangle x$开始变,越变越小,变到最后,结果等到:

$$\Delta x \to 0 \quad \sum \pi y^2 \Delta x \to \int \pi y^2 dx$$

但是π是个常数,无论切得怎样小,它是不变的,所以最后的结果就变成了下面这一个公式:

$$V = \pi \int y^2 dx$$

你觉得这些说法很奇怪,好像是在变戏法,耍魔术。其实这里面并没有什么玄妙,这只是一个新观点,一个变动的新观点。

再想想，你应该又想出了一些新的问题。我们能够求出一段曲线下的面积，但是随便画一条闭合的曲线，这个面积能够求得出吗？我们能够求出一个旋转体的体积，但是如果有一个随便的体，形状不规则的体，我们能够求得出它的体积吗？

是的，这些问题我们还不会说到。可是这是没法子的事情，因为再说就要用到更复杂的算式了，例如，画两个长 s 的二重积分和画三个长 s 的三重积分。讲数学而不用算式这是一件费力不讨好的事情，不容易说得清楚，也不容易听得明白。现在我们的目的只是要知道一个新的观念。同时，即便仅仅知道了这么一点，我们已经能够得到许多许多的应用。

譬如这个苹果，我们一个人一个，这也是一个旋转体。还有那瓶汽水，那个瓶子也是一个旋转体。只要知道这些体的截面的曲线是什么样的函数，那么我们就可以按照上面的办法求出它们的体积来。这些都是关于几何方面的应用。

同时这些应用还不仅只限于几何。譬如，关于求曲线下的面积那个问题，如果曲线的函数，自变数 x 代表的是时间 t，因变数 y 代表的是速度 v，那么：

$$y=f(x) \text{ 也就是} v=f(t)$$

这时候，这一段曲线PQ下的面积A，实际表示的就是从a到b这个时间之内所走的距离s，

$$A=\int_a^b f(x)dx \text{ 也就是} s=\int_a^b f(t)dt$$

$$\text{因为} s=\int_a^b vdt$$

速度乘时间等于距离，s是那些dt瞬间所走的距离的总和的极限。

可是在这里还要加以注解，不然的话，你就又会莫名其妙了。一会我们说，这是曲线下的面积，一会我们又说，这是表示运动的距离，如此说来，岂不是面积，又是距离吗?

是的，这句话实际是说不通的，但是，表示面积大小的是一个数值，表示距离长短的也是一个数值。我们的意思实际是说这两个数值相等。如果不论单位，单就数值来说，一个面积的数值是可以等于一个距离的数值的。例如，表示两个平方单位的数值是2，表示两个长度单位的也是2，单就2来说它们两个就能够相等，这就没有毛病了，这是暗中交代。

其次，假如x表示时间t，y表示加速度a，加速度跟着时间变，不同的时间有不同的加速度。对于这个变加速运动来说，A就是表示的速度v。因为:

$$y=f(x) \qquad 变成 a=f(t)$$
$$A=\int_a^b f(x)dx \quad 变成 v=\int_a^b f(t)dt$$
$$也就是 v=\int_a^b adt$$

加速度乘时间等于速度，v 是那些 dt 瞬间所发生的加速度的总和的极限。

又如 x 表示距离 s，y 表示力 F，那么 A 就又变成表示功的大小了。因为：

$$y=f(x) \qquad 变成 F=f(s)$$
$$A=\int_a^b f(x)dx \quad 变成 W=\int_a^b f(s)ds$$
$$也就是 W=\int_a^b Fds$$

力量乘距离等于功。在这里说的 F，不是一个固定的力，它是跟着距离变的一个变量也就是说，在不同的地方就有不同的力。因此这个功就得利用积分去求。

除此之外，我们还可以利用同样的办法，去求一个物体重心的位置，一个物体的惰性力矩，或是一种液体的压力，这些都是在物理方面的应用。知道了利用积分可以求出一个总和的极限，这实际是解决问题的一个利器。对于这些具体的应用，也许你一时还搞不清楚，可是你总该能够了解这个设计的步骤。只要懂得这个设计、这个思维的方法，那么将来就会知道，如此这般，就能够妙用无穷。

第十六站　开阔眼界

越是心急，越会觉得时间过得慢，其实这只是心理上的一个错觉。满以为就要到家了，可是拿出表来一看，我们还要等一个相当长的时间。看着车窗外边，那些较宽的公路，窄一点的大路，以及那些曲曲折折的人行小道，我的心里就又想出了个话题。

从这些道路的发展上，我想到了社会的进化，从社会的进化上，又想到了各种事物的变迁。

虽然我们现在觉得铁路建设是一种交通的便利，可是在不久以前，有些人却并不是这种想法。他们认为火车是一个不能被了解的怪物，而且修筑一条铁路就会破坏了当地的风水。你认为这是一个笑话吗？可是在他们的眼里，却是充满了惊异和恐怖。他们认为，自古以来就没有听说过这种怪物；他们认为，这个怪物会给他们带来可怕的灾害。

可是事实胜于雄辩，铁道修起来了，火车跑起来了，它不但没有带来什么灾害，而且它还从很远很远的地方，带来了不容易见面的朋友和不容易运来的货物。慢慢地，社会发达起来了，商人进出了不少的货物，农人也提高了收入，老一辈儿留下来的地，也在不知不觉中提高了身价，铜地、锡地变成银地、金地。

土地增值了，然而这并不是由于地主的加工制造，这是市场繁荣的一个必然的结果，是大家群策群力造成的一个事实。那么这个利润应当由地主一个人私有吗？当然不合理。

因此，凡是靠近铁道车站，公路两旁，地价既高，收税也应当加重，这是一件最公平的事情。[1]

事实是公平的，可是计算起来却是够麻烦的。然而这个问题倒有点意思。

现在我们打算把这个问题仔细地想一下。当然啦，事先我们也得规定几个标准。

让我先画一个图。

假设RS是一个公路的路界，从RS往里边丈量，五十公尺以外不另加税，从五十公尺起距离公路越近的，纳税越重。譬如，距离二十五尺的地方，每平方尺一律按五十元计算；紧靠公路边的地方。每平方尺一律按一百元计算。这样

1.本书写于二十世纪三四十年代，这是当时的一种税收制度。

一来，假设从五十尺的地方量起，横看量向公路边量，距离x尺的地方，税价是v元，v既是跟着x变，所以v是x的函数。这个函数是。

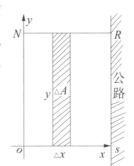

$$v=2x$$

$x=0$尺的时候：	$v=0$元
$x=1$尺的时候：	$v=2$元
$x=2$尺的时候：	$v=4$元
$x=25$尺的时候：	$v=50$元
$x=50$尺的时候：	$v=100$元

假设现在有一块地，长方形，长是六十尺，宽是五十尺，总面积一共三千平方尺，恰合市亩五分。那么应当纳税多少呢?

首先，我们要注意的是，纳税的多少是按照距公路的远近来规定的，即便是一块地，两个地边的担负就不一样，这是一个要点，同时也是一个困难。

要想解决这个问题，我们还是用那个方法，先把这块地切成长条，假设每一个长条的长是y，y等于六十尺，是个常数；宽是$\triangle x$，面积是$\triangle A$，这两个数量全看我们怎样分法，所以它们两个都是变量。按照面积的求法:

$$\triangle A=y\triangle x$$

因而这个长条面积应当纳的税就是:

$$v\triangle A=vy\triangle x$$

现在我们这块面积, 分了再分, 一直分到每一条要多窄就多窄, 然后再求纳税总和的极限值, 这就是我们想要知道的那个税额, 假设是U。用算式来表示, 就是:

$\because \quad \sum v\triangle A=\sum vy\triangle x$

$\therefore \quad$ 当 $\triangle x\rightarrow 0, \sum vy\triangle x \quad \rightarrow U$

也就是$U=\int vdA \quad \int vydx$

但是 $v=2x, y=60, x$从0到50

所以$U=2\times 60\int_0^{50}xdx$。最后这个$x$对于$x$的积分是$\frac{x^2}{2}$,(现在我们暂且不证明这个结果), 所以从零到五十的积分就应当是:

$$U=2\times 60\left[\frac{x^2}{2}\right]_0^{50}=150000 \text{ 元}$$

假设把这块地顺着公路从中分为两半, 那么距离公路远的一半, x是从零到二十五, 应当纳税:

$$U_1=2\times 60\left[\frac{x^2}{2}\right]_0^{25}=37500 \text{ 元}$$

距离公路近的一半, x是从二十五到五十, 应当纳税:

$$U_2=2\times 60\left[\frac{x^2}{2}\right]_{25}^{50}=112500 \text{ 元}$$

虽然两个面积相等，然而纳的税额并不一样。

同时，假设$v=nx$，$y=c$（c还是一个常数），于是这个纳税的公式就是：

$$U=nc\left[\frac{x^2}{2}\right]_{25}^{50}\quad(nx)\left[c\times\frac{x}{2}\right]$$

或　　$$U=v\left[y\times\frac{x}{2}\right]$$

v是按照地亩受益的多少来规定的，所以叫作"受益因数"，至于后边这个因数，却是容易看出来，那是一个长方形的面积，而x是取的平均中值。

假设NR那一边不和公路垂直，它是一条斜的，那么这块地就变成一个三角形了。如果这个三角形长是宽的m倍，那就是$y=mx$。

这时候，总税额就变成：

$$U=\int vy\,dx\quad\int 2xmx\,dx\quad 2m\int x^2\,dx$$

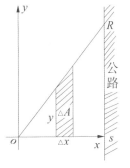

x^2对于x的积分是$\dfrac{x^3}{3}$，所以从零到五十的积分就是：

$$U=2m\int_6^{50}x^2\,dx=2m\left[\frac{x^3}{3}\right]_0^{50}=\frac{2}{3}\times125000m\ 元$$

如果$m=1$，　　$U=83333$元

如果$m=2$，　　$U=166666$元

如果$m=3$，　　$U=250000$ 元

同时, 假设 $v=nx$, $y=mx$, 于是这个地税的公式就变成:

$$U=nm\left[\frac{x^3}{3}\right] \quad (nx)\left[(mx)\frac{x}{3}\right]$$

或 $$U=v\left[y\frac{x}{3}\right] \quad v\left[\frac{1}{2}y\left(\frac{2}{3}x\right)\right]$$

这个结果, 还是受益凶数去乘一个三角形的面积, 而这个三角形的底边是 $\frac{2}{3}x$, 这还是取的一个中值。

同理, 长方形的时候:

$$U=\frac{1}{2}ncx^2$$

三角形的时候:

$$U=\frac{1}{3}nmx^3$$

一个是和 x^2 成正比, 一个是和 x^3 成正比。

上面这个算例又可以看作在经济财政方面的一个应用。

喂, 老兄, 你怎么又不说话了? 譬如说, 我们现在有了一笔钱!

"你笑? 对了, 越是这个年头, 日子越难过, 人越财迷! 我再说一遍, 假设我们现在有了一笔钱! 那么我们将要怎么办？"

买房子、买地、买东西囤积？可惜，咱们没有那个福气。手里只有一万块钱，那么怎么办呢？

对了，还是放到银行里去吧，到时候还可以得点利息。

利息有几种算法呢？按时间说，有日息、月息、年息。按计算说，有单利、有复利。按利率说，也有规定，几分几厘。

当然啦，利息越大越好，于是咱们就要复利息，半年算一次，年利率八厘；算一次，利滚利，本大利大，这倒是一个顶好的办法。假如我们存一年，半年算一次复利，那么一年的本利和一共就是：

$$10000\left(1+\frac{80}{200}\right)^2=10816 \ 元$$

这个公式你当然还记得，比我还熟。

可是想想，还不合乎理想，既然是每算一次，本钱就增加一次，那么最好是多算几次——那也就是说，把结算利息的期间让它越短越好。假设这个期间变成无穷小，那就是无时无刻不结算利息，无时无刻不增加本钱。这样一来，咱们是一点也不吃亏了。

这个想法太好了，咱们算算看。别慌，暂且让我们猜一下，假设按照这个办法，我们一年下来，大概能够拿到多少钱？

猜是不大好猜的，可是我们总可以断定，至少得发个小财。是的, 你这样想, 我也这样想。我们算算看!

假设一年算 n 次, 年利率是八厘, 所以每期是 n 分之八厘, 代公式, 本利和:

$$A=10000\left(1+\frac{80}{1000n}\right)^{n}$$

可是这就得到一个难题, 周期要是变成无穷小, 期数就要变成无穷大;

$$n\to\infty \quad \frac{0.08}{n}\to 0 \quad 1+\frac{0.08}{n}\to 1$$

1的无论多少次方总是1, 1乘一万还是一万, 这简直是开玩笑! 还是原本吗? 这显然不合理, 这里边有问题, 咱们还得另外演算演算。

$$A=10000\left(1+\frac{0.08}{n}\right)^{n} \to 10000\left[\left(1+\frac{0.08}{n}\right)^{\frac{n}{0.08}}\right]^{0.08}$$

这是什么意思呢? 不错, 在微分里, 我们有一个最重要的变数是:

$$(1+x)^{\frac{1}{x}}$$

当 x 变成零的时候, 这就是一个 "一的无穷大方" 的一个变数。

这个变数有个极限 (我们暂且不去证明这句话), 这个极限值在2与3之间, 平常把它用 e 来表示, 就和用 π 来表示圆周率一样, 这也是一个专用的记号。

如果 $x \to 0$ $(1+x)^{\frac{1}{x}} \to e = 2.71820$

然后再看上面那个公式:

如果 $n \to \infty$ $\dfrac{0.08}{n} = y \to 0$ $\left(1+\dfrac{0.08}{n}\right)^{\frac{n}{0.08}} = (1+y)^{\frac{1}{y}} \to e$

所以 $A = 10000e0.08 = 10832.8$ 元

比单利息才多三十三元八角七分!

怎么, 你失望了吗? 是的, 我也觉得有点泄气, 是算错了吗? 没有! 一点也没错!

这里边当然有个关键, 让我们抛开财迷的心, 只要镇静一点, 马上就想起来了, 固然我们计算利息的期数越多越好, 可是期数越多, 期间就越短, 期间越短, 所生的利息就越小, 因为事先约定好了年利率八厘, 这就限制住了利息增加的一个范围。

财是发了, 可惜太小。这件事情, 对于不愿用脑子, 天天专门打算盘的财迷, 是一个顶好的讽刺!

e 这个极限值, 在高等数学里是一个重要的数字, 这就是我告诉你这个算例的用意。同时, 上面这个计息的办法叫作连续复利计算法。假设你能够懂得这个算例, 也就明白了什么是连续、什么是极限这一类的问题。

突然火车停了! 原来我们又回到一开始上车的那个地

方。我们的旅行结束了。在这一次短途旅行中，我们讨论了不少的新观念，虽然有点疲倦，但也感到兴奋。而且那个新观点，动的观点，也着实使我们又开阔了眼界。

当着我们从闸门口，随着别的乘客一起拥挤出来的时候，就好像一股出了堤口的洪流。等走出来以后，这人群渐渐地散开了，就好像水面上那个圆的水纹，慢慢地发展，发展……逐渐地展开，展开……慢慢地都又消失了。马路上，只有你还没有离开我。

"你是回学校呢？还是回家？"我问你。

"天不早了，我打算回家。"

"那么明天见吧！"

"明天见！"

看着你，忽忽地往前跑了几步，"嗖"的一声就跳上了电车，不由得又使我想起那个跳上飞机的孙悟空。

附录：车厢检查

一般人常有一个误解，认为数学是最死板、最枯燥的东西。同时还有一个误解，认为微积分就是最高深、最难懂的数学。其实，并不是这个样子，至少并不像一般人所想的那样可怕。

微积分的研究，是另外一个观点，运动的观点。这个观点，是任何人都应当知道的一点，尤其是对于没有机会去学的人，更有知道的必要。不然的话，已经学过的数学知识，将要束缚了他的思想，以及思想的运用。

抱着这个信念，我写成了这一部《数学列车》。我竭力避免算式，我尽量着重基本观念，在体裁的选择和叙述的方式上，曾经费了不少的心思。

然而这是一件不容易讨好的工作，而且最危险的是，唯恐以词害意，以致发生误解。所以在这本书的最后，预备把每一段所提到的观念，再加以整理、补充和重述。

如果把正文看作列车,那么这里便应当是车厢的检查了。

第一站

首先提到的,有几个名词。

每一个单位时间所走的距离叫作速度,这是对于运动状况的一个描写。

每一个单位时间所增加(或减少)的速度叫作加速度(或减速度),这是对于速度变化的一个描写。

速度有变化的叫作变速,速度没有变化的叫作常速。

绝对速度是表示一个运动的物体,对于一个静止的标准,发生的"距离的变化"的情况。

相对速度是表示两个运动的物体,彼此以对方为标准,发生的"距离的变化"的情况。

第二站

动是表示一个物体位移的状态。

静就是不动的一个状态。

动和静,快和慢,同时又是表示两个物体"相对距离"变化的状态。

以一个定点为标准,另外一个动点沿着直线或是曲线所发生的速度,叫作线速度。

以一个定直线为标准线,标准线上的一个定点作为标准点,另外一个动点与标准点的连线,和标准线成一个角度。动点移动的时候,这个角度发生变化的速度叫作角速度。

第三站

求速度的公式是时间除距离等于速度:

$$s \div t = v$$

这是一个平均速度，对速度的一个概算。

假设时间增加了一个 $\triangle t$，这时候，距离增加了一个 $\triangle s$，

$\triangle s \div \triangle t = \triangle v$（$\triangle t$ 时间之内的平均速度）。

当　　　　$\triangle t \rightarrow 0$，$\dfrac{\triangle s}{\triangle t} \rightarrow \dfrac{ds}{dt} =$ 瞬间速度

这是刚刚时间是 t 的那一刹那的真正速度。这里边已经含有一个极限的观念在内。

第四站

$s \div t = v$，表示速度。

$v \div t = a$，表示加速度。

$a > 0$，表示加速度。

$a < 0$，表示减速度。

$a = $ 常数，是等加速（或等减速）运动。

$a = $ 变数，是变加速（或变减速）运动。

一个固定的数值叫作常数。

一个不固定的数值叫作变数。

变数的本身用它的接连数值来表示。

变数的变化没有限制，不变的时候，就变成了常数。

整数列是孤立的数值，有理数列是密集的数值，实数列是连续的数值。

如果一个变数的接连数值是实数列的一段，就是连续变数；如果不是连续的变数，就是不连续变数。

第五站

两个相反的方向，如果一个叫作正方向，那么另外一个就叫作反方向或是负方向。

运动方向是正的叫作正动，运动方向是负的叫作反动。延长如果是正的，缩短就是负的。

变化的方向是正的叫作正变，变化的方向是负的叫作反变。发展如果是正的，紧缩就是负的。

速度带有方向，是个向量。如果只论速度的绝对值，不论方向的正负，就叫作速率。速率是个纯量。

变速表示变化的速度，变率表示变化的速率。

　　如果一个变数的接连数值是循环的,那么这个变化是周期的。循环是重复的循环,周期是移动的循环。一个车轮在原地不停地旋转,是循环;假设它在地面上滚动旋转,则是周期的。

第六站

　　假设一个变数的绝对值,能够大于任何一个预设的大数,就叫作无穷大或是无限大。

　　无穷大是一个要多大就多大的变数,不是一个常数。

　　假设一个变数的绝对值能够小于任何一个预设的小数,就叫作无穷小,但是不能叫作无限小。

　　无穷小是一个要多小就多小的变数,也不是一个常数。

　　无穷大和无穷小的接连数值都是无穷的,但是无穷大没有极限值,无穷小却有极限值。

　　无穷小的极限值是零。

　　如果一个变数x和一个常数l,其差为无穷小,那么这个常数l就叫作那个变数x的极限值。记为:

如 $|x-l| \to 0$ ，则 $x \to l$

要想求一个变数的极限，先要断定这个变数是不是有一个极限。要想断定极限是不是有，可以按照下列这两种情形论断：

（一）假设一个变数越变越大，但是无论怎样变大，却是总比一个固定的数值还小，只有这种情形，这个变数才能够有一个极限。

（二）假设一个变数越变越小，但是无论怎样变小，却是总比一个固定的数值还大，只有这种情形，这个变数才能够有一个极限。

以上两种情形，理由只是一个，只有能够满足这种条件，一个变数才能够和一个常数相差是一个无限小，然后，这才能够有一个极限。

例如：（1） $x = 0.\dot{9} = 0.999999999\cdots\cdots$

∵ $1 - x \to 0$ ，∴ $x \to 1$

*（2） $x = \dfrac{1}{2} + \dfrac{1}{4} + \dfrac{1}{8} + \dfrac{1}{16} + \dfrac{1}{32} + \cdots\cdots$

$$x = \dfrac{1}{2} + \dfrac{1}{2^2} + \dfrac{1}{2^3} + \dfrac{1}{2^4} + \dfrac{1}{2^5} + \cdots\cdots$$

∵当 $n \to \infty$ $\sum \dfrac{1}{2^n} \to 0$ ∴ $x \to 1$

第七站

　　无穷大和无穷小既然都是些变数, 所以比较大小只能从极限上着手, 而且无穷大和无穷小互为倒数。

　　如$x \to \infty$, 则$\dfrac{1}{x} \to 0$

　　如$x \to 0$, 　则$\dfrac{1}{x} \to \infty$

　　假如x和y都是无穷大, 那么:

　　如$\dfrac{x}{y} \to \infty$, 则x比y的级数高;

　　如$\dfrac{x}{y} \to 0$, 则x比y的级数低;

　　如$\dfrac{x}{y} \to c \neq 0$, 则$x$和$y$是同级;

　　如$\dfrac{x}{y} \to 1$, 则x和y为等值。

第八站

如$a-b=c$，c是b对于a的绝对的差；

而$c \div a=d$，d是b对于a的相对的差。

假如a和β都是无穷小，那么：

如$\dfrac{\alpha}{\beta} \to 0$，则$\alpha$比$\beta$的级数高；

如$\dfrac{\alpha}{\beta} \to \infty$，则$\alpha$比$\beta$的级数低；

如$\dfrac{\alpha}{\beta} \to c \neq 0$，则$\alpha$和$\beta$是同级；

如$\dfrac{\alpha}{\beta} \to 1$，则$\alpha$和$\beta$为等值。

而且，如果以x为标准，那么：

假设y和x同级，则y为第一级无穷大；

假设y和2同级，则y为第二级无穷大；

假设y和xn同级，则y为第n级无穷大。

也就是：

如$\dfrac{y}{x^n} \to c \neq 0$，则$y$为第$n$级无穷大。

如以a为标准，那么：

假设β和α同级，则β为第一级无穷小；

假设β和α2同级，则β为第二级无穷小；

假设β和αn同级，则β为第n级无穷小。

也就是：　如$\dfrac{\beta}{a^n} \to c \neq 0$，则β为第n级无穷小。

第九站

如果y跟着x变，则y叫作x的函数，x是自变数，y是因变数。记为：

$y=f(x)$

如果y是x的函数，则x是y的反函数。记为：

如$y=f(x)$，　　　则$x=f{-}1(y)$

一个自变数的函数未必只有一种，对于不同的函数要用不同的记号。例如u，v，w都是x的函数，然而彼比不同，记为：

　　$u=f(x)$　$v=g(x)$　$w=h(x)$

或　$u=f(x)$　$v=F(x)$　$w=\phi(x)$

一个函数的自变数未必只有一个。譬如，能够叫u变的

同时有 x、y、z，则 u 的自变数有三个，记为：

$$u=f(x, y, z)$$

假设 $y=f(x)$，x 的数值可以决定 y，y 的数值叫作 x 的对应值。例如：

$$y=x+2, \quad x=0, \quad y=2;$$

$$x=1, \quad y=3;$$

$$x=2, \quad y=4$$

$y(2、3、4)$ 就是 $x(0、1、2)$ 的对应值。

即便是同一个函数，一个 x 却不见得只有一个对应值。例如：

$$y=x^{\frac{1}{2}} \quad x=1 \quad y=\pm 1$$

$$x=4 \quad y=\pm 2$$

$$y=\sin^{-1}x \quad x=0 \quad y=0 \quad \pm\pi \quad \pm 2\pi \quad \pm 3\pi\cdots\cdots$$

$$x=1 \quad y=\frac{\pi}{2} \quad \pm 2\pi+\frac{\pi}{2} \quad \pm 4\pi+\frac{\pi}{2}\cdots\cdots$$

一个 x 的对应值只有一个的时候，叫作单值函数；有两个的时候，叫作二值函数；有 n 个的时候，叫作 n 值函数。只要 n 大于1，统统是复值函数。

任何一个函数，不见得都能够用算式去表示。虽然不能用算式去表示，却不妨碍函数的成立。函数的定义是相当广泛的。

函数的表示有三种：一种是自变数和因变数的"数值对照表"，一种是"坐标曲线"，如统计图表，最后一种才是"算式"。

假设$y=f(x)$，而且这个函数是可以用算式去表示的，那么按照算式的性质，又有下列各种区别。

如果y可以用x的代数式去表示，则y是x的代数函数。例如：

$$y=ax_n+bx_n-1+cx_n-2+\cdots+mx+n$$

如果用三角算式表示，则y是x的三角函数，例如：

$$y=sinx$$

如果用指数算式表示，则y是x的指数函数，例如：

$$y=a^x$$

如果用对数算式表示，则y是x的对数函数，例如：

$$y=log_{10^x}$$

如果用反三角算式表示，则y是x的反三角函数，例如：

$$y=sin^{-1}x$$

凡不是代数函数的，叫作非代数函数，或是超越函数。

如y是x的函数，x增加（或减少）$\triangle x$的时候，y增加（或减少）$\triangle y$，$\triangle x$和$\triangle y$叫作x的增分和y的增分。（增分可正可

负，所以减少的情形也可以包括在里边）。

y的增分和x增分的比值的极限值，叫作y对于x的微分比。也就是：

如　　$y=f(x)$　$y+\triangle y=f(x+\triangle x)$

$\triangle y=f(x+\triangle x)-f(x)$

$\dfrac{\triangle y}{\triangle x}=\dfrac{f(x+\triangle x)-f(x)}{\triangle x}$

当$\triangle x\rightarrow 0$，$\dfrac{\triangle y}{\triangle x}\rightarrow\dfrac{dy}{dx}$，叫作$y$对于$x$的微分比。

但是当$\triangle x$近于零的时候，$\triangle y$也近于零，所以$\triangle x$和$\triangle y$都是些无穷小。同时微分比就是它们两个比值的极限值，这个极限值却不一定都是零。

因此，$\dfrac{dy}{dx}$所表示的并不是一个分数，$\dfrac{dy}{dx}$实际是表示一个运算的记号，和+、-、×、÷是同样的情形。

但是$\dfrac{dy}{dx}$"也可以"看作一个分数，那就是dy和dx的比值。dx就是很小的$\triangle x$，dy就是很小的$\triangle y$；dy是y的微分，dx是x的微分，所以这个极限值也可以叫作微分比。

y对于x的微分比又有下列种种不同的记号，但是都表示一个意义。

$\dfrac{dy}{dx}\equiv D_{x}y\equiv y'$（或是$\overset{\centerdot}{y}$，当自变数是时间$t$的时候。）

凭着这个微分比我们就可以研究出，当x变的时候，y究竟是怎样的变法。这是一个最重要、最基本、最关键的问题，同时这个问题也是一个最重要、最基本的课题。

第十站

　　如果 y 是 x 的函数，则 y 对于 x 的微分比叫作第一次微分比。

　　第一次微分比可能还是 x 的函数，所以我们可以再求它对于 x 的微分比，就叫作第二次微分比。

　　第二次微分比，再求对于 x 的微分比，就叫作第三次微分比。

　　照这样一次一次地求下去，我们可以求出第 n 次的微分比。

　　像这样求微分比的步骤叫作求微分。简单一点，也叫作微分，不过这是一个动词。

　　前面曾经讲过，$\dfrac{dy}{dx}$ 有两个意义，一个是把它看成一个极限值，用微分的方法去求，所以应当记为 $\dfrac{d}{da}y$；一个是把它看成一个分数，这才能够记为 $\dfrac{dy}{dx}$，这也就是叫作微分比的一个原因。

　　但是第二种看法，只有在"第一次微分比"的时候是对的, 两次以上的微分比, 这个看法就不一定都对了。所以这个名词实际考究起来也是有问题的。我们用这个名词的用意不过是因为看起来熟悉一点。

同时, 也是因为这个原因, 两次以上的微分比的记号就变了:

一次微分记为 $\dfrac{d}{dx}y = \dfrac{dy}{dx}$, 二次微分记为 $\dfrac{d}{dx}\left(\dfrac{dy}{dx}\right) = \dfrac{d^2y}{dx^2}$

三次微分记为 $\dfrac{d}{dx}\left(\dfrac{d^2y}{dx^2}\right) = \dfrac{d^3y}{dx^3}$

n次微分记为 $\dfrac{d^ny}{dx^n}$

n次微分也有下列种种不同的记号, 但是意义是一致的。

$$\frac{dy}{dx} = D_x y = y'$$

$$\frac{d^2y}{dx^2} = D_x^2 y = y''$$

$$\frac{d^ny}{dx^n} = D_x^n y = y^{(n)}$$

例如:

(1) $y = x^2$, 则 $y + \triangle y = (x + \triangle x)^2 = x^2 + 2x\triangle x + \triangle x^2$

$\triangle y = 2x\triangle x + \triangle x^2$

$$\frac{\triangle y}{\triangle x} = 2x + \triangle x$$

当 $\triangle x \to 0$, $\dfrac{dy}{dx} = 2x$ 或 $\dfrac{d}{dx}x^2 = 2x$

（2）$y=x^3$，则$y+\triangle y=(x+\triangle x)^3$

$$=x^3+3x^2\triangle x+3x\triangle x^2+\triangle x^3$$

$$\triangle y=3x^2\triangle x+3x\triangle x^2+\triangle x^3,$$

$$\frac{\triangle y}{\triangle x}=3x^2+3x\triangle x+\triangle x^2$$

当$\triangle x\rightarrow0$，$\frac{dy}{dx}=3x^2$ 或$\frac{d}{dx}x^3=3x^2$

（3）$y=x^n$， 则$\frac{dy}{dx}=nx^{n-1}$ 或$\frac{d}{dx}x^n=nx^{n-1}$

（4）$y=c$， c=常数。

则$y+\triangle y=c$， $\triangle y=0$， $\frac{\triangle y}{\triangle x}=0$

当$\triangle x\rightarrow0$，$\frac{dy}{dx}=0$，或$\frac{d}{dx}c=0$

（5）$y=x$， 则$\triangle y=\triangle x$， $\frac{\triangle y}{\triangle x}=1$

当$\triangle x\rightarrow0$，$\frac{dy}{dx}=1$，或$\frac{d}{dx}x=1$

上面这几个例子，（3）（4）（5）同时也就是求微分的三个基本公式。

下边这个例子就是上面那些公式的应用。

例： 设$y=x5$

则$\frac{dy}{dx}=5x^4$ $\frac{d^2y}{dx^2}=20x^3$

$\frac{d^3y}{dx^3}=60x^2$ $\frac{d^4y}{dx^4}=120x$

$\frac{d^5y}{dx^5}=120$ $\frac{d^6y}{dx^6}=0$

在几何方面 $y=f(x)$ 表示平面上的一条曲线。$\dfrac{dy}{dx}$ 表示曲线上任何一点的斜率。

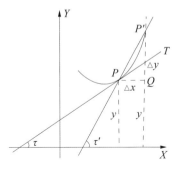

$P(x,y)$；$P':(x+\triangle x, y+\triangle y)$。

$$\frac{\triangle y}{\triangle x} = \tan \angle P'PQ = \tan T'$$

当 $\triangle x \to 0$，$F' \to P$，

割线 $PP' \to$ 切线 PT

$\tau' \to \tau$

所以 $\qquad \dfrac{\triangle y}{\triangle x} \to \tan T$

也就是： $\qquad \dfrac{dy}{dx} \to = \tan T$

根据这个几何的性质，我们就可以研究曲线的方向，以及其他的性质。

如果 $y=f(x)$，x 的数值有限制的话，y 的对应数值也可能有个限制。假设在这些 y 的数值里以 $y=A$ 最大，则 A 叫作 y 的极大值。

假设在这些 y 的数值里以 $y=a$ 最小，则 a 叫作 y 的极小值。

以上是 y 的绝对极大值和 y 的绝对极小值。

假设 $y=B$ 比左右邻近的 y 的数值都大，则 B 叫作 y 的相对极大值。

假设 $y=b$ 比左右邻近的 y 的数值都小，则 b 叫作 y 的相对极小值。

y 的极大值或是极小值，绝对的或是相对的，都和微分比有关系，所以可以利用微分比去解决极大或是极小的问题。

第十一站

假设 x 增大了 y 也增大，则 y 是 x 的升函数；假设 x 增大了 y 反而减小，则 y 是 x 的降函数。

在几何上，画曲线的次序是"自左而右"。y 是 x 的升函数，曲线越画越高；y 是 x 的降函数时，曲线越画越低。

一个函数，假设从降函数变成升函数，它的曲线是先下来再上去，这样的曲线叫作向上弯。

一个函数，假设从升函数变成降函数，它的曲线是先上去再下来，这样的曲线叫作向下弯。

一个单升不降，或是单降不升的函数，叫作单调函数。

一条曲线,往下变成往上的地方,或是往上变成往下的地方,叫作转弯点。一条曲线从向下弯变成向上弯的地方,或是从向上弯变成向下弯的地方,叫作拐弯点。

这些性质都和一、二、三次微分比有关系,所以知道了一个函数的一、二、三次微分比,就可以研究曲线的这些性质。

第十二站

一个动点P所走的路线,叫作P点的轨迹。画出这个轨迹,叫作描迹。

如果一个P点的坐标x, y能够满足$y=(x)$这个关系,那么这个函数的图形也就是P点的轨迹。

假设$y=f(x)$能够满足下列这个事实,

当看$x{\rightarrow}a$时候, $f(x){\rightarrow}f(a)$,

我们说:$y=f(x)$在$x=a$的地方是连续的。如果不能满足这个事实,我们说:$y=f(x)$在$x=a$的地方是不连续的。

连续或是不连续,对于图形的解释,是和普通的说法完全一致的。

应用垂直坐标：直线是二元一次方程式；圆、椭圆、抛物线、双曲线，都是二元二次方程式。

应用极坐标，那些像6、像8的各种曲线方程式，可以参考解析几何学。

第十三站

因为：   所以：

$x+y-y=x$,   加减互为逆算。

$x \times y \div y=x$ 乘除互为逆算。

$\left(\sqrt[y]{x}\right)^y=x$ 乘方开方互为逆算。

$a^{\log a^x}=x$ 指数对数互为逆算。

$sin\left(sin^{-1}x\right)=x$ 三角函数和反三角函数互为逆算。

求微分是化整为零，求积分是化零为整。一个是知道全体求部分，一个是知道部分求全体。关于表示总和的记号，可以按照下列方式缩简：

$S=a+b+c+d+\cdots+n$

$S=a_1+a_2+a_3+a_4\cdots+a_n$,

$$S=\sum_{i=1}^{n} ai$$

如果i的开始数和终止数是已知的, 假设不致发生误会, 我们还可以简缩为:

$$S=\sum_{i=1}^{n} ai=\sum ai=\sum a$$

如果曲线上有两个邻近的点P和P', 则:

当着$P'\to P$,　$\widehat{PP'}/\overline{PP'}\to 1$

P'近于P的时候, PP'弧和PP'弦是两个等值的无穷小, 这是可以证明的一个定理, 这个定理非常重要。

如果Y是x的函数, 而且:

$\dfrac{d}{dx}Y=y$, y是Y对于x的微分比;

那么反过来说:

$\int ydx=Y$　Y就是y对于x的积分。

因为 :　　　　　　　　　　　所以:

$\dfrac{d}{dx}[ydx]=y$　　　　微分和积分互为逆算。

例如:

（1）　因为$\dfrac{d}{dx}x^2=2x$　　　　所以$\int 2xdx=x^2$

　　　　$2\int xdx=x^2$　　　　$\therefore \int xdx=\dfrac{x^2}{2}$

（2）　因为$\dfrac{d}{dx}x^3=3x^2$　　　　所以$\int 3x^2dx=x^3$

$$3\int x^2 dx = x^3 \qquad\qquad \therefore \int x^2 dx = \frac{x^3}{3}$$

(3) 因为 $\dfrac{d}{dx}x^{n+1}=(n+1)x^n$

所以 $\int(n+1)x^n dx = x^{n+1}$

$(n+1)\int x^n dx = x^{n+1}$ $\qquad\qquad \therefore \int x^n dx = \dfrac{x^{n+1}}{n+1}$

(4) 因为 $\dfrac{d}{dx}c=0$

所以 $\int 0 dx = c$ （c是任意常数）

(4) 因为 $\dfrac{d}{dx}c=1$ $\qquad$ 所以 $\int 1 dx = x$

$\qquad\qquad\qquad\qquad\qquad$ 或 $\int dx = x$

d和$\int$可以对消，$\dfrac{d}{dx}$和$\int\cdots\cdots dx$也可以对消，就和$+$、$-$、$\times$、$\div$、等次的乘方和开方一样。

上面这几个例子，（3）（4）（5）也就是求积分的三个基本公式。下面这个例子，就是那些公式的应用。

例：设 $\quad y=5x^4+4x^3-3x^2-2x+1$

则 $\quad \int y dx = (5x^4+4x^3-3x^2-2x+1)\,dx$

$\qquad = \int 5x^4 dx + \int 4x^3 dx - \int 3x^2 dx - \int 2x dx + \int dx$

$\qquad = 5\int x^4 dx + 4\int x^3 dx - 3\int x^2 dx - 2\int x dx + \int dx$

$\qquad = x^5+x^4-x^3-x^2+x+c$（$c$是个任意常数）。

因此 $\dfrac{d}{dx}\,(x^5+x^4-x^3-x^2+x+c)=5x^4+4x^3-3x^2-2x+1$

第十四站

设曲线c是$y=f(x)$

因为$\triangle A=y\triangle x$

所以$\sum\triangle A=\sum y\triangle x$

当$\triangle x\to 0$, $\sum y\triangle x\to PabQ$

所以$A=\int dA=\int ydx$

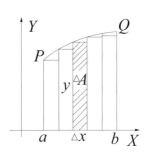

但是, 因为:

$$\frac{d}{dx}(y+c)=\frac{dy}{dx}+\frac{dc}{dx}=\frac{dy}{dx} \qquad \frac{dc}{dx}=0$$

$$\therefore \int\frac{dy}{dx}dx=y+c$$

c是任意常数, $y+c$是不定值, 所以这个积分叫作不定积分。

因为: $\sqrt[n]{a^n}$ 可能有n个根, 所以开方是乘方的一个更广泛的还原。

因为: $sin^{-1}(sinx)$可能等于$x\pm 2n\pi$, 所以反三角函数是三角函数的一个更广泛的还原。

因为: $\int\frac{dy}{dx}dx=y+c$, 所以积分也是微分的一个更广泛的还原。

因此：$\dfrac{d}{dx}\displaystyle\int ydx=y$ ，$\displaystyle\int \dfrac{dy}{dx}dx=y+c$ ，微分和积分先后的次序不同，则结果也不同，只有$c=0$的时候，才是一个单纯的还原。

第十五站

设曲线c是$y=f(x)$，则可能　　$A=\displaystyle\int ydx+c$

但$x=a$的时候，$A=0$，所以$c=-\left[\displaystyle\int ydx\right]_{x=a}$

因而 $A=\displaystyle\int ydx-\left[\displaystyle\int ydx\right]_{x=a}$

所以$x=b$的时候：$A=\left[\displaystyle\int ydx\right]_{x=b}-\left[\displaystyle\int ydx\right]_{x=a}=\left[\displaystyle\int ydx\right]_{x=a}^{x=b}$

同时又因为：

$$\triangle A=y\triangle x,\quad \sum\triangle A=\sum y\triangle x$$

$$当\triangle x\to 0\quad \sum y\triangle x=\int_a^b ydx$$

$$所以：\int_a^b ydx=\left[\int ydx\right]_{x=a}^{x=b}$$

这就是利用积分求总和的一个基本定理。由于这个定理，于是积分的应用就更加广泛。

设曲线c是$y=f(x)$。如c围绕X轴旋转一周，则成为旋转体*PQRS*。

把这个旋转体切成*n*片, 每

片近似一个圆柱体: 半径是*y*,

厚是△*x*, 那么体积就是:

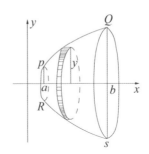

$$\pi y^2 \triangle x$$

然后把这些圆柱加起来,

总和是:

$$\sum \pi y^2 \triangle x = \pi \sum y^2 \triangle x$$

当△*x*→0, $\sum \pi y^2 \triangle x \rightarrow \pi \int_a^b y^2 dx = \left[\int y^2 dx \right]_{x=a}^{x=b}$

因此, 由于*y*=*f*(*x*)而成的旋转体, 它的体积*V*就应当是

下面这个公式:

$$V = \pi \int y^2 dx$$

例如:

（1）*c*: $y = \dfrac{r}{h} x$ 是一条直线。

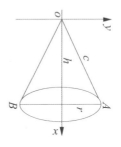

*A*是*c*上一点: *x*=*h*　*y*=*r*

从*x*=0到*x*=*h*, 这个旋转圆锥体

的体积是:

$$V = \pi \int_0^h y^2 dx = \frac{\pi r^2}{h^2} \int_0^h x^2 dx = \frac{\pi r^2}{3h^2} \left[x^3 \right]_0^h$$

$$\therefore \quad V = \frac{\pi r^2}{3h^2} h^3 = \frac{1}{3} \pi r^2 h$$

（2）*c*: $y^2 = x$, 是一条抛物线。

A 是 c 上一点：$x=h$ $y=r=\sqrt{h}$

从 $x=0$ 到 $x=h$，这个旋转抛物线体的体积是：

$$V = \pi \int_0^h y^2 dx = \pi \int_0^h x dx = \frac{\pi}{2}\left[x^2 \right]_0^h$$

$$V = \frac{\pi}{2} h^2 \text{ 或 } \qquad V = \frac{1}{2}\pi r^2$$

（3）c：$x^2+y^2=r^2$，或 $y^2=r^2-x^2$，是一个圆。

A，B 是 C 上任意两个点：

A：$x=-r$ $y=0$

B：$x=+r$ $y=0$

从 $x=-r$ 到 $x=+r$，这个旋转球

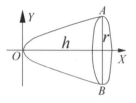

的体积是：

$$V = \pi \int_{-r}^{+r} y^2 dx = \pi \int_{0-r}^{+r}\left(r^2 - x^2\right) dx$$

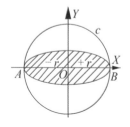

$$= \pi\left[r^2 x - \frac{x^3}{3} \right]_{-r}^{+r} = \pi\left(\frac{2}{3}r^3 + \frac{2}{3}r^3 \right)$$

$$\therefore \qquad V = \frac{4}{3}\pi r^3$$

（4）c：$\dfrac{x^2}{a^2}+\dfrac{y^2}{a^2}=1$ 或 $y^2=\dfrac{b}{a^2}\left(a^2-x^2\right)$，是一个椭圆。

A，B 是 C 上任意两个点：

$$A：x=-a \quad y=0$$

$$B：x=+a \quad y=0$$

从$x=-a$到$x=+a$, 这个旋转椭圆球的体积是:

$$V = \pi \int_{-a}^{+a} \frac{b^2}{a^2} \left(a^2 - x^2 \right) dx = \frac{\pi b^2}{a^2} \int_{-a}^{+a} \left(a^2 - x^2 \right) dx$$

$$\frac{\pi b^2}{a^2} \left[a^2 x - \frac{x^3}{3} \right]_{-a}^{+a} = \frac{\pi b^2}{a^2} \left(\frac{2}{3} a^3 + \frac{2}{3} a^3 \right)$$

$$\frac{\pi b^2}{a^2} \left[a^2 x - \frac{x^3}{3} \right]_{-a}^{+a} = \frac{\pi b^2}{a^2} \left(\frac{2}{3} a^3 + \frac{2}{3} a^3 \right)$$

$$\therefore \quad V = \frac{4}{3} \pi a b^2$$

假设$z=f(x, y)$, 分别对x和y求出的积分叫作二重积分, 例如:

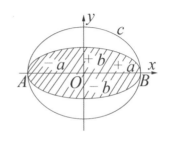

$$\iint z dx dy$$

假设$u=f(x, y, x)$, 分别对x, y和z求出的积分叫作三重积分, 例如:

$$\iint u dx dy dz$$

这些可以用来求任意面积或是任意体积。

二重积分和三重积分虽然也可以看作微分比的还原, 但是因为z和u的自变数不止一个x, 所以它们的微分比也就复杂得多了!

研究这一类的微分比和积分, 这已经进入高等微积的范围。

第十六站

设c是$y=f(x)$，一个曲线的地界。N, R是c上的两个点，

N：$x=a$ $y=0$

R：$x=b$ $y=0$

则$\triangle A=y\triangle x=f(x)\triangle x$

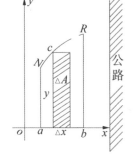

设受益因数的规定：每单位面积应纳税v元，而v的大小由距离公路的远近来定，因此也就可以看成与Y轴的远近来定。

Y轴的选定是$v=0$的地方。设

$x=F(x)$

则$\triangle A$应当纳的税是：

$v\triangle A=vy\triangle x=F(x)\cdot f(x)\triangle x$

$\therefore \sum v\triangle A=\sum E(x)\cdot f(x)\triangle x$

当$\triangle x\to 0$，$\sum F(x)\cdot f(x)\triangle x\to \int_a^b F(x)\cdot f(x)dx$，

即 $U = \int_a^b F(x) \cdot f(x) dx$

或 $U = \int_a^b vy\,dx$

一块地应纳的税，与面积大小有关，同时又和公路的远近有关，这是积分应用的一个算例。设本银为P，年利率为r，n为一年内结算的期数。按照复利计算，一年的本利和是：

$$A = P\left(1 + \frac{r}{n}\right)^n$$

如果按照连续复利计算，则一年的本利和是：

因为$n \to \infty$, $A = P\left[\left(1 + \frac{r}{n}\right)^{\frac{n}{r}}\right]^r \to pe^r$

因为 $n \to \infty$ $\left(1 + \frac{r}{n}\right)^{\frac{n}{r}} \to e$

同理，设m为年数。则按照复利计算，m年的本利和是：

$$A = P\left(1 + \frac{r}{n}\right)^{nm}$$

如果按照连续复利计算，则m年的本利和是：

$n \to \infty$ $A = P\left[\left(1 + \frac{r}{n}\right)^{\frac{n}{r}}\right]^{mr} \to pe^{mr}$

要想断定 e 的数值，应当分两部分来讨论。

第一，先要明白这个极限是存在的。

问题是：设 $x \to \infty$，求证 $\left(1+\dfrac{1}{x}\right)^x$，有一个极限值。

证：

$$\left(1+\frac{1}{x}\right)^x = 1 + x\frac{1}{x} + \frac{x(x\text{-}1)}{2!}\frac{1}{x^2} \cdots\cdots \frac{x(x\text{-}1)(x\text{-}2)\cdots\cdots 3\times 2\times 1}{x!}\frac{1}{x^x}$$

$$= 2 + \frac{1}{2!}\left(1\text{-}\frac{1}{x}\right) + \frac{1}{3!}\left(1\text{-}\frac{1}{x}\right)\left(1\text{-}\frac{2}{x}\right) + \cdots\cdots$$

$$\frac{1}{x!}\left(1\text{-}\frac{1}{x}\right)\left(1\text{-}\frac{2}{x}\right)\cdots\cdots\left(1\text{-}\frac{x\text{-}1}{x}\right)$$

$$< 2 + \frac{1}{2!} + \frac{1}{3!} + \cdots\cdots + \frac{1}{x!}$$

$$< 2 + \frac{1}{2} + \frac{1}{2^2} + \cdots\cdots + \frac{1}{2^x}$$

因为当 $x \to \infty$　　$\dfrac{1}{2} + \dfrac{1}{2^2} + \dfrac{1}{2^3} \cdots\cdots + \dfrac{1}{2^x} \to 1$

所以当 $x \to \infty$　　$\left(1+\dfrac{1}{x}\right)^x < 2 \div 1 = 3$

因为 x 增加的时候，$\left(1+\dfrac{1}{x}\right)^x$，也增加，这是一个越变越大的升函数，但是无论怎样变大，却是总比一个固定的数值 3 还小，所以按照上面讲过的情形，可以论断这个极限 e 是存在的，而且 e 在 2 与 3 之间，那就是：

$$2 < e < 3$$

第二，再计算 e 的数值。

设：
$$y=\left(1+\frac{1}{x}\right)^{x}$$

∵

$$\left(1+\frac{1}{x}\right)^{x}=2+\frac{1}{2!}\left(1-\frac{1}{x}\right)+\frac{1}{3!}\left(1-\frac{1}{x}\right)\left(1-\frac{2}{x}\right)+\frac{1}{4!}\left(1-\frac{1}{x}\right)\left(1-\frac{2}{x}\right)\left(1-\frac{3}{x}\right)\cdots\cdots$$

当着 $x\to\infty$ $\frac{1}{x},\frac{2}{x},\frac{3}{x}\cdots\to0$ $\left(1+\frac{1}{x}\right)^{x}\to e$ ，所以

$$e=2+\frac{1}{2!}+\frac{1}{3!}+\frac{1}{4!}+\frac{1}{5!}\cdots\cdots$$

1.		=1
2	1.0000000000	=1
3	0.5000000000	=1÷2!
4	0.1666666666	=1÷3!
5	0.0416666666	=1÷4!
6	0.1666666666	=1÷5!
7	0.0013888888	=1÷6!
8	0.0001984126	=1÷7!
9	0.0000248015	=1÷8!
10	0.0000027557	=1÷9!
	0. 0000002755	=1÷10!

$$2.7182818|007$$

∴ $e=2.7182818\cdots\cdots$

这是个无理数，算到三十位小数，应当是：

$e=2.71828182845904523536028747135\underline{2}\cdots\cdots$

但是最后还要声明一点，我们证明极限值e存在的时

候，无形中还有一个假定，就是假设x是一个正整数，然后才可以用二项式定理来展开。

然而，不但x是正整数，即便是正负有理数，或是正负实数，这个极限值还是存在的，而且结果还是一个e，一个极限值。我们现在虽然不再证明，可是这个事实是应当知道的。

微积分的内容，当然还不仅止于此。现在所说的，连个粗枝大叶也算不上，而且要想学习微积分，至少代数和解析几何都得知道一点。但是，就拿这个粗浅的介绍来说，我们已经可以看出来，它的内容是多么丰富，而且它的应用又是多么广泛。只要有机会，我们都应当好好地学习一下！